电影数字摄影技术

郭蕴辉　编著

中国海洋大学出版社
·青岛·

图书在版编目（CIP）数据

电影数字摄影技术 / 郭蕴辉编著 . —青岛：中国海洋大学出版社，2022.10

ISBN 978-7-5670-3297-2

Ⅰ . ①电… Ⅱ . ①郭… Ⅲ . ①数字摄像机—电影摄影技术 Ⅳ . ① TN948.41 ② TB878

中国版本图书馆 CIP 数据核字（2022）第 198774 号

Dianying Shuzi Sheying Jishu

电影数字摄影技术

出版发行 中国海洋大学出版社
社　　址 青岛市香港东路23号　　邮政编码 266071
网　　址 http://pub.ouc.edu.cn
出 版 人 刘文菁
责任编辑 姜佳君　　电　　话 0532-85901040
电子信箱 j.jiajun@outlook.com
印　　制 青岛海蓝印刷有限责任公司
版　　次 2022年10月第1版
印　　次 2022年10月第1次印刷
成品尺寸 185 mm × 260 mm
印　　张 19
字　　数 300千
印　　数 1—1000
定　　价 118.00元
订购电话 0532-82032573（传真）

前　言　FOREWORD

本书是在青岛电影学院摄影艺术与技术系（下面简称摄影系）电影摄影方向专业基础课——电影摄影技术的教学资料的基础上编写而成的。2014年，笔者开始在摄影系承担电影摄影技术课程的教学工作。当时电影数字技术变革已经趋于稳定，电影拍摄和制作完全进入数字时代，数字技术彻底改变了传统的电影创作和制作方式。数字时代的特点之一是技术革新的速度非常快，新设备、新技术和新名词不断出现，这也造成了教学时很难找到合适的教材。鉴于此，笔者边教学、边学习，在备课过程中不断搜集和整理新的技术资料，归纳总结，撰写讲稿，经过多次教学实践经验的积累，才使本教材成形。

摄影系电影摄影方向的人才培养目标是培养电影摄影师。电影摄影师的工作职责是用影像帮助导演实现其创作意图，包括对故事的讲述和视觉上的呈现。这是一个创造性的艺术过程，一个优秀的电影摄影师也是一个优秀的艺术家。电影摄影创作有区别于其他艺术形式的显著特点，那就是电影摄影创作离不开大量设备和工具的使用，如摄影机、镜头、照明灯具等，电影大银幕放映的形式也对影像质量有更高的标准和技术要求。因此，对技术的掌握成为电影摄影初学者首先要跨过的一道门槛。

当然，只学习技术成不了艺术家，但是技术不过关肯定成不了一位合格的摄影师。电影艺术和技术的关系是一个老生常谈的话题。两者之间并不冲突，而是一种密切互动、相互配合、共同促进的关系。电影艺术创作离不开技术的支撑，新技术的出现也会影响甚至改变艺术创作和电影制作的方式。一个优秀的电影摄影师应有能力将技术和艺术进行恰当的融合，把握住彼此间的关系。尤其是在数字时代，电影摄影师需要掌握的知识范围更广，要求也更高，对技术的态度和思考也应该更为开放和自由。

本教材是对电影数字摄影技术理论和应用实践的总结。电影摄影师的工作和摄影机密切相关，因此，本教材的内容主要围绕数字摄影机展开，从摄影机和镜头的结构与工作原理、摄影机的技术参数，到摄影机内部数字影像的生成和编码以及数字影像控制技术等。本教材可以使学生明白摄影机是如何工作的，以及如何用摄影机记录下想要的高质量影像。

在编著本教材时，笔者尽量遵循以下两个原则：一是对技术的讲授不局限在某一款特定的摄影机上，而是从更通用的原理和本质阐释某个技术概念或理论，希望读者能够抓住关键核心，举一反三，不会被层出不穷的新技术和新设备迷惑；二是从行文风格和用词上尽量规避一些纯粹的术语和定义，在科学、准确、严谨的基础上力求通俗，使各种知识背景的读者都容易理解。

电影数字时代的影像创作不仅是摄影师一个人的工作。数字技术使电影制作成为一种整体性的工作，数字影像工程师以及剪辑、调色、视效人员等都会密切参与电影制作技术流程，每个环节的工作都在不同程度上影响着最终影像呈现的效果，各环节之间需要深入了解、密切互动和通力配合。因此，关于电影数字摄影技术的知识，不仅摄影师需要学习，其他环节的人员同样需要学习。希望本教材对影视摄影与制作专业相关的读者都能有所帮助。

本教材参考了很多国内外作者的技术文章和书籍。尤其是布莱恩·布朗（Blain Brown）和戴维·斯顿普（David Stump）有关数字影像和数字摄影的书，对作者全面和系统地理解数字摄影技术理论帮助很大。另外，ARRI和RED摄影机官网的资料对于理解数字摄影机的原理和特性也很有帮助。建议有余力的读者直接找第一手的资料阅读和学习。

感谢对本教材的出版提供帮助的各位师友！本教材的成书过程也是作者学习的过程。由于自身能力有限，笔者对很多问题的理解难免存在偏差，请各位读者不吝指教！

郭蕴辉

2022年9月

目　录 CONTENTS

第一章

数字摄影机工作原理…… 1

1.1 胶片摄影机的工作原理 …… 3

1.2 数字摄影机的结构组成 …… 4

1.3 感光器件（CCD和CMOS） …… 8

1.4 摄影机如何感知和捕捉颜色 …… 12

1.5 拜耳模式与解拜耳运算 …… 16

1.6 感光材料的画幅尺寸 …… 21

1.7 高清视频格式和Raw格式的录制方式 …… 26

第二章

数字摄影机关键性能指标…… 31

2.1 分辨率 …… 32

2.2 帧率 …… 38

2.3 动态范围 …… 42

2.4 感光度 …… 46

2.5 快门类型和快门时间 …… 53

第三章

视频编码…… 61

3.1 数字图像基础 …… 62

3.2 视频编码的原理 …… 74

3.3 编码格式和容器格式 …… 86
3.4 常见的数字图像和视频编码格式 …… 89
3.5 在不同制作阶段选择合适的编码 …… 96

第四章
gamma和log …… 99
4.1 亮度范围和动态范围 …… 101
4.2 感光材料对光线的响应方式 …… 103
4.3 gamma和gamma校正 …… 107
4.4 高清摄像机的gamma和拐点 …… 112
4.5 Rec.709 …… 114
4.6 人眼的“gamma” …… 116
4.7 数字影像亮度的非线性编码 …… 118

第五章
数字摄影的曝光理论和控制 …… 133
5.1 曝光控制的含义 …… 134
5.2 18%中灰 …… 135
5.3 曝光量的控制 …… 137
5.4 感光材料的特性 …… 143
5.5 胶片拍摄的曝光控制 …… 144
5.6 视频拍摄的曝光控制 …… 153
5.7 数字拍摄的曝光控制 …… 159

第六章
色彩科学 …… 183
6.1 色彩感知 …… 184
6.2 色彩的客观描述 …… 188
6.3 色彩空间 …… 193

6.4　颜色查找表 …………………………………………………………… 204
6.5　色彩决策表 …………………………………………………………… 214
6.6　色彩管理 ……………………………………………………………… 216
6.7　学院色彩编码系统 …………………………………………………… 218

第七章
电影镜头…………………………………………………………………… 225
7.1　镜头的光学原理 ……………………………………………………… 226
7.2　光圈系数 ……………………………………………………………… 228
7.3　定焦镜头和变焦镜头 ………………………………………………… 231
7.4　视场角与标准焦距 …………………………………………………… 233
7.5　景深与超焦距 ………………………………………………………… 240
7.6　镜头卡口 ……………………………………………………………… 243
7.7　镜头数据记录系统 …………………………………………………… 248
7.8　镜头的光学性能 ……………………………………………………… 249
7.9　变形宽银幕镜头 ……………………………………………………… 260
7.10　电影镜头和照相镜头的区别………………………………………… 268
7.11　滤光镜 ……………………………………………………………… 271

第八章
电影数字制作技术流程…………………………………………………… 275
8.1　认识“流程” ………………………………………………………… 276
8.2　电影制作通用流程与新特点 ………………………………………… 277
8.3　以套对为核心的技术流程 …………………………………………… 280
8.4　数字母版制作和打包 ………………………………………………… 290
8.5　长期存储和归档 ……………………………………………………… 291

参考文献…………………………………………………………………… 293

第一章

数字摄影机工作原理

电影摄影机（图1–1）是电影摄影师最重要和亲密的伙伴。数字摄影机厂商美国RED公司的创始人吉姆·詹纳德（Jim Jannard）有段话精练地概括了摄影机的作用："电影摄影机可称得上是人类历史上最重要的发明之一。它是一个精练的工具，可以凝固时间、记载历史、创造艺术、讲述故事以及表达语言无法企及的奇妙想象。"

◎ 图1–1　目前主流的电影数字摄影机

目前，胶片摄影机已非主流拍摄设备，大多数电影都是使用数字摄影机拍摄的，电影拍摄与制作也已经进入全面的数字化时代（图1–2）。但是，在此之前的一百多年里，胶片几乎就等同于电影本身，所以在介绍数字摄影机的原理之前，我们先简单了解一下胶片摄影机的基本特点。当前，胶片并没有完全消亡，有些电影摄影师仍然会选择使用胶片进行电影的拍摄。

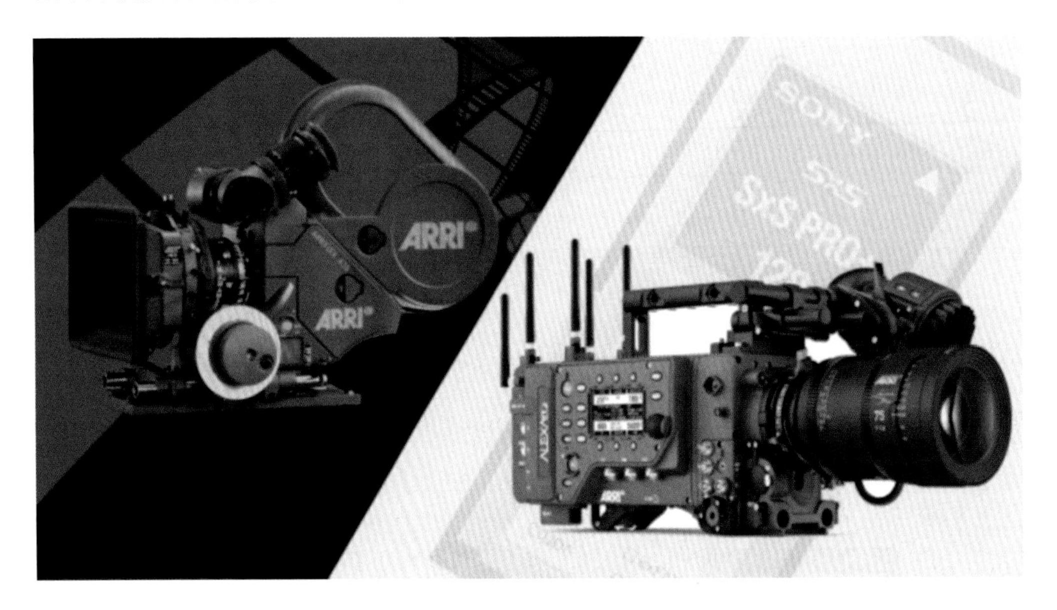

◎ 图1–2　电影摄影已从胶片时代进入数字化时代

1.1　胶片摄影机的工作原理

胶片摄影机主要由机械式结构构成（图1–3、图1–4）。胶片摄影机的机械构件包括机体、片盒、供收片系统、遮光器、片门、抓片机构、间歇机构与驱动装置等，在拍摄时利用机械控制和传动的原理，使胶片在摄影机内部不断旋转。这是一个连续又循环往复的过程，最终完成胶片一格一格的曝光，形成代表画面的原始底片。

胶片摄影机的工作过程简单描述如下：将胶片底片放入供片盒中，输片齿轮将胶片从供片盒匀速拉出，进入片槽开始转动；机身前壁开有一个决定画幅尺寸的窗口（片窗），拍摄场景的光线经过镜头的会聚进入片窗，胶片进行曝光；间歇机构作为摄影机连续拍摄的核心组件，协调其他部件一起按照特定的频率，使胶片在片槽内由抓片机构驱动，不断完成静止与移动相交替的间歇运动。

◎ 图1–3　ARRICAM是ARRI公司推出的一款同期声胶片摄影机

◎ 图1–4　胶片摄影机由多种机械结构组成

抓片机构主要由抓片爪和定位针组成。定位针的作用是提高胶片在对焦和曝光时的平稳性。抓片爪进入胶片的片孔并拉动胶片在片槽内移动。胶片移动一个画格后，抓片爪从片孔中退出，此时胶片处于静止状态，同时遮光器的光路打开，完成一格胶片的曝光。如此不断循环，形成原始底片。

遮光器位于镜头与片窗之间，通常做成具有一定开口角度的圆片，实际上起到的是快门的作用，可以控制胶片曝光的时长。胶片摄影机工作时，遮光器做旋转运动。当胶片在片槽内移动时，遮光器周期性地遮挡由镜头射入片窗的光线。当定位针固定住胶片时，遮光器打开，完成胶片曝光（图1–5）。

遮光器的扇形开口角度可以调节，用以调整每格胶片接收光线的时间，也就是胶片底片的曝光时间。为了防止胶片损伤，在片槽前后胶片经过多个缓冲弯，胶片经过片槽后通过输片齿轮最终进入收片盒。

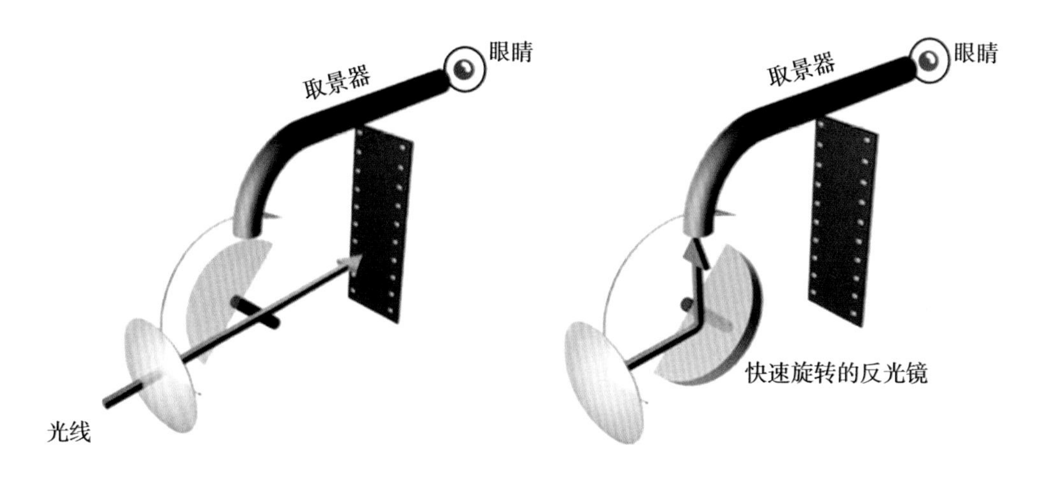

◎ 图1–5　胶片摄影机中的遮光器和胶片曝光过程

1.2　数字摄影机的结构组成

数字摄影机没有复杂的机械结构，取而代之的是高度集成的数字电路和图像处理芯片（图1–6）；工作原理也不再是通过机械方式驱动胶片运转进行曝光，而是以看不见的视频信号和数字影像作为画面的载体。数字摄影机的制造涉及机械、传感器、光学、软件、图像处理、影像科学、色彩科学等众多领域。随着技术的不断进步，数字摄影机的结构变得愈加复杂。现代摄影机内部组件的数量和精密程度不亚于航天器。

◎ 图1-6　数字摄影机由感光传感器和各种处理芯片组成

数字摄影机的基本结构包括光学部分、图像处理部分、接口部分（图1-7）。其中，光学部分主要包括电子取景器、光学镜头；图像处理部分是数字摄影机影像生成的核心，主要包括电荷耦合器件（charge-coupled device，CCD）或互补金属氧化物半导体（complementary metal oxide semiconductor，CMOS）等感光传感器、A/D转换和图像信号处理单元、图像控制电路以及内部数据总线等；接口部分主要利用输出接口进行视频影像的监看以及数字影像的记录存储。

一个拍摄场景的光线经过镜头的会聚作用后，首先投射到感光传感器（CCD或CMOS）上。感光器件利用光电转换的原理，根据入射光线的强弱产生相应数量的电荷，电荷的多少与光子的数量成正比，感光芯片将产生的电荷再转换为电压（或电平）信号进行传输和处理（图1-8）。电压信号是模拟信号，数字摄影机输出的是数字信号，数字摄影机内部的视频处理芯片会将模拟的电压信号转换为数字信号，这个转换过程叫作“模数转换”，即模拟信号到数字信号的转换。

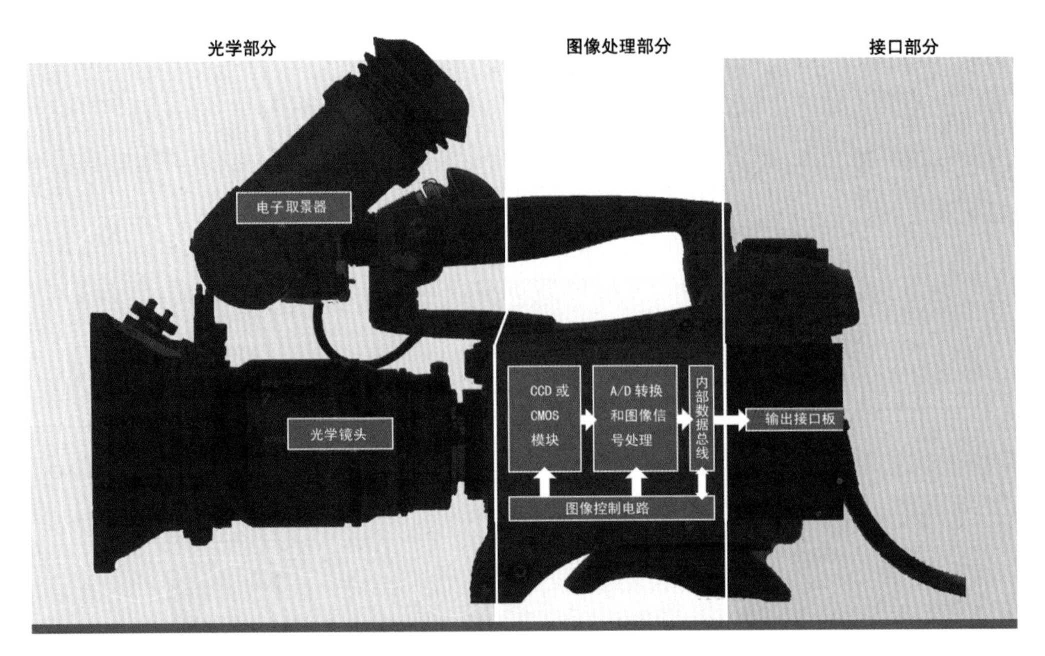

◎ 图1-7　数字摄影机的基本结构

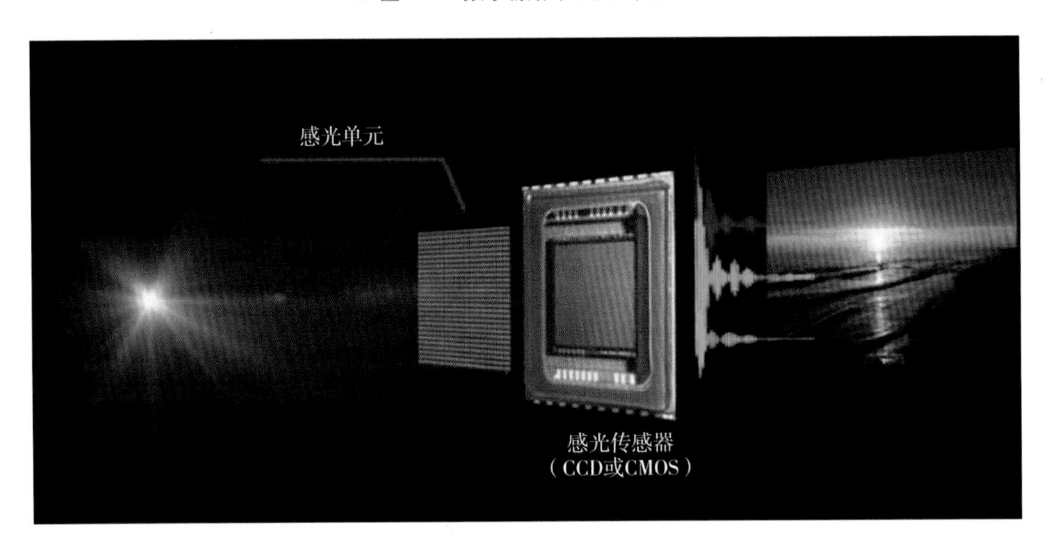

◎ 图1-8　数字摄影机的核心是光电转换的感光过程

模数转换后得到的就是以0、1表示的数字信号了。数字信号接下来进入摄影机的数字图像处理单元。数字图像处理单元的主要作用是运用各种数字图像处理的算法，对数字信号进行编码和压缩，形成数字图像。对数字信号的处理包括白平衡、色彩转换、伽马（gamma）曲线、压缩编码等等。

从数字图像处理单元出来后，数字信号分为两路：一路信号进入摄影机的记录单元进行保存，一路可用于视频监看信号的输出。大部分情况下，记录单元和监看单元的视频信号采用的是不同的视频编码格式，常见的编码方式是以Raw格式保存拍摄原始数据，以Rec.709高清视频格式进行视频监看信号的输出，分别满足不同的需求。

举例来说，RED摄影机内部对原始素材的保存使用的是16比特（bit）Raw编码格式；视频监看信号是对原始数据经过亮度和色彩编码、色温及白平衡等调整后，转换为10 bit的1080p分辨率RGB 4：4：4子采样的高清格式，这种视频格式更便于现场监视器和取景器的观看。数字摄影机的机身通常都会有多个视频信号的录制和传输接口。如图1–9所示，ARRI ALEXA数字摄影机设计有多个存储记录和视频信号输出接口，可以不同的格式监看和录制视频画面。

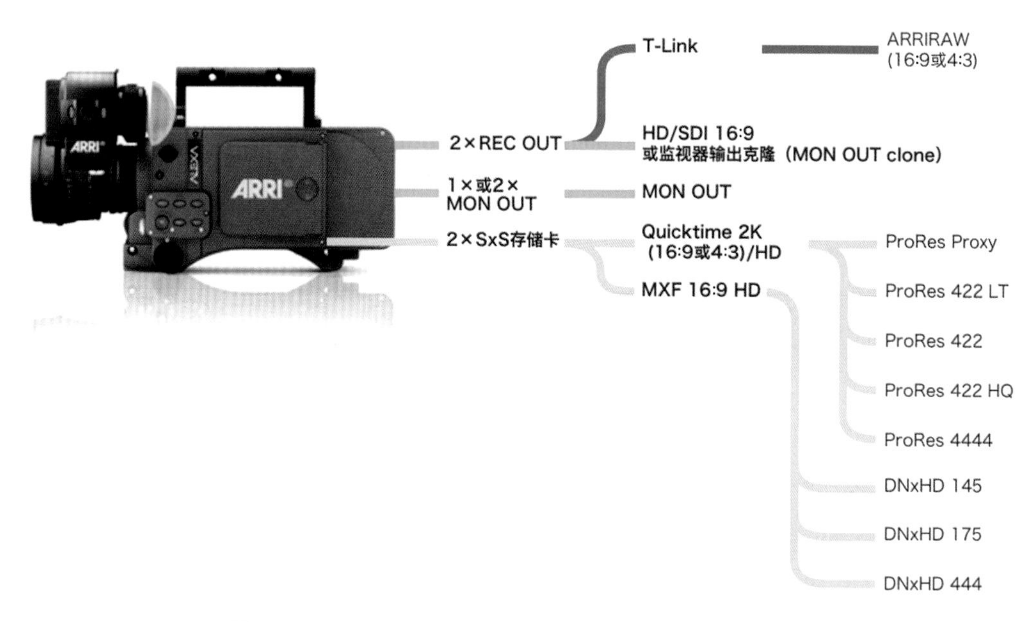

◎ 图1–9　ARRI ALEXA数字摄影机的录制模块和视频传输接口

1.3 感光器件（CCD和CMOS）

数字摄影机的核心是感光传感器。感光传感器的主要作用是捕捉场景的光线并将光信号转换为电信号，以电信号作为数字影像的处理基础。目前，数字摄影机使用的感光传感器主要有CCD和CMOS两种类型（图1–10）。从20世纪70年代柯达公司发明电子感光传感器以来，摄影机传感器在光线捕获和影像生成方面的能力迅速提升。随着大量新技术的出现，未来传感器在感光方面将会有更多革新。

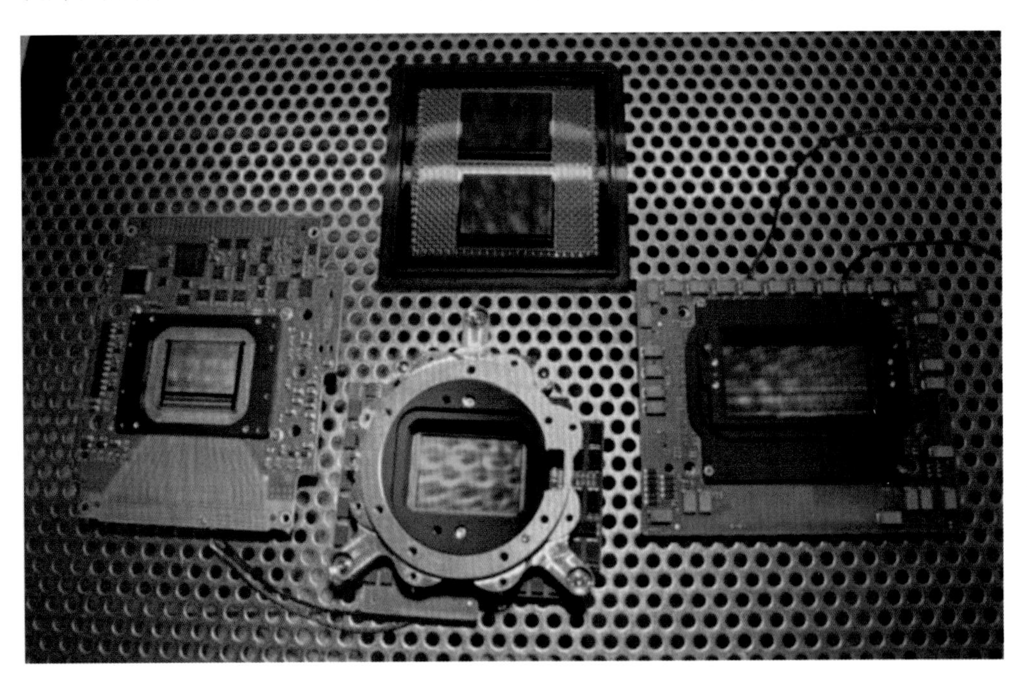

◎ 图1–10 数字摄影机使用的CCD和CMOS感光传感器

1.3.1 CCD的结构与特点

CCD由很多个感光单元组成。每个感光单元负责收集光子，并“计量”光子的数目，相当于是一个“光子计数器”，将光子转换为相应强度的电压信号。CCD上的感光单元几乎都可以用于光线的捕捉，电压信号输出的均匀性和统一性比较高（这也是影响画面质量的一个重要因素）。

从工作方式上看，CCD的每个感光单元既有感光的作用，同时也需要进行电荷的存储和转移。AT＆T公司贝尔实验室的乔治・史密斯（George Smith）和威拉德・博伊尔（Willard Boyle）（图1-11）最先提出了移位寄存器的想法，这也是CCD的基础。这个想法本身很简单，就像一个运送水桶的连续传送带：每一个感光单元记录下它接收的电荷，并将电荷传递给下一个感光单元，直到电荷到达输出口，形成完整的画面。CCD的第一个演示模型只有8个像素，但这足以说明数字摄影机运作的原理了。随后，其他公司利用这个想法开发了产品。1975年，柯达公司生产了第一台数码相机，用的是一块100×100的CCD。

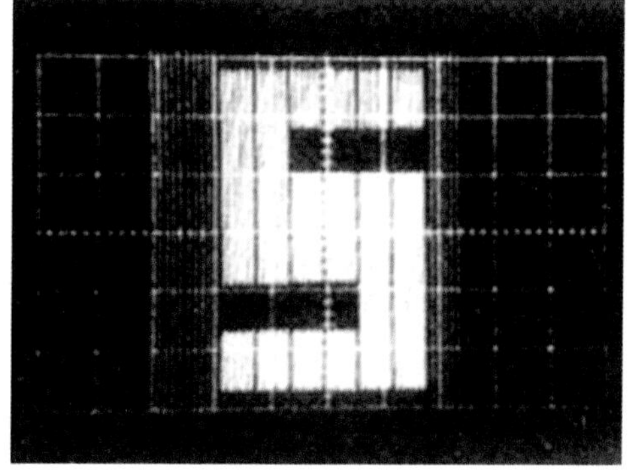

◎ 图1-11　CCD的发明者（左）及最早的电子感光图像（右）

移位寄存器式CCD的主要缺点在于曝光之后的信号移动和读出期间，如果信号的读出速度不够快，光线仍然继续落在感光单元上，可能导致错误的曝光，比如场景中存在一个强光源，可能发生“垂直拖尾”的现象（图1-12）。为了解决这个问题，人们还设计了其他不同结构类型的CCD。比如帧传输型CCD采用一个隐藏的区域，该区域与正常感光传感器的感光单元一样多，当曝光结束时，所有电荷先被转移到这个隐藏的区域，就可以在没有任何额外光线干扰的状态下读出信号，形成一帧画面再进行传输，同时释放感光区域，进入另一个曝光阶段。

◎ 图1-12　移位寄存器式CCD容易发生强光拖尾的现象

1.3.2 CMOS的结构与特点

CMOS的制造工艺比CCD的要简单，所涉及的部件更少，所以CMOS的成本要低于CCD。另外，CMOS工作时的耗能也更低，发热量少，具有较高的读出速率。CMOS的每个感光单元都具有从电荷到电压的直接转换能力，并且每个感光单元还包括独立的信号放大器、噪声校正等数字处理电路，这使得CMOS芯片的每个感光单元可以直接转换和输出数字信号。CMOS的这种设计方式有优点，也存在一些缺点：由于每个感光单元都带有自己的数字信号转换和处理电路，所以每个感光单元可用于捕捉光线的面积减少，对图像质量会造成一定的损失。另外，每个像素都进行各自独立的信号转换，因此CMOS在图像信号的统一性和均匀性方面也会比CCD差一些。

1.3.3 CCD与CMOS的差异对比

作为目前两种主要的感光传感器，CCD和CMOS在工作原理上没有本质区别。两者都是利用光电转换的原理，将光信号转换为相应强度的电信号。光线强度越强，转换生成的电荷越多；反之，光线越弱，电荷越少。

我们需要理解的是两种感光传感器的差异。它们的不同主要体现在光电转换后对电信号的传输转移和处理方式上。CCD是将感光后的电荷按行依次转移到下一行，在传感器最后一行边缘的放大器中进行统一处理，最终形成代表一帧画面的电压信号。而CMOS的每个感光单元都带有独立的信号放大器和模数转换器，在完成电荷到电压信号转换的同时，在感光单元内部就可以完成电压信号到数字信号的转换，然后传输转移独立的数字信号（图1-13）。

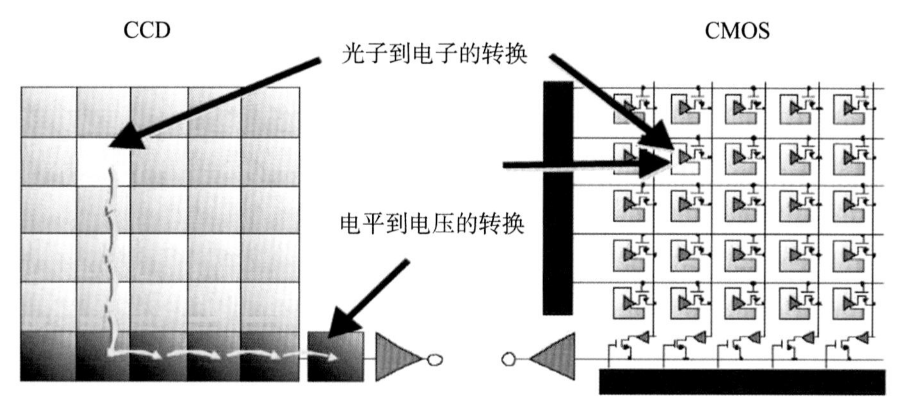

◎ 图1-13　CCD和CMOS在工作原理上的差异

CCD和CMOS在结构上的差异，也是造成两者性能差异的重要原因。对比而言，两者各有优劣。CCD在灵敏度、低噪点和动态范围等方面优于CMOS，因为就单个感光单元的感光面积和利用率来说，CMOS的部分感光单元面积被内容的放大电路和数字处理电路占用，而CCD的每个感光单元有更大的面积来捕获光线。早期CCD的画面质量优于CMOS，而CCD的传输结构比较复杂、功耗大等缺点也造成很多限制。

CMOS具有结构简单、制造成本低、功耗低、读出速度快等优点。随着传感器工艺的不断改进，CMOS已经可以用更低的成本得到与CCD同样质量的视频信号。CMOS的信号读出方式采用的是一种叫作X-Y寻址的方式，可以做到逐行逐个感光单元的定位和输出信号，感光单元之间不会产生CCD那种干扰和拖尾的问题，传输速度也比较快。因此，CMOS可以实现更高的拍摄帧率，也适合只选取和读出部分区域的感光信号，而不需要像CCD那样必须全部读出所有的感光数据。

CCD的信号传输和读出需要花费一定时间，CCD尺寸太大会影响信号处理的速率，从而影响影像的质量，通常尺寸不能做得太大。也就是说，CCD需要牺牲感光芯片的尺寸来保证更高的图像质量。而CMOS不受此影响，所以CMOS传感器的尺寸可以做得比CCD大。大尺寸的传感器在感光性能方面总是占有优势的。目前，大多数数字摄影机采用的都是较大尺寸的CMOS传感器，这也是数字摄影机未来在传感器方面的趋势。

1.4 摄影机如何感知和捕捉颜色

数字摄影机靠传感器捕捉场景的光线，并将接收的光线转换为相应数量的电荷。CCD和CMOS负责完成光电转换的过程，简单来说，它们只是计量光子的数量多少（图1–14）。光子数量只能代表光线的强度（灰度）信息，无法分辨出场景的颜色，而一个完整的像素需要同时具有红、绿、蓝3个颜色通道的数据，那么，摄影机是如何生成颜色的呢？

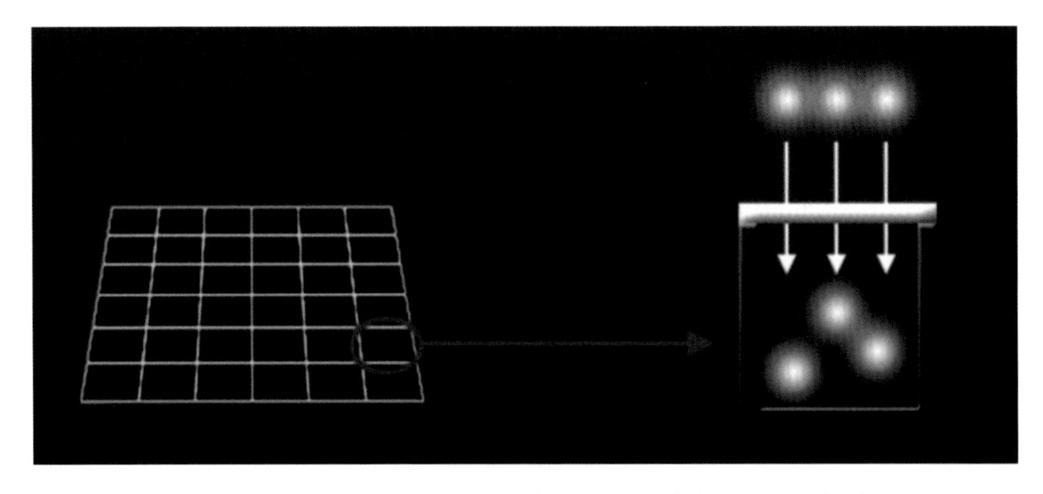

◎ 图1–14 CCD和CMOS感光单元本身只能感知亮度而不能识别颜色

目前，数字摄影机捕捉和生成颜色主要有两种实现方式：一种是三芯片传感器（通常是3片CCD）的结构，一种是单CMOS加滤色片的结构。这两种结构都可以得到完整的颜色，但颜色生成的原理是不同的。

1.4.1 3片CCD结构

从早期模拟电视进入高清视频拍摄以来，为了获取彩色影像，高清摄像机开始使用由3个独立的传感器组成的感光系统，3个传感器分别捕获红、绿、蓝3个颜色分量，通过组合3个分量的信号得到色彩。这种设计能够获得较高质量的高清视频画面。当高清视频格式成为行业标准时，高清摄像机基本都采用了3片CCD传感器的结构（图1–15），每个传感器的尺寸为2/3英寸（1英寸=2.54厘米）。三芯片传感器的优点是对光线的利用效率比较高，入射光线可以全部被感光器件接收，每个颜色通道得到的是全部的光谱信息而没有损失。

为了将射入镜头的光线分成3种单色光，需要借助分光棱镜和二向色滤光片将光线分成3条独立的光路，3条光路分别被独立的感光芯片接收，每个感光芯片捕捉单独颜色分量的亮度，一个完整的像素颜色由3个传感器所接收的感光数据经合并和计算后得到。在3片CCD结构中，3条光路需要经过特别的设计，传感器也必须精确对齐，在组合形成单帧彩色图像时才能精准地对应上。

◎ 图1–15　高清摄像机使用三芯片的感光结构

三芯片传感器的一个缺点是由于分光棱镜的存在，整个感光结构的体积比较大，占用的空间大。为了减小摄影机的尺寸，感光芯片只能使用比传统35 mm胶片小得多的2/3英寸CCD，这导致过去大量用于35 mm胶片的 PL接口的电影镜头不再适用，只能重新设计针对2/3英寸传感器的镜头和接口。B4镜头接口就是针对这种结构特别设计的。

另一个缺点是三芯片传感器对于分光棱镜和3个传感器位置的要求非常精确（图1–16）。3个传感器需要严格依照分光后的光路对齐，否则同一个像素的不同颜色通道可能对应不上，从而产生色差的问题。另外，在进行光学镜头的设计时，也需要考虑不同波长的光谱经过棱镜折射的光路以及镜头的对焦等问题，以避免产生明显的色差。

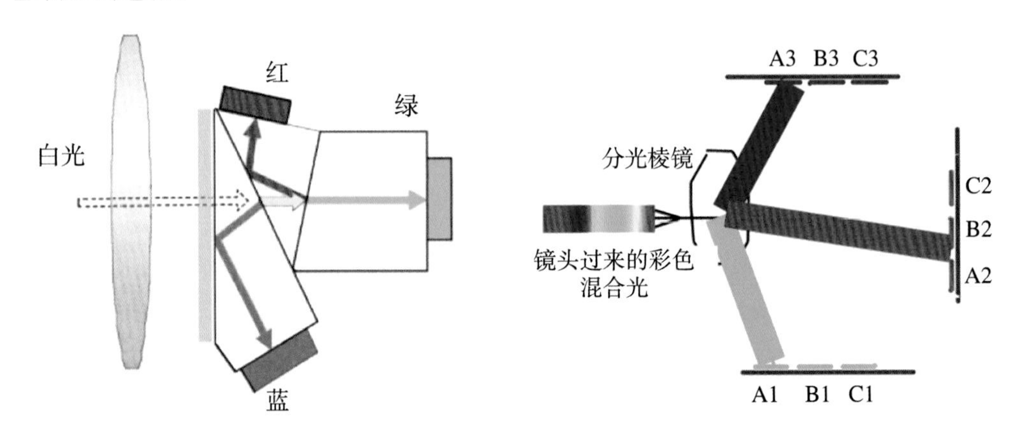

◎ 图1–16　三芯片传感器在光谱分光后要对感光单元进行严格的对齐

1.4.2 单个传感器加滤色片结构

CCD尺寸通常比CMOS要小。三芯片传感器结构使用的是2/3英寸的CCD，这在对焦上可能更为容易，但大尺寸感光芯片在影像质量上会更好。因为传感器尺寸变大，单个感光单元的感光面积也会变大，较大的感光单元可以接收更多射入的光线，这通常意味着“更好的像素”，从而显著改善摄影机整体的动态范围、感光度、色彩还原和噪点表现等性能。

传感器的尺寸还会影响画面景深的表现。直观来看，大尺寸传感器更容易产生浅景深的效果，浅景深的画面在大银幕上观看时更具有所谓的“电影感”。还有重要的一点是，大尺寸特别是接近35 mm胶片大小的感光芯片，使得历史上大量保留下来的35 mm电影镜头可以得到重新利用。

这些需求使得摄影机厂商开始由3片传感器转向较大尺寸的单片传感器结构的设计。单传感器不再是借助分光棱镜来分离颜色，而是采用红、绿、蓝组合的滤光片实现颜色的分离，在感光芯片上按照某种模式排列大量微小的滤色片阵列，每个感光单元捕获一种颜色的信息，在生成数字影像时通过特定的算法，计算得到每个像素的完整颜色。不同的数字摄影机厂商往往有自己独特的感光系统，包括滤色片的排列方式以及颜色生成的算法等，这些设计上的差异也将决定不同摄影机的画面表现和各自独有的特点。

胶片底片是一格一格的，单个传感器加滤色片的结构与传统胶片的模式相近，在尺寸上也比较接近，这使得大量适用于35 mm 胶片摄影机的镜头仍然可以继续使用。三芯片结构由于使用3个相互独立的传感器，每个像素的颜色是由3个独立的传感器合并得到；单传感器的像素颜色则是由滤色片上相邻几个感光单元通过插值计算得到。在颜色还原的真实性和细节方面，三芯片其实要比单传感器有一定的优势。

虽然单传感器感光系统对光线的利用有一定的损失，但随着CMOS的尺寸不断变大，传感器上感光单元的数量一般都高于最终画面的像素分辨率，通过更多的采样点和更好的颜色插值算法，单传感器的色彩质量也在逐步提高。目前，大部分电影级数字摄影机像ARRI、RED、SONY等公司的摄影机，都是采用大尺寸的单传感器芯片加滤光片的结构（图1–17）。

◎ 图1–17　当前数字摄影机使用的大尺寸单片CMOS结构

1.5 拜耳模式与解拜耳运算

单个CMOS进行颜色捕捉的方法是在传感器表面覆盖一层彩色的滤光片。这种传感器系统通常由两层组成：传感器基底和彩色滤光片阵列。传感器基底由光敏感光材料组成，上面分布有大量独立的感光单元，作用是收集光线和测量光线的强度。滤光片阵列是与传感器基底黏合在一起的滤色片，用来分离和过滤光谱，分布捕捉红、绿、蓝3种颜色的光谱信息（图1–18）。

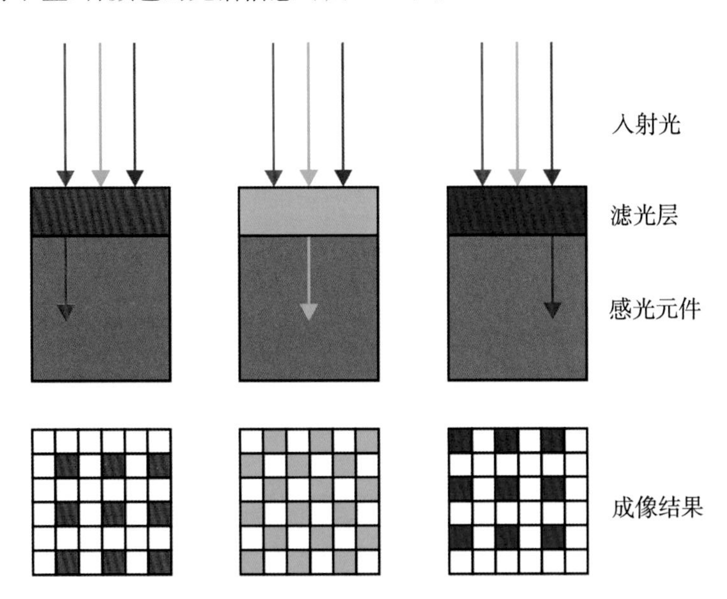

◎ 图1–18　采用滤色片阵列的感光器件结构

传感器的感光单元可以形象地理解为一种“光子计数器”，用来收集和测量光子的数量。光子数量只能代表光线的强度，也就是说，感光单元本身是不能“感知”颜色的，只有通过滤光片才能将代表不同颜色的光谱分开，从而使感光单元“知道”不同颜色的多少。彩色滤光片阵列上不同滤色片的数量和排列方式是一个重要的问题。目前最常用的一种滤色片排列方式称为拜耳模式（Bayer pattern），这是由柯达公司的色彩科学家布莱斯·拜耳（Bryce Bayer）发明的一种滤色片排列模式（图1–19）。

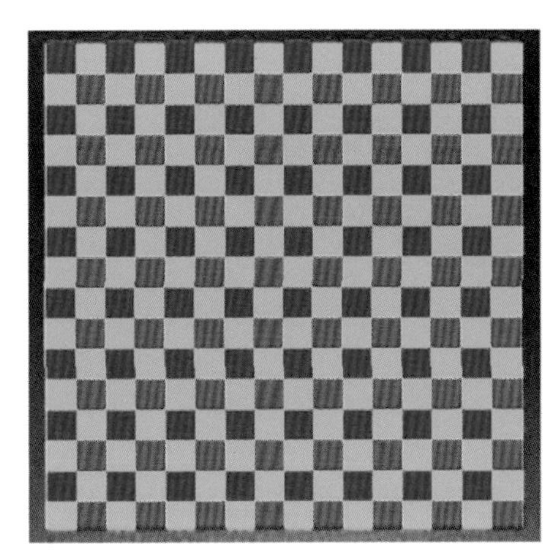
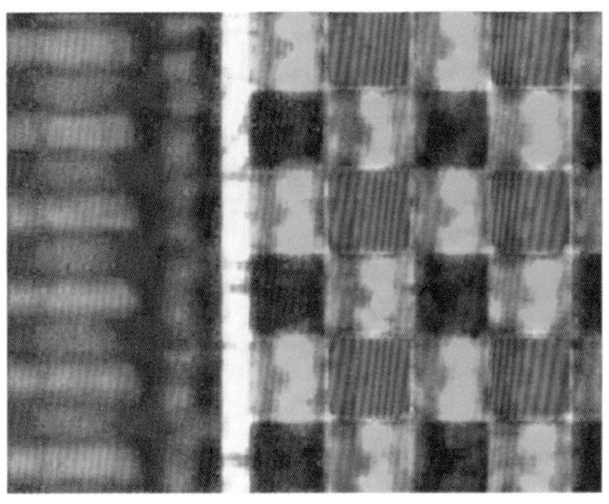

◎ 图1–19　拜耳模式阵列的滤色片结构

1.5.1 拜耳模式的特点

传感器上滤光片的颜色分别是红色（R）、绿色（G）、蓝色（B）。如果将4个独立的RGB滤色片看作一组，每4个滤色片中包含2个绿色、1个红色和1个蓝色滤色片，这种“RGGB”分布比例和排列模式就称为拜耳模式。使用拜耳模式滤色片传感器的感光信号由50%的绿色、25%的红色和25%的蓝色组成（图1–20）。这种分布模拟了人眼的一个视觉特性，即人眼在整个可见光谱范围内对绿色是较为敏感的，因此在捕捉颜色时增加了绿色滤色片的比例。

一个完整的全彩色像素需要同时具有R、G、B 3个颜色分量的数据。由于拜耳模式传感器上每个感光单元只能通过一种颜色分量的光谱，在生成一个完整的像素颜色时，需要通过一些算法对传感器的所有感光数据进行计算。这可以借用相邻的其他滤色片的感光数据，每个像素就可以得到自己完整的颜色数值。这种从感光单元上单独通道的感光数据，经过计算生成一个像素完整颜色的过程，称为解拜耳运算（de–Bayering）。

除了拜耳模式外，其他摄影机厂商对滤色片的排列模式可以有自己独特的设

◎ 图1-20　拜耳模式的主要特点是绿色滤光片占50%的面积

计。例如，PANAVISION公司早期的GENESIS数字摄影机使用的是2×3滤色片阵列，每组阵列中包含2个红色、2个绿色和2个蓝色滤色片，每个像素的颜色由这6个滤色片的数据共同计算得来。

SONY公司的F65数字摄影机使用的是公司自己设计的Exmor Super 35 mm 8K CMOS传感器。它采用的是一种称作Q67的滤色片模式，将每个感光单元旋转了45°，从而扩大了传感器上感光单元的有效感光面积，提高了分辨率和画面质量。

2020年7月，BMD公司发布的Blackmagic URSA Mini Pro 12K数字摄影机，其传感器使用的也不是基于拜耳模式的滤色片，而是一种全新定制的滤光片阵列。其中红、绿、蓝感光单元的数量一样多，而不是拜耳模式所采用的绿色是另外两种颜色两倍的比例。滤色片阵列中还加入了很多没有滤光作用的感光单元，这些感光单元没有光线损失，对光线的保留更为全面。另外，与拜耳模式RGGB的2×2感光单元组合不同的是，BMD采用的是6×6的感光单元矩阵，其中包含6个G、6个R、6个B和18个无滤片组合，在解拜耳运算时可以获得更好的亮度和色彩还原。

1.5.2 解拜耳运算

拜耳模式滤色片阵列的一个明显特征是感光后形成原始画面的是一堆彩色“马赛克”，而不是代表原始场景的真实颜色。解拜耳运算就是将这堆彩色“马赛克”变为正常可见的彩色图像的过程。简单来说，解拜耳运算就是通过一些影像处理算法的计算过程，将拜耳模式滤色片获取的感光数据恢复成原始场景的彩色像素的过程（图1–21）。

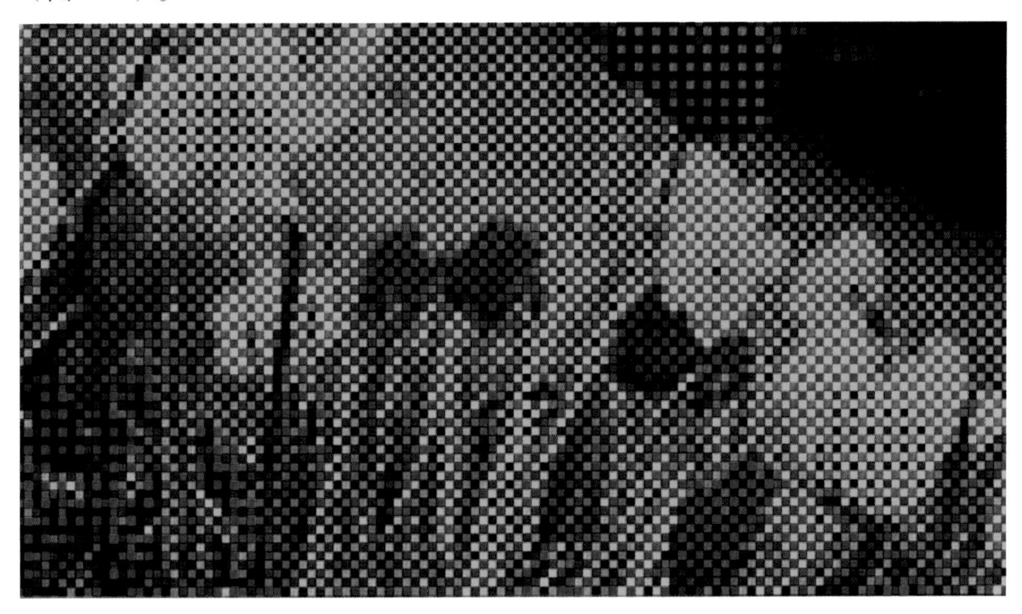

◎ 图1–21　原始感光数据需要经过解拜耳运算才能变为正常画面

在解拜耳运算中，算法对来自每个感光单元的颜色进行插值，这是一个需要花费时间和消耗计算性能的过程。一些后期处理软件允许在解拜耳过程中进行有选择的控制，例如在RED数字摄影机的原始拍摄素材处理软件REDCINE–X PRO中，可以选择对原始感光数据进行1/16、1/8、1/4、1/2或全部的解拜耳运算，就是说可以根据素材使用的目的进行有选择的解拜耳运算。不同的解拜耳算法有不同的复杂程度和运算时间，也对应着不同的颜色生成和还原质量。全解拜耳模式会从全部原始感光数据中解码出最高分辨率的画面，当需要从高分辨率变换为较低的2K分辨率时，得到的也是最好的2K分辨率影像。如果需要直接解码成2K分辨率，那么1/2解拜耳方式就是经过优化的转换，转换速度则会更快一点。

1.5.3 解拜耳的多种插值算法

拜耳模式的特点是绿色滤色片的数量是红色和蓝色的两倍。显然，如果每个感光单元只记录单一颜色的光线，生成一帧全彩色图像并不是一件容易的事情。每个感光单元都缺少了一个全彩色像素所需的2/3的颜色数据，滤色片对颜色的过滤也不能做到绝对精确，总是会出现一些偏差。

通过一些精心设计的颜色还原算法，大多数数字摄影机在颜色还原方面可以做得非常好。解拜耳过程的算法是比较复杂的，不同摄影机厂商也有各自不同的算法。例如，解拜耳运算的一种最简单的方法如下：将每个2 × 2组合的感光单元作为一个集合处理，该集合提供了一个红色、一个蓝色和两个绿色的感光数据，然后可以根据这4个感光单元的感光数据来估算得到一个像素点的颜色。

在一些更复杂的解拜耳算法中，可以将一种颜色周围的多个相邻感光单元进行平均，以最大化还原颜色的细节，将可能的色差降到最低。如图1–22所示，以一个蓝色滤色片所在的感光单元为例，在生成一个完整像素的颜色时，还需要红色和绿色分量的数据，此时可以利用它周围的红色和绿色滤色片，分别将4个红色滤色片和4个绿色滤色片进行平均，从而得到一个全彩色的像素。

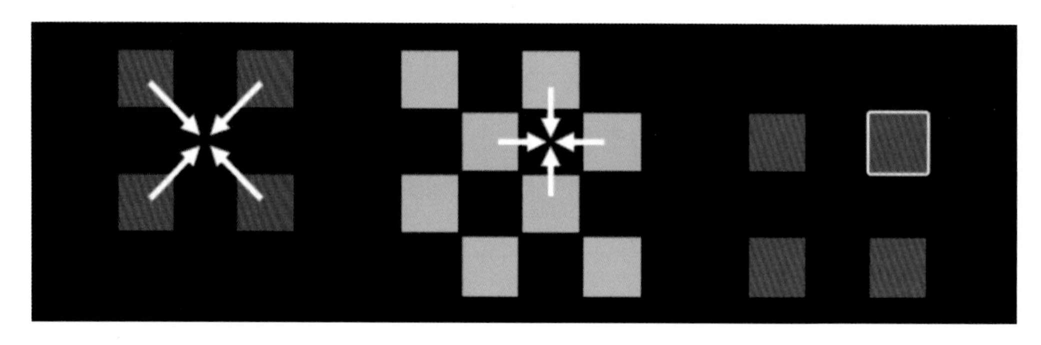

◎ 图1–22　解拜耳运算是一个通过插值算法计算颜色的过程

因为需要借助多个感光单元的数据通过插值方式生成一个像素的颜色，所以拜耳模式生成最终画面的分辨率与传感器上的感光单元数量并不一定相同。如果传感器本身有分辨率指标的话，传感器的分辨率通常都要高于画面的分辨率。一般来说，拜耳模式传感器的分辨率会损失20%左右，因为解拜耳算法需要将多个相邻感光单元的滤色片组合以形成独立的像素的颜色。

传感器分辨率和生成的像素分辨率间的关系，有个可借鉴的参考叫作“8/7/6原则”，意思是使用8K分辨率的传感器，其中7K的感光单元会用于解拜耳运算提取像素，最终可以得到6K分辨率的画面。

不同摄影机厂商都有自己对色彩的理解，采用不同的解拜耳插值算法。不同的解拜耳算法往往会形成不同的画面色彩表现，这往往也是厂商自己核心的专利和机密。解拜耳过程的不断改进也是数字摄影机色彩变得越来越好的一个原因。随着传感器性能的不断提升，以及色彩科学、编码方式和压缩算法等因素的持续改进，数字摄影机捕捉和生成颜色的能力也将越来越好。

1.6 感光材料的画幅尺寸

1.6.1 画幅尺寸的变化历史

一直以来，35 mm是电影行业最常见的画幅尺寸。电影从诞生时，使用的就是35 mm的胶片底片了。在爱迪生实验室工作的威廉·迪克森（William Dickson）首先使用了柯达公司发明的35 mm胶片，并把它放在摄影机的垂直片门里，每格胶片为4个齿孔的高度，底片上成像区域的宽高比为4：3，对角线长度约为30.5 mm，这是电影无声时代的主要画幅尺寸。

1920年，有声电影的出现需要将声音轨迹同步记录在胶片上。美国电影艺术与科学学院制定了一种宽高比为1.37：1的画幅标准。这个被称为“经典学院格式”的新标准拥有27.2 mm的成像画幅对角线尺寸。

20世纪50年代，电视的发明使影院观影人数骤减，电影制片厂开始寻找把观众拉回电影院的办法。其中一种办法是采用区别于电视的更宽的画幅形式，给观众提供一种具有沉浸感的观影体验。Cinerama是第一个被推出来的宽银幕系统。这个系统同时使用3台摄影机和3台放映机并行拍摄与放映，但设备复杂而且昂贵，因此并未得到广泛流行。

随后，20世纪福克斯电影公司使用了一种特殊的变形镜头，拍摄出宽高比更高的电影画面，称之为CinemaScope，也叫作变形宽银幕格式。CinemaScope使用的拍摄底片仍然是标准的35 mm胶片，只是通过安装在摄影机上特制的变形镜头，将拍摄画面在水平方向上进行挤压，放映时再把画面进行反向拉伸，获得更大的宽高比。经过数次宽高比的调整后，CinemaScope被规范为4齿孔高，在胶片上拥有28.8 mm对角线，在银幕上可以放映宽高比2.39：1的画面。

派拉蒙影业公司在1954年首次推出一种称为VistaVision的宽画幅胶片格式。VistaVision格式是将35 mm胶片底片横向放置，每格胶片占据8个齿孔，拥有1.85：1的宽高比和40.4 mm对角线，增加了成像的面积并获得颗粒更少的画面。

20世纪50年代中期还有新开发的65 mm宽画幅底片，用来减少画面的噪点，拍摄更干净的画面。在65 mm胶片的基础上，PANAVISION公司在拍摄电影《阿拉伯的劳伦斯》时推出Super Panavision 70格式，可以得到更宽广的视觉体验，但是使用Super Panavision 70的成本非常高。由于35 mm胶片仍然能够满足新一代摄影师的拍摄需求，并且成本更低，70 mm格式和VistaVision格式开始被边缘化，35 mm再次成为电影拍摄的标准画幅。

1982年，摄影师乔·邓顿（Joe Dunton）尝试使用普通的球面镜头拍摄宽银幕格式，他改造了摄影机的卡口，使得在35 mm胶片上也可以获得更大宽高比的画面。新的格式被称为Super 35 mm（超35 mm），它的成像区域为24.89 mm × 18.66 mm（图1–23）。在数字摄影机时代，Super 35 mm画幅格式仍在使用，并成为一种广泛流行的画幅尺寸。Super 35 mm画幅最大的优点是无须使用变形镜头就可以拍出宽银幕格式的画幅比。

20世纪90年代末，2/3英寸的CCD电子感光器件出现，并开始进入电影拍摄领域。乔治·卢卡斯（George Lucas）在《星球大战前传2：克隆人的进攻》中首次使用了2/3英寸CCD传感器的高清摄像机进行拍摄。尽管有着不错的影像质量，但2/3英寸传感器的分光棱镜限制了光孔的大小，进而限制了使用大光圈的快速镜头，在获得类似于传统35 mm胶片

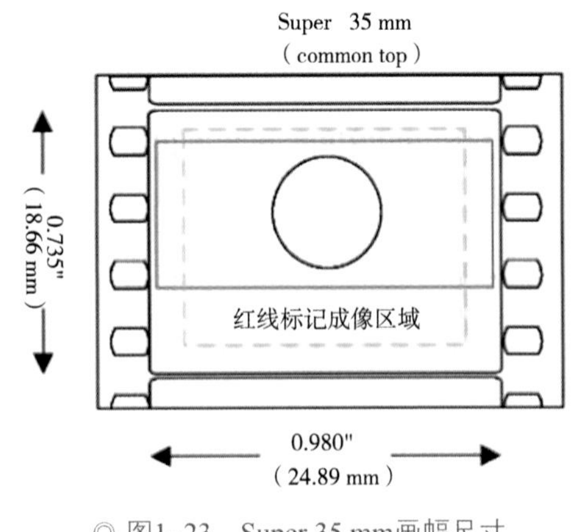

◎ 图1–23　Super 35 mm画幅尺寸

的景深方面也受到很大影响。

2000年以后，一些使用单个CMOS感光传感器的数字摄影机，包括DALSA Origin、ARRI D20、ARRI D21以及PANAVISION GENESIS等进入市场。RED公司发布的RED ONE以高性价比取得巨大的成功并得到业界认可。RED ONE配备了一个成像区域为22 mm × 12.6 mm的单片CMOS传感器，并且与胶片摄影机的光学设计完全兼容。

2010年左右，数字摄影机发展迅速。ARRI公司推出ALEXA系列摄影机，配备的传感器拥有27.3 mm成像圈。2013年，RED EPIC发布，这是一款拥有31.4 mm成像圈的5K摄影机，通过加大传感器的尺寸获得更高分辨率的趋势开始流行。后来，RED公司为其数字摄影机配备了两种8K传感器：Super 35 mm Helium拥有33.80 mm的对角线，RED Weapon Monstro VV拥有46.31 mm的对角线。

与此同时，ARRI公司找到了一种增加ALEXA像素数量的新方法，推出了对角线尺寸为33.59 mm的片门全开模式。接着，ARRI公司发布了大画幅摄影机ALEXA 65，使用3倍于35 mm画幅的更大尺寸传感器，对角线达到了60 mm。SONY公司发布了配备36 mm × 24 mm全画幅尺寸传感器的摄影机SONY Venice，ARRI发布了全画幅摄影机ALEXA LF，数字摄影机进入大画幅传感器时代。

1.6.2 Super 35 mm与全画幅传感器

从2017年开始，全画幅尺寸传感器逐渐成为电影摄影机领域的热门话题。目前，主要的数字摄影机厂商都发布了各自的大画幅摄影机，比如ARRI ALEXA LF、RED Weapon Monstro VV、SONY Venice等机型。

全画幅尺寸通常被认为是图片摄影中的一个概念，而非来自电影摄影领域。在照相领域很早就有全画幅的相机，比如著名的佳能5D系列、SONY A7系列、尼康D800等。全画幅传感器一直未能用于电影拍摄领域有诸多原因，比如大尺寸传感器导致的像素读取速度问题，影像质量、功耗及成本的问题，历史包袱问题（行业里已有的大量35 mm电影镜头在全画幅下无法适用），等等。

照相机全画幅的标准尺寸是36 mm × 24 mm，这是一个固定的数值。电影胶片最常见的底片尺寸是35 mm，指的是胶片横向的宽度是35 mm，实际成像面积还与画幅的宽高比有关。数字摄影机感光芯片的尺寸则从未有过统一的标准。

目前，行业内大多数常用数字摄影机还是采用Super 35 mm传感器，但Super 35 mm传感器的具体尺寸并不统一，只是一种笼统的画幅表示方式，或者只代表传感器尺寸的级别。Super 35 mm相当于传统35 mm胶片的3个齿孔对应的尺寸（大概是24.89 mm × 13.9 mm，每个画格仍是4齿孔，实际成像面积的高度取决于画面的宽高比）。行业内并没有所谓统一的Super 35 mm标准，不同摄影机厂商在描述自己感光器件时使用的都是实际的尺寸。以下是一些常用Super 35 mm电影摄影机的画幅尺寸：

ARRI ALEXA Open Gate：28.17 mm × 18.13 mm；

ARRI ALEXA 4：3：23.8 mm × 17.8 mm；

RED Helium 8K：29.9 mm × 15.7 mm；

RED Scarlet-W：25.6 mm × 13.5 mm；

SONY F55：24 mm × 12.7 mm。

现在，电影的全画幅传感器尺寸也没有固定为36 mm × 24 mm。ARRI ALEXA LF的传感器尺寸为36.70 mm × 25.54 mm，RED Weapon Monstro 8K VV的传感器大小为40.96 mm × 21.60 mm。在胶片时代，1954年派拉蒙影业公司发明的VistaVision格式，尺寸是37.7 mm × 18.3 mm，和RED摄影机的全画幅尺寸差不多。RED Weapon Monstro VV中的VV就是VistaVision的简写。ALEXA LF中的LF指的是Large Format（大画幅），所以有时“全画幅”和“大画幅”的说法是通用的。

传感器更大的画幅尺寸是数字摄影机未来发展的趋势之一。由于感光面积加大，大画幅传感器获取的影像质量更高，画面也更具有某种独特的风格，对电影创作者来说也有很多帮助。做个简单的类比，传感器可以看作是捕捉光线的画布，画布越大，对于创作者来说选择也会更多。

从技术角度来说，影像质量通常与传感器的尺寸成正比。数字摄影机的一些关键技术指标，比如分辨率、动态范围、对比度、信噪比、位深、感光度以及色彩还原能力，均与感光单元的感光性能有关。传感器尺寸越大，每个感光单元的面积也可以变得越大，从而更容易接收光线，动态范围和感光度等各项技术指标更容易获得提升，也就更容易获得高质量的画面。

尺寸大的感光器件可以提供更宽广的视角。与Super 35 mm相比，在相同视角和光圈等情况下，全画幅传感器可以提供更浅的景深，画面的前景和背景分离感变得更明显，增强了画面的空间深度和立体感。当然，景深变浅对跟焦也提出更多挑战。

传感器尺寸变大也有弊端：这使得已有的大量Super 35 mm电影镜头不再适用，需要设计和制造新的镜头。因为需要提供更大的成像圈来覆盖传感器增加的感光面积，所以镜头可能会变得更大和更重，也需要更大的光圈满足快速感光的需要。

现在很多镜头厂商已经推出了兼容全画幅摄影机的新型号镜头，比如Angenieux EZ、ARRI Signature Prime、佳能 CN–E Primes、Cooke S7/i、IB/E（RAPTOR Macro Lenses）、Leica Thalia Primes、Sigma Cinema Primes、ZEISS CP.3 Primes等。目前推出的主要还是全画幅定焦镜头（图1–24）。变焦镜头覆盖全画幅仍是一个技术难点。大画幅底片对变焦镜头在透镜加工的精度上要求更高，因为随着镜头成像的像场变大，要想保持镜头边缘像场和中心像场的分辨率，以及良好的畸变控制和透视效果，对于变焦镜头来说难度会成倍增加。

◎ 图1–24　ARRI ALEXA LF/Mini LF大画幅数字摄影机及全画幅定焦镜头

1.7 高清视频格式和Raw格式的录制方式

数字摄影机对传感器感光数据的处理和录制方式，根据最终所生成影像的格式，通常可分为高清视频格式和针对原始感光数据的Raw格式。这两种录制方式在摄影机内部的处理、传输和记录的原理和过程上都是不同的。

1.7.1 高清视频格式的记录过程

视频本身是一个宽泛的术语。从技术角度讲，视频通常指的是利用光电转换的原理将光信号转为电信号，以电信号为载体进行处理、传输和记录等相关的技术。从另一个角度来讲，视频也是这一过程的结果，代表了一种最终可见影像的载体，或者作为某种保存动态影像的文件格式。

高清是从清晰度和分辨率方面对视频所做的描述，早期的视频技术是采用一种称为“扫描”的方式实现的，主要是利用电子束按照从上到下、从左到右的顺序不断扫描，在屏幕上形成明暗变化的画面，画面的清晰程度与扫描的行数直接相关。

在模拟信号时代，视频格式只有几种特定的标准：NTSC制式（美国、日本等国家和地区使用）、PAL制式（中国、欧洲等国家和地区）、SECAM制式（非洲、苏联等）。这些制式的扫描线数被称为标准清晰度格式（standard definition，SD，简称标清）。不同国家和地区的标准详细规定了具体的技术指标和规范。例如，根据视频制式的不同定义，标清视频的分辨率有所不同，通常PAL制式的分辨率为720×576，NTSC制式的分辨率为720×480。

为提高视频显示的清晰度，逐渐出现了比标清视频更高分辨率的视频技术，这些格式被笼统地称为高清视频格式（high definition，HD，简称高清）。高清视频格式在20世纪70年代就出现了，只不过当时仍是模拟信号。从20世纪80年代起，一些公司开始生产数字视频设备，后来高清摄像机逐渐出现并得到广泛使用，高清视频拍摄得到快速发展，并在世界范围内被广泛接受。

关于高清视频格式的具体标准并没有官方的定义。通常来讲，任何比标清分辨率更高的格式都属于高清视频格式。常见的高清视频格式是1280×720（简写为720p）和1920×1080〔也有写法是1080i或1080p，1080p也称为full HD（全高清）〕。分辨率数字后面的p和i指的是视频扫描方式：p是progressive的首字母，表示逐行扫描；i是interlaced的首字母，表示隔行扫描。

高清摄像机对高清视频信号的处理和记录过程：光线经过镜头后，进入传感器感光单元进行感光，被转换为不同强弱的电信号。传感器本质上是一个模拟器件，它输出的仍是模拟的电信号。电信号进入模数转换器件（analog-to-digital converter），在此环节被转换成数字信号。随后，数字信号进入数字信号处理器。数字信号处理器的主要作用是对数字信号进行视频编码，形成可见的数字影像。此时通过摄影机上的各种调整旋钮和菜单控制项，可以对数字信号进行一定的处理和调整。处理后的视频信号可以在监视器或寻像器中观看，并可以同步录制到存储媒介上。这个过程中需要注意的是，对视频的任何调整都是即时生效的。一旦调整的选项被确认并录制到存储媒介，视频画面的外观也就确定了，以后也就不能再改变了。

高清视频录制过程中对拍摄参数和图像外观的调整是通过摄影机上的各种按键、旋钮和可调的菜单等实现的。调节的内容主要包括帧率、快门、感光度、白平衡、色彩矩阵、gamma曲线、黑伽马和拐点等。这些调整将直接作用在视频信号上并影响画面外观，对视频的任何调整都将被实时反映在画面上，原始的视频信号也随之改变。如果想对录制后的视频再进行修改就很困难了，有些调整根本是不可能的。这种视频记录的方式被称为“烘焙式的（baked-in）”，就像烘焙蛋糕一样，一旦蛋糕做好了，便再也回不到面粉和鸡蛋的初始状态了。这也是高清格式录制最重要的特点。

1.7.2 Raw数据格式的记录过程

高清视频摄像机出现几年以后，Thomson公司推出了Viper数字摄影机。Viper

采用了一种叫FilmStream的录制格式保存传感器原始的感光信号。接着，DALSA Origin、ARRI D20和ARRI D21数字摄影机以及RED ONE数字摄影机相继出现，第一次出现了一种叫作Raw的记录方式。Raw主要指的是摄影机直接保存从传感器获得的原始感光数据，而不是像高清摄像机保存的是经过处理后的视频格式。Raw在数字摄影机发展史上是一种具有革命意义的记录方式。

高清摄像机对原始感光数据的任何调整，都是作为视频的一部分体现在最终的画面上。而对数字摄影机保存的Raw格式所做的大多数调整与原始感光数据是分开的，这些调整只是作为独立的元数据（metadata）存在。元数据的修改不会真的改变原始感光信号，而是将对原始感光数据的修改以“额外说明”的方式保存下来。

Raw作为一个术语来讲没有什么特别的含义。raw本身有“生的、未经加工的、未经处理的、原始的”等含义，在影视行业内更多的是一种约定俗成的称呼。在写法上是RAW、raw还是Raw也没有明确的规定。因为RAW不是几个单词的首字母缩写，所以没有必要保持全大写的形式，写成Raw也没问题。

现在的数字摄影机基本都可以拍摄Raw格式，录制Raw格式也是现代电影数字制作流程非常重要的一项革新。Raw格式意味着我们保存的是从传感器直接获得的原始数据，还没有进行解拜耳运算以及诸如亮度和色彩编码、色温、白平衡、ISO等调整，也没有过多的数据压缩。Raw包含的信息是最多的，是最接近原始场景的信息，所以从这个角度来说，Raw获取的素材质量是非常高的。

拍摄Raw格式与高清视频格式的工作方式有所不同，主要区别在于Raw格式记录下来的感光信号没有经过创造性的加工，只是保存下传感器原始的感光数据。以Raw方式记录不是说不能对画面进行创造性的调整，拍摄时仍然可以在摄影机上进行色彩编码、gamma曲线、感光度、色温等各种参数的调整。但是与高清摄像机“烘焙式的”处理方式不同，Raw的调整不是在最终的画面上，所有的调整只是以一种元数据的方式体现。也就是说，这只是一种对拍摄时调整行为的记录，在后期制作时仍然可以重新对想要调整的参数进行修改。

数字摄影机拍摄Raw格式有很多优点：一是Raw基本代表了摄影机能够获得的原始素材的最高质量，有更多的原始场景的信息被记录下来，信息越多通常代表画面细节越丰富、越真实；二是Raw格式允许某些拍摄参数在后期制作时重新调整，其本身记录的只是原始的感光数据，现场所做的调整都记录在元数据中，这些都为后期制作保留了较大的调整空间和修改余地，提高了后期制作的灵活性。

需要注意的是，Raw提供的灵活性不是无限的。在后期制作时可以对Raw重新调整并不意味一切都可以在后期制作时改变。有些数字摄影机会将一部分对Raw的调整记录在原始素材的元数据中，但有一些拍摄参数的设置则是永久性的，在后期是不能改变的，比如帧率、压缩比、快门时间等。一旦在现场按此参数设置拍摄，即使拍摄的是Raw格式，在后期也不能再改变。作为获取影像素材的第一步，拍摄即使使用灵活性很高的Raw格式，在做任何与拍摄有关的设置和决定时都要足够慎重。

第二章

数字摄影机关键性能指标

从胶片时代进入数字时代后，电影技术发展和革新的速度比历史上其他时期的都要快。目前，数字摄影机厂商在推出一款新摄影机时，总会伴随着各种技术指标的宣传，以说明摄影机有哪些新的技术创新和性能的提升。比如分辨率、动态范围、感光度等，都是一些经常被提到的指标，尤其是以K为代表的分辨率更是常见的代表摄影技术发展的性能指标之一。

数字摄影机的各项性能指标越来越高，高端的拍摄设备能带来更高的画面质量，这一点是毋庸置疑的。但是这也引发了很多关于技术极限的讨论，特别是一些指标甚至超越了人本身感知的极限时，技术的提升是否仍然有必要，未来的数字摄影机将发展成何种模样，这些都值得我们持续关注。我们将在本章讲解数字摄影机常见的一些关键性能指标和拍摄参数，包括它们的基本含义、特点及对画面的影响等。

2.1 分辨率

电影是一种活动影像形式。活动影像的基本原理是在空间和时间两个维度，对现实的场景进行捕捉和模拟。这种模拟是通过采样和不同的采样频率实现的。在时间轴向的采样通过“帧率”来描述，在空间维度的采样就是“分辨率”了。

分辨率代表着摄影机对场景空间采样的细节。分辨率越高，场景的细节被保留得越多，画面看上去就越细腻和平滑（图2-1）。对于数字摄影机来说，为人熟知的指标之一就是分辨率。从模拟视频进入数字视频时代，分辨率的指标不断提升，从高清1080p到2K、4K UHD（超高清），已经发展到6K、8K甚至更高的分辨率。

◎ 图2-1　高分辨率可以提供更多的影像细节

2.1.1 分辨率的含义

分辨率是对摄影机捕捉和记录场景细节能力的一种度量，在主观感觉上是画面看上去清不清晰，客观上可以用像素的数量来表示。对于数字摄影机来说，像素是组成数字影像的基本单元，其数量的多少直接影响摄影机对拍摄场景细节的捕获和还原能力。如果组成一帧画面的像素数量太少，显示的画面只能粗略地接近原始场景，场景的细节保留得就少；而像素数量越多，画面的细节就越丰富，看上去越清晰和细腻。简单来说，分辨率意味着场景细节的多少；分辨率越高，可表现的细节越丰富。

像素的数量不是影响画面清晰程度的唯一因素，镜头的光学素质、传感器的光电转换性能、解拜耳运算的算法、压缩编码的算法以及图像后期处理方式等，都会影响到最终画面的清晰程度。通常认为，高分辨率意味着画面有更多的细节，锐度可能也更高。但画面的锐度和分辨率不是一回事，事实上，更高分辨率的画面看上去反而更为平滑。

还有一个需要注意的问题是，画面的分辨率与传感器上感光单元的数量不是一回事。在了解一款数字摄影机的分辨率时，不要混淆了传感器的“分辨率”与影像的像素分辨率这两个不同的指标。

2.1.2 数字影像之前的分辨率

在数字影像之前，承载影像的形式有胶片感光材料和视频模拟信号等载体。胶片底片的原理是利用卤化银的感光特性，通过化学反应析出的银盐颗粒或染料形成画面。卤化银对光线的感光快慢和析出颗粒的大小都是随机的，所以构成胶片影像的每个颗粒都是不一样的。而数字传感器的每个感光单元都是一样的大小，数字影像的像素也都是相同的尺寸。

卤化银颗粒感光的随机性，使胶片具有一种天然的“颗粒感”，这也是我们通常所说胶片具有“电影感”的体现，这种特性也是胶片影像和数字影像在质感上有差异的最重要原因。胶片没有“像素”的概念，衡量胶片感光材料的分辨率（也叫解析度）的方法，是以胶片底片在1 mm的宽度尺寸内能分辨的黑白线条的对数来表示，单位为“线对/毫米”（图2–2）。

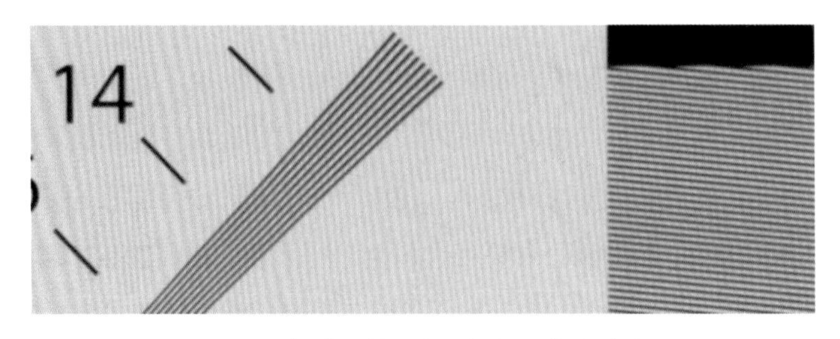

◎ 图2–2　描述分辨能力的指标“线对/毫米”

在模拟视频时期，摄像机获取视频信号是通过扫描实现的，因此模拟视频的分辨率定义通常采用扫描的线数来描述。比如高清摄像机是以纵向1080行的扫描线进行扫描的，那么高清分辨率表示为1080p（图2–3）。扫描线数越多，视频画面还原场景细节的能力越好。

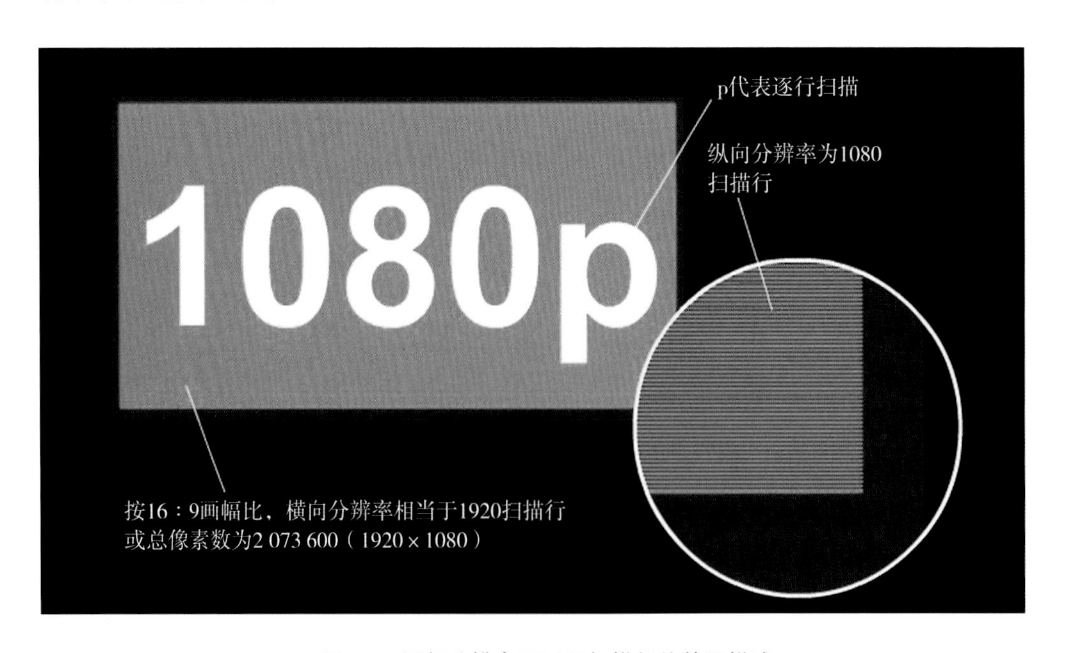

◎ 图2–3　视频分辨率可以用扫描行的数量描述

对于数字影像来说，每帧画面都由大量的单独像素点组成，分辨率直接用横向和纵向的像素数量表示即可（图2–4）。比如全高清数字视频的分辨率为1920×1080，表示画面横向由1920个像素点，纵向由1080个像素点组成。对于二进制的数字图像来说，描述分辨率更常用的说法是“多少K”，其中1K代表2^{10}，即

1024个像素点。

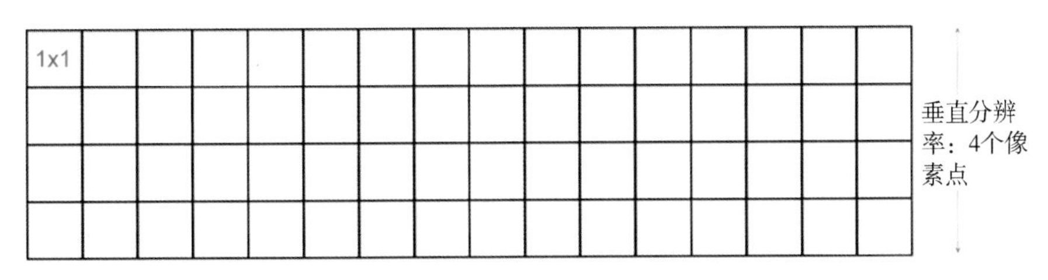

◎ 图2-4　数字影像分辨率通过横向和纵向像素的数量描述

在不同的视频标准定义下，允许有多种不同的画面宽高比，因此数字影像的分辨率通常只用横向的像素数量描述，而纵向的像素数量则是由横向像素数量与画面宽高比共同确定。我们常说的2K分辨率、4K分辨率，指的就是画面横向的像素数为2048（2K）、4096（4K），垂直方向的像素数量则根据不同的宽高比有所不同。比如，2.39：1的4K分辨率画面，水平方向的像素数量为4096个，而垂直方向的像素数量为4096 ÷ 2.39 ≈ 1716个。

2K和4K的水平分辨率是相差1倍的关系，而整体画面的像素数量却是相差4倍的关系，因为水平和垂直方向的像素之间都是2倍的关系。如果是高清或2K分辨率与8K分辨率的像素数量，则是相差16倍的关系（图2-5）。

◎ 图2-5　高清分辨率与8K分辨率的对比

2.1.3 感光单元数量≠像素数量

数字摄影机的传感器由数百万计的微型感光单元组成。感光单元可以理解为是一种光子的计数器，它们对入射的光线产生反应，输出与光线强度成正比的电平（或电压）。感光单元本身只能够计量光子的多少，只有灰度的记录，而没有颜色的概念。

大家可能很容易有一个误解，认为感光单元和像素是一回事，但事实上两者不是一个东西。我们前面讲过，组成一个像素需要用到3个颜色分量的信息，但是拜耳模式传感器的每个感光单元只过滤一种颜色，在通过解拜耳算法生成一个彩色像素时，需要借用相邻多个感光单元的数据。简单来说，一个完整的像素需要对应几个感光单元的数据（图2–6）。

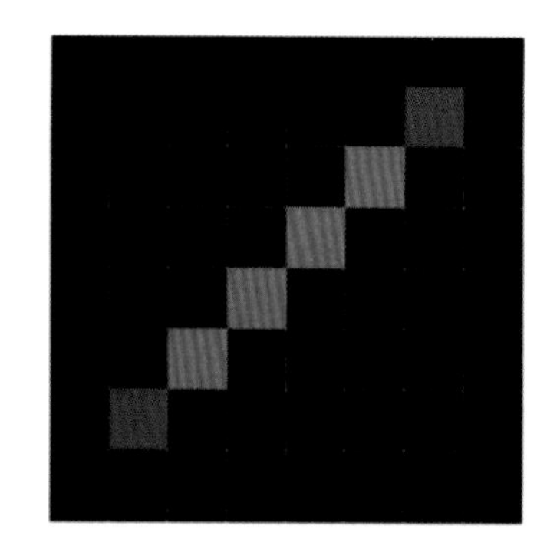

◎ 图2–6　像素数量并不同于传感器感光单元数量

数字影像的分辨率与传感器的“分辨率”不一定相同，两者可能是1∶1的关系，也可能不是。以ARRI ALEXA XT摄影机为例，其传感器的分辨率（可用的感光单元数目）为2880×1620。在输出高清视频格式时，像素分辨率为1920×1080，此时传感器的分辨率要大于影像分辨率；当生成ARRIRAW（2.8K）格式时，其像素分辨率为2880×1620，此时传感器分辨率与影像分辨率是相同的；而在片门全开模式（open gate）下，传感器的可用感光单元数量为3424×2202，而此时ARRIRAW的影像分辨率为3414×2198，两者也是不同的。像素可以看作是感光单元的感光数据经解拜耳运算后得到的结果。解拜耳的算法有很多种，所以像素数量与感光单元数量两者之间的关系并不能画等号。

2.1.4 分辨率的极限

目前，数字摄影机传感器已经可以达到4K、8K甚至更高的分辨率，但显示如此高分辨率的显示器和放映机却不多。人眼对分辨率的感知也是有限度的，在一定距离外，观众甚至不能分辨2K和4K画面的区别。在这种情况下，为什么摄影机还要不断追求更高的分辨率？拍摄高分辨率素材有必要吗？

分辨率分为拍摄分辨率和显示分辨率。对于显示设备来说，受限于人眼视网膜的生理限制、不同的观看距离和银幕大小等因素，显示分辨率确实是有极限的，但这并不一定意味着高分辨率就是冗余的。人类的视觉感知是一个复杂的过程，除了眼睛以外，大脑也会参与其中。大脑会很敏感地分辨出画面中一些细微的差异，所以高分辨率显示仍然有意义。

虽然现在8K播放还没有普及，但是在拍摄时使用更高的分辨率，输出时采用4K或更低的分辨率，可获得一种更自然的画面效果，细节的过渡也更细腻、平滑。例如，直接使用1080p拍摄和使用8K拍摄然后下变换为1080p，在放映观看时画面的整体效果差异还是比较明显的。

相比于显示分辨率，拍摄高分辨率原始素材的意义更大，捕获高分辨率影像可以提供很多好处。分辨率越高，意味着保留的信息越多，动态范围、灵敏度、位深、噪点、色彩、透视与景深等指标也都潜在地与高分辨相关。高分辨率可以保留更多的场景细节，这可以为后期制作提供更多可调整的余地和再创作的空间，比如重新进行画面构图、画面稳定等。

在电影特效制作中，高分辨率非常有利于抠像和合成等操作。在胶片时代经常使用的 65 mm底片或VistaVision格式进行特效镜头的拍摄，都非常有利于特效镜头的制作。数字摄影机拍摄更高分辨率也是这样的道理。

高分辨率可以延长素材的生命周期，在素材归档时最好选择高分辨率规格保存，以应对未来更高质量的重新制作与发行。以胶片为例，大尺寸胶片的分辨率更高，保留的画面细节也更多，当需要对胶片进行数字化时，高分辨率胶片也可以得到分辨率更高的数字影像画面。对于数字影像来说同样如此。比如美国漫威影业公司推出的《钢铁侠》系列电影4K高分辨率重制版，就有赖于拍摄时的高技术规格。

2.2 帧率

人眼对于现实世界的观察是连续的，而活动影像的原理是将现实时空切割为不连续的一系列静态画格，利用人类视觉感知的生理特点，使大脑获得一种连续运动的错觉。在空间上的分割就是上面所讲的分辨率，而电影在时间轴向的采样则通过帧率来描述（图2-7）。

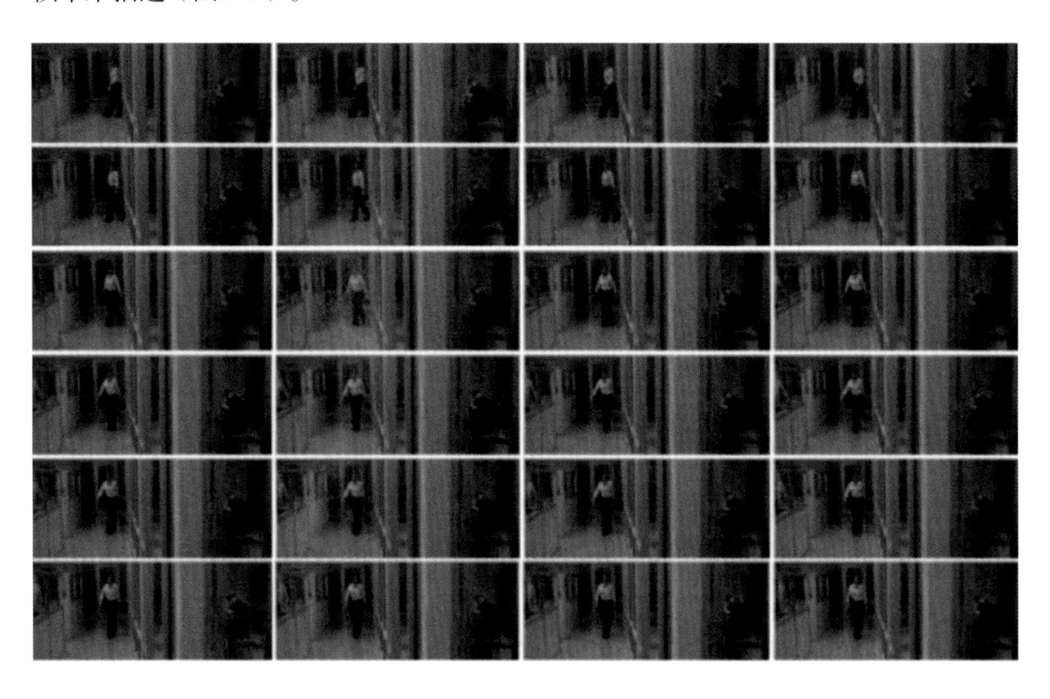

◎ 图2-7　帧率代表每秒钟拍摄或放映的静态画格的数量

2.2.1 帧和帧率

用“画格”描述一格一格的胶片，用“帧”描述视频影像中一幅一幅拍摄的画面。每秒钟可以捕捉或显示的画格或帧的数量，就称为帧率（frame rate），单位为格/秒或帧/秒（fps或FPS）。

一直以来，电影拍摄和放映的标准频率都是24格/秒。在电影出现的早期，主要靠人工手摇来驱动胶片在摄影机中的转动，因此电影拍摄和放映频率不是固定的，频率大致为14～18格/秒（曾有说法是1000格/分，相当于16格/秒）。随着有声电影的出现，人们对于声音和画面同步的需求，要求摄影机和放映机必须以恒定的速率运行。自1929年开始，电影的拍摄和放映速率有了统一的标准，即24格/秒。

当早期电视出现时，电视的播放帧率在很大程度上是由当地交流电的频率决定的，因为电子摄像机和广播电视运行时的电子扫描同步是视频技术的基本要求，这方面与电力的频率密切相关。比如，美国、日本等NTSC制式的国家可以选择23.976fps、29.97fps或30fps作为标准频率，中国、法国等PAL制式的国家则选择25fps作为视频的标准频率，因为这些地区的电力系统使用50Hz的交流电频率。

NTSC地区使用的23.976fps这种非整数的帧率，主要是当初发明彩色电视时，为了兼容已有的黑白电视以及避免色度信号干扰音频信号而进行的技术上的设计。在美国等NTSC制式的国家和地区，大多数拍摄和后期制作设备常用的帧率为23.976fps（30fps÷1.001）和29.98fps。23.976fps最接近24fps，这也成了拍摄具有“电影感”画面最佳的帧率选择。

24fps是目前全世界通用的电影放映机的速率，数字电影发行包（DCP）也要求以24fps的帧率交付。25fps是PAL制式的国家和地区最常见的拍摄帧率。如果电影以24fps帧率拍摄，而放映时需要转换成25fps，那么整个影片的时长将缩短4%。

2.2.2 高速拍摄与高帧率

拍摄频率远高于放映频率的拍摄方式称为高速拍摄，也叫升格拍摄。升格拍摄的画面会表现出慢动作的效果。在高速拍摄领域占主导地位的是Phantom系列数字摄影机（图2–8），其拍摄频率可达每秒10 000帧以上，可以将某个极其短暂瞬间的画面非常清晰地记录下来，从而拍摄出令人惊叹的画面。

高速拍摄意味着每秒钟产生的数据量是非常巨大的，这需要更多的数据存储空间，同时数据拷贝、转码和输出都非常耗时并且需要非常强大的设备处理能力。超高速拍摄的录制时间一般只能持续几秒钟。

高帧率同样也是使用比常规帧率更高的速率拍摄，但高帧率与高速拍摄不是一回事。高帧率（high frame rate，HFR）指的是以高于24fps的速度进行画面的拍摄，同时以与拍摄时同样的频率在放映机上进行放映。高帧率的画面动作和效果仍然是正常的。数字摄影机拍摄高频率早已不是问题。目前在发行和放映端，高帧率视频还处于试验阶段，没有普及。

◎ 图2-8　Phantom高速拍摄数字摄影机

24fps意味着每秒钟捕获24个瞬间的画面。对于静态场景或缓慢的运动，人眼看上去是足够平滑的；可是对于快速的运动，人眼就能明显觉察到有模糊的抖动和不连续的状态。提高拍摄帧率可以捕捉更多的运动瞬间，可以在一定程度上解决运动模糊和视觉感知不连续的问题（图2-9）。

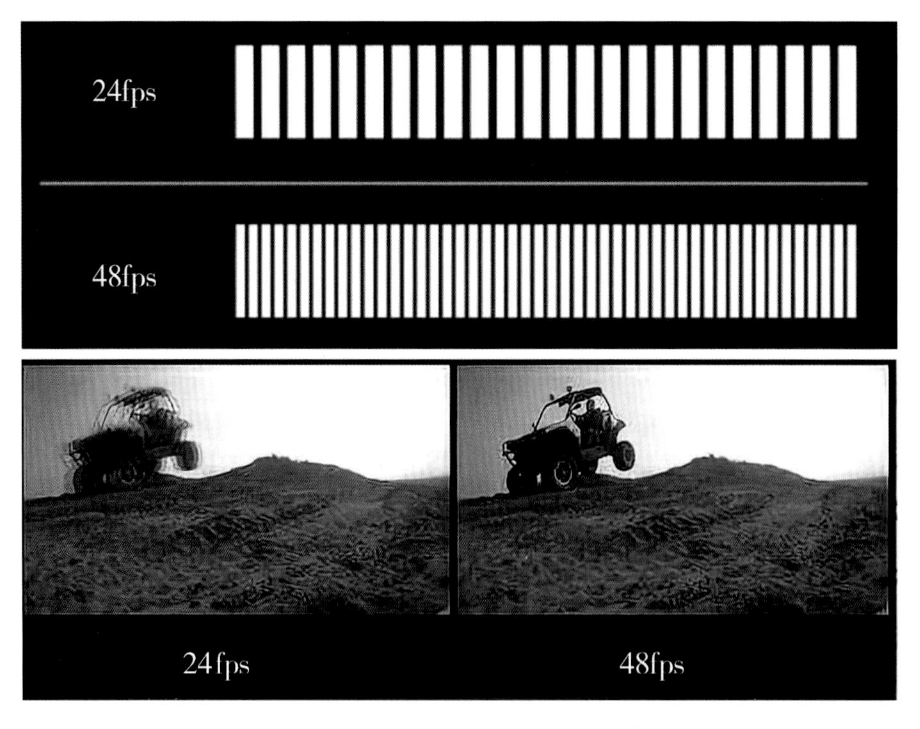

◎ 图2-9　高帧率可以减弱运动模糊的效果

24fps是一种受限于技术、成本及历史发展阶段的频率标准。一些电影技术先驱曾尝试过其他的频率。例如，道格拉斯·特朗布尔（Douglas Trumbull）在20世纪70年代发明的“休斯坎（Showscan）”系统，采用了60格/秒的频率。但这被认为是一种非常规的格式，只是用于拍摄实验性或者娱乐性的短片短暂存在过。

彼特·杰克逊（Peter Jackson）、詹姆斯·卡梅隆（James Cameron）、李安等导演一直在探索高帧率拍摄和放映技术。2014年，皮特·杰克逊的《霍比特人3》是数字时代以来第一部以高帧率拍摄的电影，拍摄频率是48fps。李安认为高帧率是有必要的，尤其是拍摄制作3D立体电影时。在拍摄电影《少年派的奇幻漂流》时，他发现24fps存在一些难以克服的问题。“24fps下运动镜头的立体效果太过模糊了，方向性不明确，这会阻碍观众与故事内容的情感联系。”李安后来尝试拍摄了3D/4K/120fps的高技术格式电影《比利·林恩的中场战事》。他2019年最新拍摄的电影《双子杀手》采用的也是120fps的高帧率，而且高帧率不再只是作为一种单纯技术的实验，故事的内容也是围绕高帧率的特性进行构思的（图2-10）。

◎ 图2-10　《双子杀手》采用高帧率创造一种前所未有的视觉体验

高帧率提升了观看时视觉体验的真实性，但电影是否应该采用更高的帧率，目前仍有争议。观众已经习惯了24fps，这种频率在某种程度上被认为代表了“电影的体验”；而更高的帧率比如50fps或60fps则更像电视或游戏的观感，观众认为其失去了电影特有的美感和戏剧感。由于高帧率的临场感和现实感太强，也有人认为其更适合用在体育比赛、演唱会等场合。

针对高帧率的不同意见，有些电影制作者提出了一种混合帧率或可变帧率的解决方案，即在一部影片中根据故事情节和场景的需要，采用不同的帧率来表现。混合帧率有可能成为一种新的叙事工具和语法进入影像创作中，实现不同的叙事效果和视觉体验，可能是一种更好的方式。

2.3 动态范围

我们在拍摄时经常会遇到这样的一个困境：使用摄影机拍摄一个同时带有室内和室外环境的场景时，如果想将室内的人物拍清楚，窗外的景色就变得“白茫茫一片”；如果调整摄影机的曝光使得窗外景色正常，室内的人物却又“黑乎乎一团”。为什么不能同时将两者都清楚地容纳在摄影机里呢？这个问题就与摄影机的动态范围这个性能指标有关了。

2.3.1 动态范围的含义

动态范围一直是衡量数字摄影机性能的重要指标之一。简单来说，动态范围描述摄影机在一帧画面内可以记录下的场景的亮度范围。数字摄影机的动态范围是由传感器自身的物理特性决定的。一旦感光芯片设计和制造完成，数字摄影机的动态范围也就确定了。

在电子信息工程领域，动态范围是与信号系统有关的一个概念，其定义是信号在最大不失真电平（或信号的切割点）和最小噪声电平之比（实际是使用对数和比值来计算）。动态范围是传感器的感光单元达到饱和时的光量与暗部信号盖过固有噪点时的曝光量之比。动态范围可以通过信噪比（signal-noise ratio，S/N）来描述，信噪比的单位是分贝（dB），因此动态范围可以用分贝作为计量单位。通常来说，每相差6 dB，表示动态范围相差一倍。

我们可以这样理解：传感器的感光单元是一个接收光子的容器，容器的容量是有一定限度的，在感光单元接收的光子数量达到饱和状态时，就达到了可记录场景亮度的最大值，此时的饱和状态也称为切割点（clipping）。

可被识别为有效画面的光子的最小数量实际上并不容易测量，电子器件本身也会受发热、电流和一些随机辐射产生的信号干扰，这些都称为固有噪声（noise）。可以设定一个可接受的最低信号电平，比此数值大时才被认为是正常的图像信号，低于此值则为噪点。

我们眼睛看到的任何场景都有一定的亮度范围。场景的亮度绝大多数来自物体的漫反射，亮度是由场景的照强（有多少光照在物体上）及物体本身的反射情况决定的。场景中最亮的部分和最暗的部分之间的差异可能是巨大的，特别是在白天的室外场景。比如一个场景中有透过云层的太阳光，还有很暗的阴影角落，这个场景的亮度范围可以很轻松地达到20档以上（20档的亮度范围意味着对比度至少达到了1 000 000：1）。

当我们拍摄一个亮暗差异很大的场景或者是存在极端亮度对比的场景时，摄影机的动态范围就是一个需要考虑的重要性能指标了。如图2–11所示，室内的光线比较暗，外面的太阳光很强烈。摄影机的动态范围是有限的，不能够将室内和室外差异很大的亮度同时容纳到传感器的感光范围内，要么室外的场景正常曝光，室内光线太暗而曝光不足，要么室内场景正常曝光，室外光线太亮导致曝光过度，看起来一片白。不论是曝光过度还是曝光不足，都会丢失场景原有的细节。

◎ 图2–11　摄影机动态范围不足以容纳场景的所有亮度范围

从拍摄画面上看，动态范围描述了一个场景被记录为无特征的纯白和纯黑之间可以容纳的亮度范围。宽广的动态范围可以提高摄影机对场景亮度范围进行曝光控制的能力，帮助我们记录更高的亮度和对比度，正确还原场景细节，也为后期制作保留一定可调整的空间。

在电影摄影领域，动态范围经常用摄影师习惯的“档”来描述。“档”是一个与光圈系数有关的概念，每档之间相差1倍的亮度。根据F制光圈系数的标准，相邻的两档光圈系数，孔径较大光圈的直径是孔径较小光圈直径的$\sqrt{2}$倍，孔径较大光圈的面积是较小光圈面积的2倍，所以在相同时间内，孔径较大光圈的进光量是孔径较小光圈进光量的2倍。

2.3.2 高动态范围

高动态范围（high dynamic range，HDR）是近几年在影视行业备受关注的一项技术，被认为是最有可能被广泛接受和得到应用，并对整个影视制作流程和影像创作方式产生深远影响的重要革新。简单来说，HDR技术可以呈现更高亮度和更大亮度范围的影像，同时保留更多的高光和阴影细节，实现更精准的对比度，最终以一种接近自然场景原有的亮度和色彩来还原画面，在视觉体验上尽可能达到与人眼观看现实场景时相媲美的逼真程度（图2–12）。

动态范围分拍摄设备的动态范围和显示设备的动态范围。一般认为超过10档的亮度范围或者对比度超过1000：1就可以算是高动态影像。对于目前的数字摄影机来说，拍摄高动态范围已经不是什么难事。数字摄影机的动态范围能力已经很高了，例如ARRI ALEXA LF全画幅摄影机的动态范围为14+档，RED Monstro可达17+档，这都远超当前显示设备的亮度范围。也有一些其他技术支持HDR的拍摄，主要的问题是显示端如何显示HDR高动态范围影像。

关于HDR的认识可能存在一些误解，需要先做简单的解释。

首先，活动影像的HDR技术不同于平面摄影的HDR技术。静态摄影可以通过组合不同曝光级别的多张画面得到单张HDR图像，从而达到扩展动态范围和对比度的目的。活动影像的HDR更为复杂，不仅是局部对比度的提升和混合不同曝光画面就能实现，尤其是显示和重现HDR影像涉及更多的技术与设备创新。

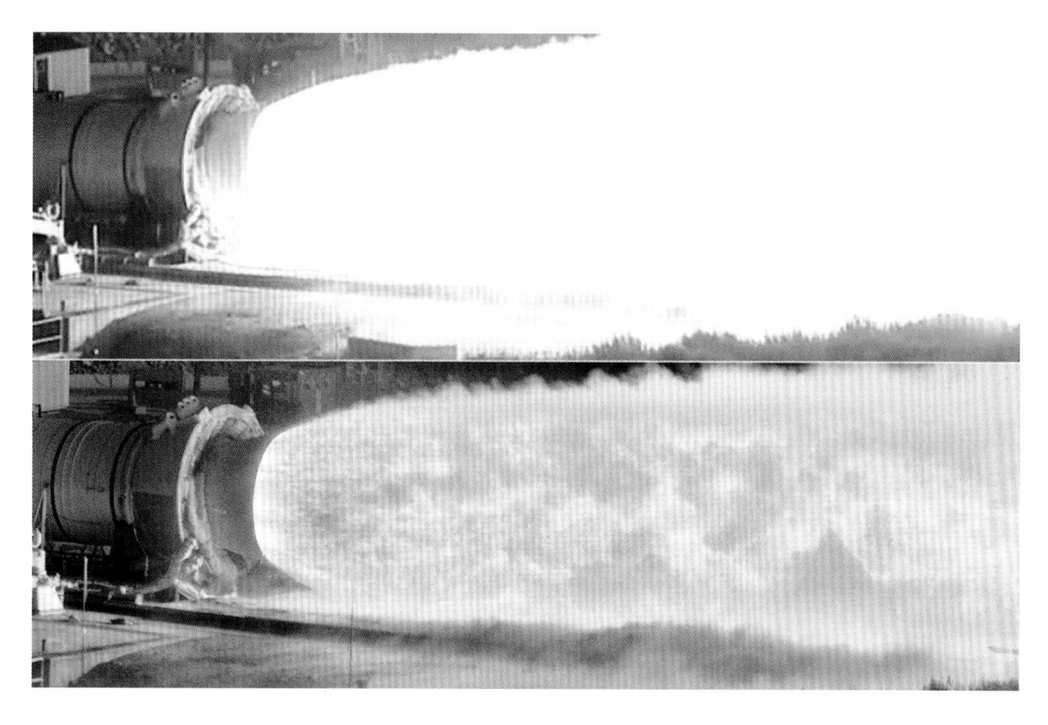

◎ 图2-12　高动态范围影像可以记录和显示更多的亮度和对比度细节

其次，HDR提高了峰值电平，但这不仅意味着画面变得更亮，更重要的是为了记录和重现更大的明暗范围和更多的对比度细节。在影像的最暗部和最亮部之间有很多的信息，HDR允许创建更高的对比度和无切割的高光，保留更深、更黑且无挤压的阴影。这种扩展明暗范围的同时保留更多细节的能力，比单纯提升白光的最高亮度更为重要。

再次，HDR不是单一的技术升级。HDR是一种内容制作方式、工作流程及软硬件设施的整体革新，从拍摄获取影像、画面监视器、视频传输接口、编码格式、后期制作到最终的放映设备等，都需要相应的改变以适应HDR的制作要求。可以说HDR是一个从科学、技术、设备和制作流程等方面对整个影像制作“生态”产生影响的系统工程。

从现阶段进展来看，HDR仍是一项复杂且难度颇高的技术，还没有形成一个行业内共同遵循的标准。在已有共识的基础上，多个组织和公司制定了各自的HDR技术规范，主要标准有HDR 10、杜比视界（Dolby Vision）、BBC和NHK开发的HLG标准等。这些技术规范都是从特定的角度和需求出发，采用了与目前基于CRT标准

gamma曲线完全不同的解决方案和技术实现方式。

显示设备的亮度测量单位是尼特（1尼特=1坎/米^2）。标准动态范围（SDR）显示器的亮度最高为100尼特，现在的计算机显示器、视频监视器和高清电视机的亮度为500～1000尼特，一般超过1000尼特的就可以称为HDR显示器。尽管不同标准有不同的定义，但HDR的最小和最大的亮度值都远超目前显示设备动态范围的幅度（0.01～100尼特）。比如有些HDR规范定义的亮度最小是0.000 1尼特，最大可达10 000尼特，这意味着HDR有足够的电平资源来区分不同的亮度细节，不再需要对高光和阴影进行压缩，同时具有保留更大的局部和整体对比度的能力，能表现出更深邃的暗部，带来更丰富的明暗细节。

随着UHD和4K等技术的快速发展，显示更高亮度的图像成为可能。目前SDR显示设备不能显示的高光亮光源和反射光源，可以在HDR设备上正确还原原始亮度。HDR不仅关乎亮度范围和对比度。由于亮度本身也是颜色的属性之一，HDR可以支持更宽广的色域，在颜色感知方面也将更为真实。HDR允许使用更加鲜艳甚至极端的颜色，甚至能将一些超越现实的场景呈现给观众。

2.4 感光度

2.4.1 感光度的含义

感光度是感光材料对光线反应快慢的度量。感光材料（胶片底片或电子传感器）的感光度通常用一系列标准的数值来表示，最常见的表示是国际标准化组织（International Organization for Standardization，ISO）感光度数值。因为感光度的测定标准和数值是由ISO定义的，所以感光度又称为ISO值。不同的感光度意味着需要相应的不同光量来完成曝光并产生可接受的画面。感光度越高，意味着感光速度越快，达到正常曝光所需要的曝光量也越少。

感光度经常与拍摄光线不足的场景拍摄联系在一起，比如夜晚室外没有足够照明的场景，或者只有蜡烛或者微弱灯光照明的室内场合（图2–13）。为了正常曝光，需要感光材料对光的反应更加灵敏，要么感光速度更快，要么需要的光量更少，以实现在低照度场景下依然能够捕捉到正常的画面。

◎ 图2–13　感光度经常和光线不足的场景拍摄联系在一起

对胶片材料来说，感光度代表的是胶片乳剂对光线反应的快慢，可以通过胶片底片对光线发生化学反应的速度以及感光形成颗粒的密度进行分析，测定得到不同的感光度。感光度越高，代表胶片越容易感光，只需要少量的光线就可以正常曝光，达到合适的颗粒密度；而感光度越低，表示胶片越不容易感光，需要更多的光量或是更长的时间才能形成适合的颗粒密度。

胶片感光度是在特定的光圈、快门以及照明情况下，胶片底片完成正常曝光的一系列测定数值的组合，也就是说，同样的感光度可以有多种曝光组合。例如，ISO 800的一种定义是在T 1.4光圈、180° 开口角和24fps（即1/48秒快门时间）的曝光条件下，在一个约32.292 lx的主光照明下可以完成正常曝光，此时胶片底片的感光度就是ISO 800。在同样条件下，ISO 1600则意味着只需要16.146 lx即可完成曝光。感光度对胶片拍摄具有重要的意义，在给定的光圈和快门组合的情况下，感光度的选择可以影响曝光量和画面效果。感光度数值加倍，意味着胶片感光速度加倍，或者达到曝光量需要的光量减半。

胶片的感光度主要用来表征化学乳液对光线的反应情况，而数字摄影机传感器感光度的含义和工作原理有所不同。数字摄影机是通过电子式CMOS或CCD捕捉光线和感光成像，感光度反映的是感光器件对光线反应的灵敏程度，因此数字摄影机的感光度也叫作灵敏度（sensitivity）。

对数字摄影机来说，传感器对入射光线反应的灵敏程度，是由其自身的物理特性和制造工艺决定的。也就是说，数字摄影机传感器的灵敏度是固定的，每个传感器实际上只有一个感光灵敏度，这就是所谓的原生感光度（native ISO）。而通常在摄影机上看到的一系列可调的感光度，实际上只是传感器固有灵敏度的不同信号增益（或放大倍数）。

胶片的感光度确实代表着胶片在不同曝光组合下对光线反应的快慢程度。从理论角度讲，数字摄影机并没有感光度的概念，因为感光器件的感光性能是固定的。数字摄影机的感光度只是在已经捕获的原始信号基础上，单纯地对信号进行放大和缩小，而并没有改变原始感光信号的大小，更不是通过调整传感器感光的灵敏度特性。数字摄影机感光度可以看作只是对传统的化学感光过程的一种模拟。虽然数字摄影机固有的灵敏度并不可调，但是对于电影摄影师来说，调整感光度数值仍然是拍摄时一个重要的曝光控制方式。

数字摄影机感光度的调整会影响到诸如动态范围、噪声等性能。数字摄影机的感光器件通常都有一个最佳的感光状态，此时获得的信号没有进行放大或缩小，影像质量也最佳。ARRI、RED、SONY这些数字摄影机厂商一般都是将ISO 800作为原生感光度的数值。数字摄影机拍摄Raw格式时，通常都是以原生感光度进行感光，ISO值的设置大多也都只是以元数据的形式保存。在拍摄非Raw的视频格式或者Log编码格式时，ISO的调整则会影响曝光情况和画面外观。

现在数字摄影机一个新的发展趋势是，在传感器层面设计有两个原生感光度，以应对特殊的低照度场景的拍摄，传感器的感光特性将根据两种原生感光度模式的选择而有所不同。比如，RED数字摄影机GEMINI传感器机型就设计有ISO 800和

ISO 3200两种原生感光度，分别应对正常照明和光线不足的拍摄场景（图2–14）。ISO 3200原生感光度在阴影区域比ISO 800感光度下多出两档的动态范围，这种感光度的改变不是单纯通过放大信号或者调整记录的Raw得到的，而是通过在物理层面设计有两个不同的信号电路，改变成像传感器捕捉和处理光线的性能实现的。

◎ 图2–14　RED GEMINI摄影机的双原生感光度设计

2.4.2 曝光指数

在平面摄影中，经常使用ASA或者ISO标示感光度；而在电影胶片中，实际上使用更多的是曝光指数（exposure index，EI）。胶片的曝光指数是胶片速度的指示，用测光表来进行实际的测量，以决定在特定的照明条件下需要的光圈大小。虽然含义相似，但EI不同于ISO或ASA。EI是较为保守的指标，应对电影胶片高质量影像投射在大银幕上的需求。通常，相同的感光度用EI表示，大约比用ASA或ISO表示低一档，EI 500电影胶片相等于ASA/ISO 1000。

数字摄影机实际上不能调节传感器本身感光的灵敏度，感光度数值只能算作对传统胶片时代感光度定义和效果的模拟，但感光度的调整在曝光控制时仍然有用。现代数字摄影机是通过数字编码的方式记录影像的，调整感光度可能会改变摄影机的动态范围和动态范围内亮度编码值的分布，进而对画面的影调和曝光产生影响。

在数字摄影机里仍然可以使用EI描述感光度。

以ARRI ALEXA数字摄影机拍摄的Log C编码格式为例，感光度的调整就是以不同的EI标识的，并且不同的感光度会影响画面的曝光表现。ARRI ALEXA传感器的动态范围为14档，EI的调整并不会改变摄影机的动态范围。实际上EI会影响18%中灰在动态范围所处的位置，从而对影像的影调分布产生影响（图2–15）。

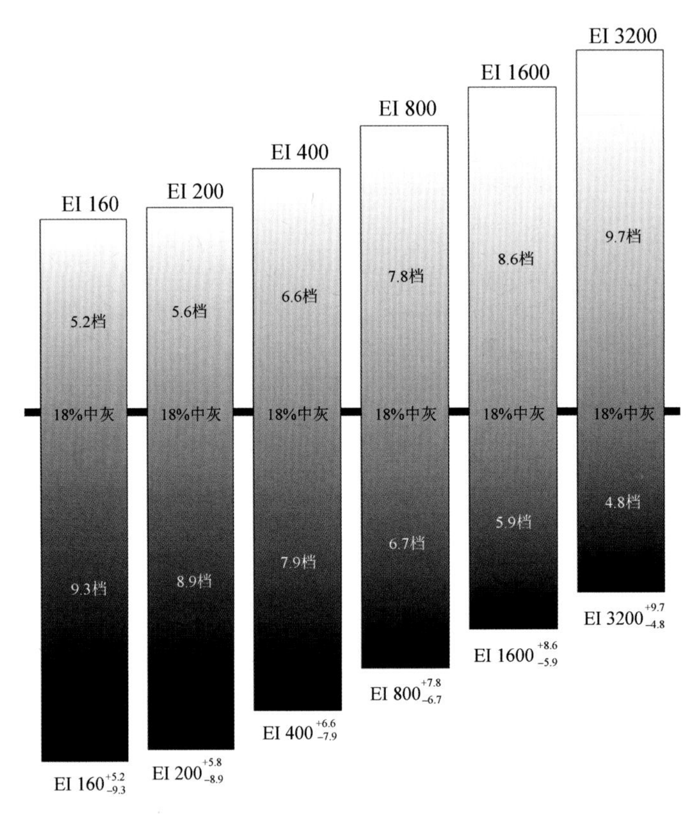

◎ 图2–15　数字摄影机的感光度会影响中灰在动态范围内的位置

举例来说，ARRI摄影机在EI 800的原生感光度下，18%中灰物体的曝光位置大约在摄影机动态范围的中间位置，中灰位置之上7.8档和中灰之下6.7档内都属于可容忍曝光的范围。EI 800是摄影机的原生感光度，在此感光度下影像质量是最为均衡的，在中灰之下的部分将拥有干净且没有明显噪点的画面，中灰之上的高光也有平滑的过渡。

当调整EI升高到1600时，18%中灰的曝光位置降低了，在整个动态范围内处于+8.6档和–5.9档的位置。与感光度EI 800相比，此时画面的整体亮度提高了一倍，用于记录18%中灰以上高光部分的范围多了一档，这意味着高光部分可保留的细节也就多了一档范围。而暗部动态范围的减少，意味着暗部可保留细节的层次减少将近一档，噪点可能会变得明显和增多。

需要理解的是，EI的调整对感光元器件本身的动态范围和灵敏度都没有影响，所以EI 800和EI 1600拍摄到的高光和暗部的总信号范围并没有改变，改变的只是18%中灰参考的位置。这会潜在地影响高光和暗部区域的细节，因为EI的增大使高光部分多保留了一档范围，而在阴影区域则减少了一档的细节。在拍摄整体较亮的高调场景时，比如室外有大量白云的天空，为了保护高光部分的层次和细节，可以将EI曝光指数调高，这样可以获得更宽广的动态范围用来记录高光部分的细节。

当EI降低为160时，18%中灰到最亮点的动态范围变小，到最暗点的动态范围变大，此时可记录暗部区域的更多细节，从而降低噪点的数量。所以，在拍摄有较多暗部层次的低照度场景时，为了记录下更多阴影中的细节，可以尝试将EI降低，这样在中灰至暗部会有更大的可用动态范围，可用于记录和保留更多的信息，而且噪点会更少。

2.4.3 噪点的产生

感光度的调整经常伴随着噪点的问题，特别是数字摄影机在低照度场景下拍摄时，提高感光度稍有不慎就会使画面的噪点变得明显。在数字成像领域，噪点产生的主要原因在于信号的放大。通过放大信号使感光变得更灵敏，代表噪点的低电平信号也随之放大。就像调高音响扩音器的音量一样，在声音信号放大的同时，更多的杂音也一同被放大了。

传感器的工作原理是捕获光子并计量光子。一个问题是感光芯片只要通电开始工作，即使不接受光子的照射，感光单元中的电子和电流也不会是零。传感器工作时发热或者其他电路的电磁干扰等都会产生微弱的电信号，这部分原本就存在的电信号称为传感器的本底噪声。另一个问题是光子实际撞击传感器产生的信号很微弱，无法直接进行数字化，所以在传感器或者图像处理芯片上都有信号放大电路。在大多数数字摄影机设计时，感光度的调整就发生在信号放大这一环节，一些不相关的干扰信号此时也会被同步放大，这也是产生噪点的原因之一。

感光器件的灵敏度和噪点是一枚硬币的两面，感光度的调整通常会伴随噪点的产生。数字摄影机的画面噪点与胶片正常的颗粒感不是一回事。任何电气设备都会有噪点（本底噪声）。噪点在信号比较弱的区域尤其明显，比如在场景的暗部区域就很容易产生噪点，这是因为随着有效信号（表示图像有效细节的部分）逐渐降低，图像的亮度信号与电子设备的本底噪声变得难以区分，当这种差异不明显时，噪点就开始出现。

噪点是一个由多种原因导致的复杂现象。拍摄时一旦产生噪点，在后期是很难完全消除的。任何电子器件都存在干扰信号，只要将信噪比控制在一定范围，就不会对正常画面造成影响。但是噪点超出一定比例，很容易会被观众注意到，从而产生视觉的干扰。特别是在大银幕放映时，噪点将变得更加明显，尤其是人面部的噪点，可能会严重干扰和分散观众对电影叙事的关注，这是绝不允许发生的技术问题（图2-16）。

◎ 图2-16　在调整感光度时要注意避免产生噪点，特别是演员的面部

2.5　快门类型和快门时间

快门是一种控制光线在感光材料上停留时间长短的机制。不论是拍摄静态图片还是活动影像，在任何类型的照相机和摄影机中，快门都是不可或缺的组件。如果胶片或传感器一直暴露在光照下，场景中的光线一直被感光材料接收，画面将会糊作一团。没有快门，曝光将变得不可控。

在曝光控制中，光圈控制的是透过镜头到达感光器件的光线数量，快门控制的则是光线在传感器上停留时间的长短。快门开启时间越长，通过的光线就越多。较快的快门速度是指快门打开并迅速关闭，只允许小部分的光通过。较慢的快门速度是指快门开启时间较长，允许更多的光通过。

2.5.1　机械快门的结构

胶片摄影机使用的是带开角的旋转叶子板式的机械快门（图2–17）。最简单的一种快门结构是一个180° 的半圆形铁板。当叶子板旋转到不挡住光路的位置时，光线将会到达胶片，场景光线被投射到胶片乳剂上进行曝光。当叶子板旋转到挡住光路的位置时，透过镜头的光线被快门切断，胶片不会感光，摄影机此时将胶片下拉到下一画格，准备下一个循环。按此旋转循环，胶片不断完成曝光过程。曝光的时间与叶子板开口角的大小有关（图2–18）。

带开口角的机械快门的曝光时间，通常不是以秒为单位计量，而是采用开口的角度来表示。开口角度、曝光时间（快门时间）和帧率三者之间的关系，用以下公式表示：曝光时间 =（1/帧率）×（开口角度/360°）。这个公式很容易理解：开口角度越大，在旋转一周的时间（也就是胶片一个画格接收光线的时间）内，透过的光就越多。

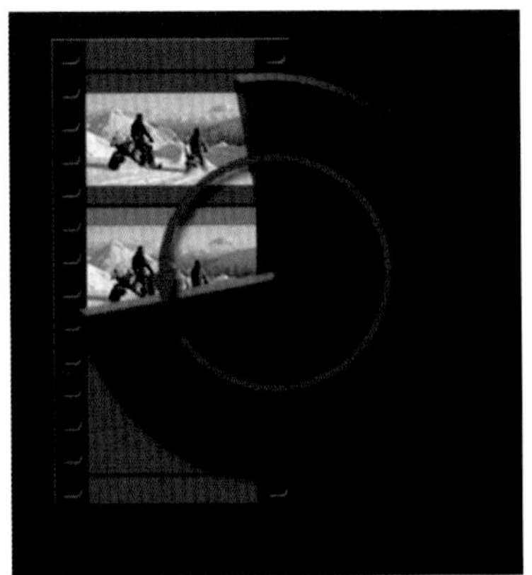

◎ 图2-17 传统摄影机机械快门的结构

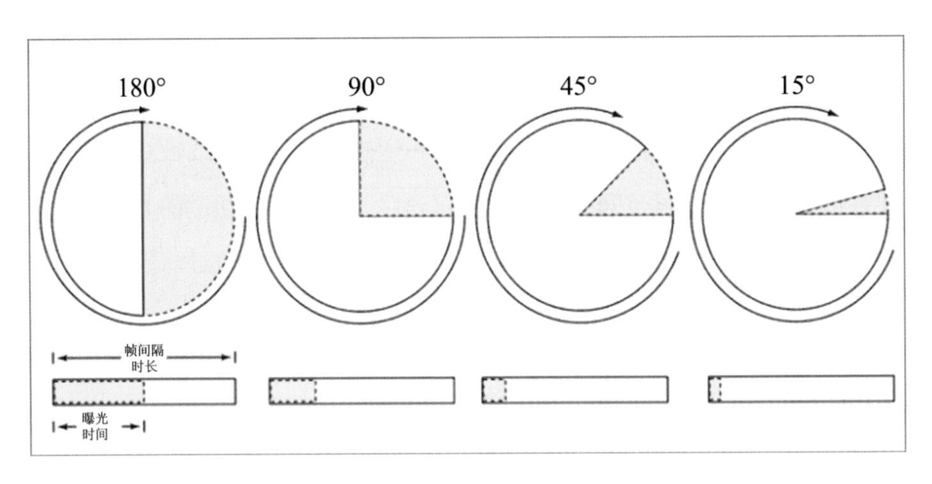

◎ 图2-18 通过开口角度控制曝光时间

胶片摄影机最常用的快门角度为180°和172.8°。在24fps的拍摄频率下，180°开口角度对应的曝光时间为1/48秒，172.8°对应的曝光时间为1/50秒。这种开口角度的选择主要有两个原因：一是1/50秒左右的快门时间，对人眼来说会产生合适的运动连续感，既不会太模糊也不会太过卡顿；二是考虑某些类型的照明灯具与当地交流电频率保持一致，以避免曝光不均匀而导致画面频闪的问题。

在曝光控制时，通过调整光圈的大小改变曝光量会影响画面的景深。如果想保持景深不发生明显改变，可以通过调整快门角度的方式，因为快门角度的调整不会影响景深。现代的数字摄影机很少有机械式的快门结构，而仍然会有沿用传统的开口角度表示快门时间，即用角度等效表示实际的曝光时间（图2-19、图2-20）。

◎ 图2-19　数字摄影机仍保留角度形式的感光度设置

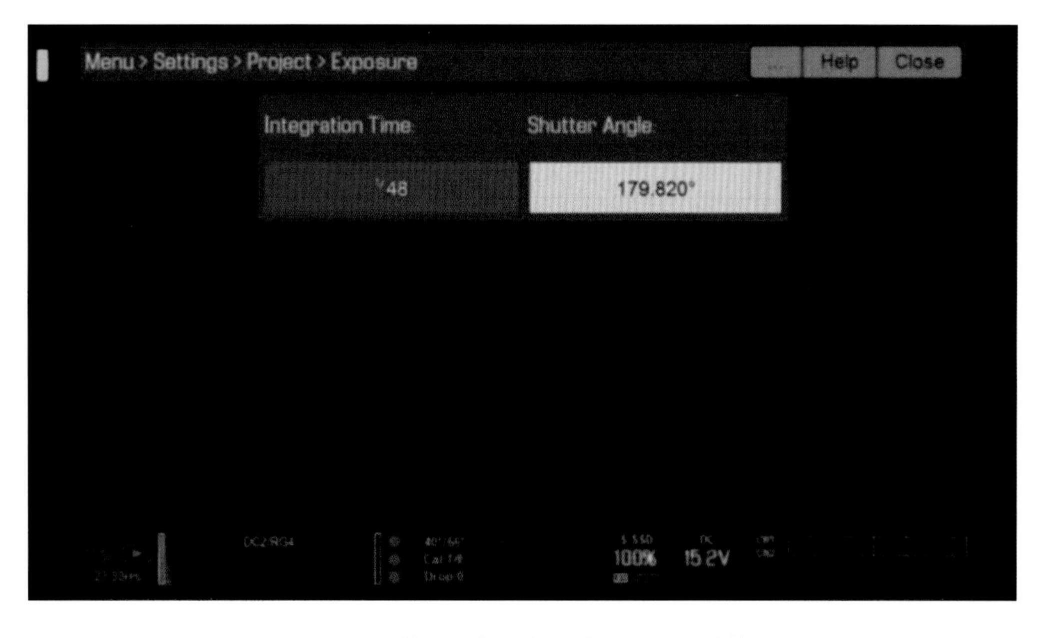

◎ 图2-20　快门角度和快门时间是可互相换算的

2.5.2 电子快门：全局快门和卷帘快门

现在数字摄影机很少会采用带开口角的机械快门，不需要像胶片摄影机那样通过不断下拉和移动胶片完成曝光。数字摄影机的传感器是一个位置固定的电子器件，感光过程和曝光时间可以通过电子脉冲或电子扫描方式进行控制，因此叫作电子快门。

电子快门不需要额外的机械结构，这也使得现在的摄影机变得更轻便，结构更紧凑。在数字摄影机中，电子快门不是一种具体的物理部件，实际表示的只是传感器读取感光数据形成一帧画面的控制机制。目前数字摄影机的快门类型有两种：全局快门（global shutter）和卷帘快门（rolling shutter）。

全局快门可以同时读取所有入射到传感器上的光线，也就是说，形成一帧画面所有像素的曝光是同时发生的。当快门开启时，传感器开始收集全部的入射光线。快门关闭后，所有的感光单元不再接收光线，传感器读取全部感光数据并形成当前的一帧画面，然后开始准备再次开启快门，进行下一帧画面的曝光（图2–21）。

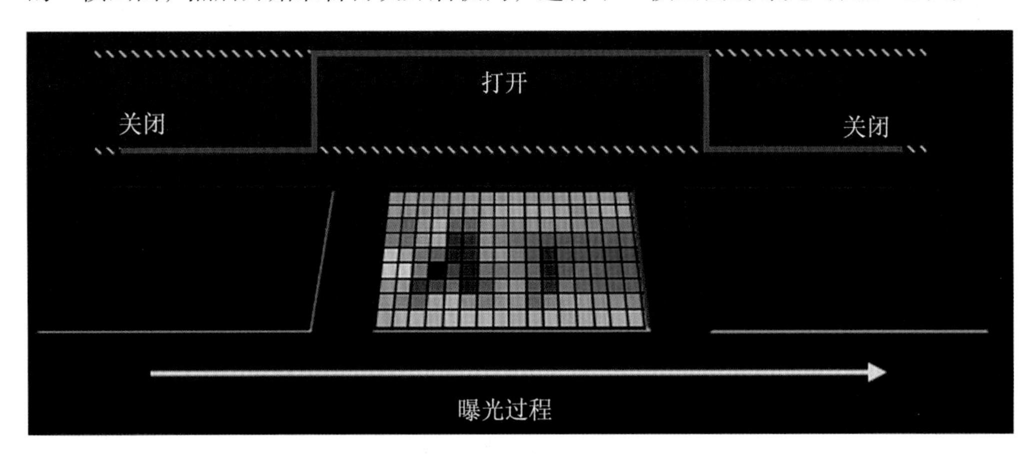

◎ 图2–21　全局快门所有感光单元同时曝光

换句话说，全局快门每次捕获整个图像，在捕获完成后读取和记录画面信息，而不是在曝光期间从上到下读取。因为一次捕捉所有的入射光线，所以全局快门不会产生运动物体不同部位发生倾斜错位的现象。

卷帘快门的感光方式类似一个自上而下不断翻卷的帘子。卷帘快门总是处于活动的状态并不断“滚动”，从上到下以“行”为单位读取入射光线。也就是说，一帧画面是由很多行依次曝光形成的，在扫描到某一行时，传感器的其他行仍然处于曝光的状态。卷帘快门每次读取的数据量只有一行，比全局快门每次读取整帧画面需要处理的数据量少很多，所以感光速度可以更快一些。卷帘快门在技术实现上比较简单；全局快门的结构设计要更复杂，成本也更高。

通过卷帘快门方式获得的一帧画面，所有像素不是同时曝光的。卷帘快门带来的一个问题是在拍摄高速运动的物体时，物体的不同部分在垂直方向上会产生一定的倾斜变形。对于高速运动的物体，在扫描和读取发生的同时，物体仍然在移动。扫描完一行进行传输和记录时，物体的部分位置已经发生变化；再扫描第二行时，物体的位置就变得不一样了。在扫描的第一行和最后一行之间的曝光过程中，物体的不同部分已经发生了明显的位移，由此产生了图像倾斜的现象（图2–22）。倾斜的程度与物体运动的速度以及传感器扫描读取的速度有关。

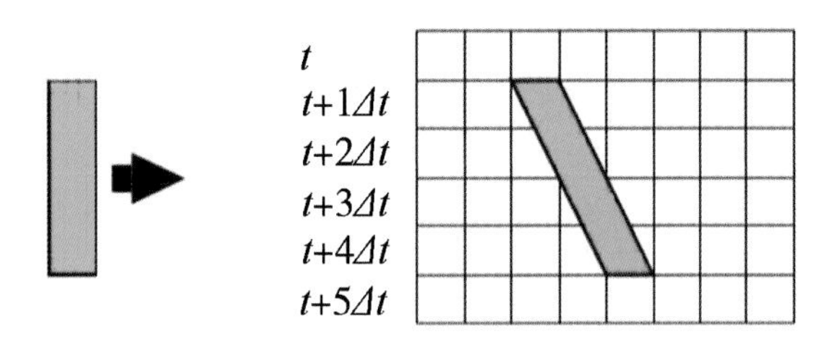

◎ 图2–22　卷帘快门拍摄的高速运动物体容易发生错位

采用卷帘快门导致运动物体错位曝光，产生严重变形、倾斜、模糊、拖尾等现象，看起来像摇晃的果冻，我们也称之为果冻效应。果冻效应会破坏原有场景的形状。现代数字摄影机通过非常短的快门时间完成读取和记录，以尽量减轻果冻效应。如果被摄物体的运动速度过快，卷帘快门这一问题还会比较明显，比如在拍摄飞机螺旋桨等高速运动物体时会产生很大程度的变形（图2–23）。

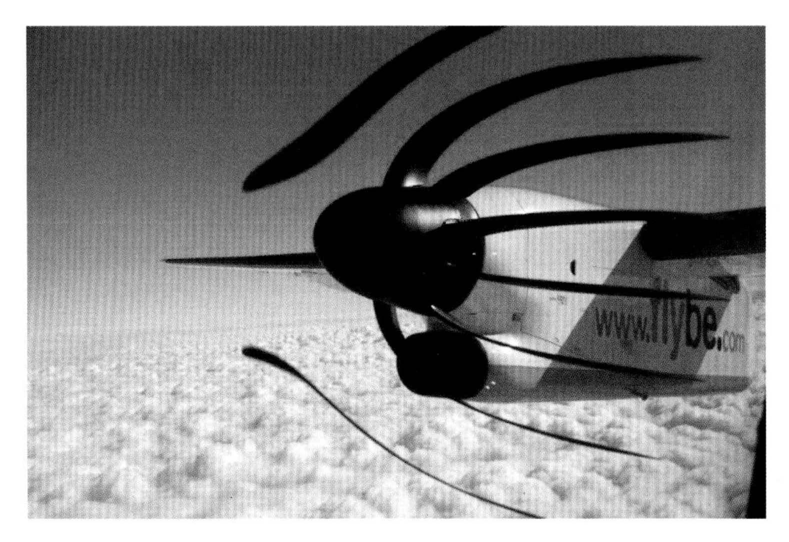

◎ 图2–23　典型的卷帘快门造成高速运动物体的扭曲变形

卷帘快门的另外一个问题是，在拍摄一些非常短促的强光源像闪电、闪光灯或其他频闪类强光时，传感器的扫描时间远短于强光瞬时发光的时间，一帧画面中只有部分完成曝光，会造成一帧画面内上下区域出现曝光明显不一致的问题（图2–24）。这是在拍摄有快速强闪光的场景时需要注意避免的。

◎ 图2–24　卷帘快门拍摄快速强闪光时可能导致画面出现部分曝光现象

2.5.3 快门时间与画面表现

快门时间对画面外观最大的影响是运动模糊。运动模糊是物体在曝光的同时仍然在运动造成的。传感器在快门时间之内曝光时，物体的运动会被叠加记录。通过图2–25的几个示例，可以对比不同快门时间与画面模糊程度。更快的快门速度产生的画面会更清晰、锐利，慢速快门会产生更长的拖尾和模糊（图2–26）。

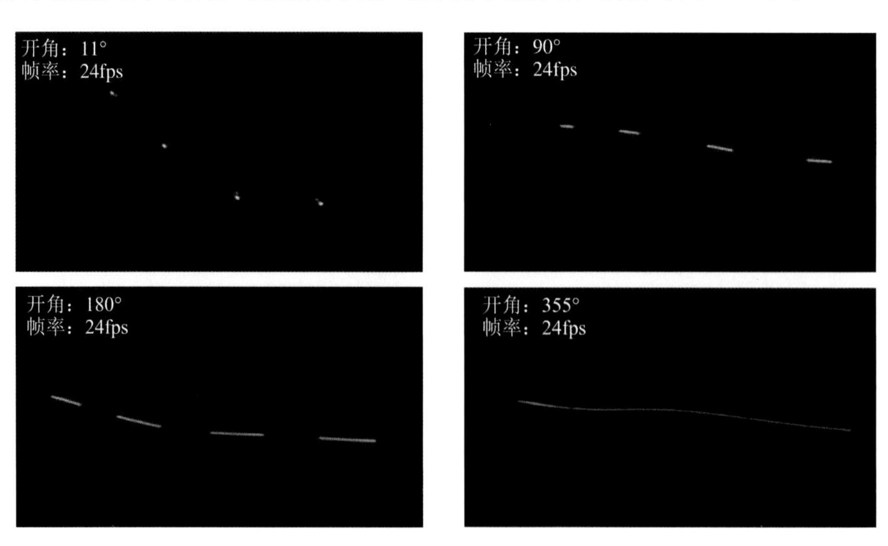

◎ 图2–25　以单一点光源测试不同快门时间下的运动模糊情况

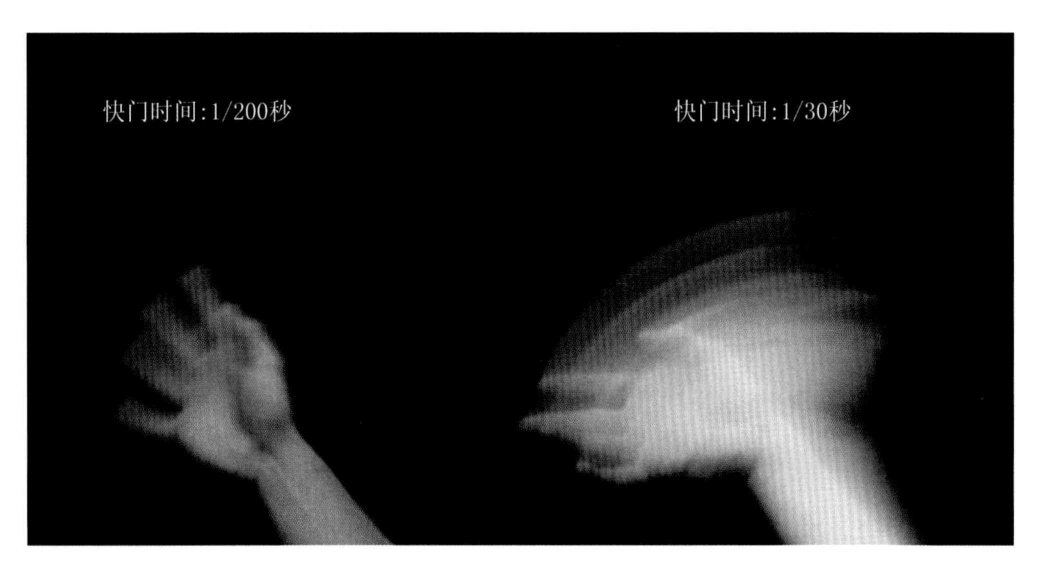

◎ 图2–26　不同快门时间下运动模糊情况的对比

在电影拍摄时，选择多长的快门时间并没有固定的标准。通常来说，1/50秒的曝光时间对人眼来说比较接近现实运动的模糊感觉。也可以使用其他不同的快门时间营造不同的画面气氛。例如，电影《拯救大兵瑞恩》的拍摄使用了90° 较快的快门速度，拍出更加清晰、锐利、无拖尾的画面。这种缺少运动模糊的画面给人一种真实的视觉体验，营造出战场上紧张和恐怖的气氛。在长时间快门方面，电影《角斗士》中使用了1/12秒的快门时间。这一快门时间使画面产生一种明显运动模糊的效果，有效地模拟了短兵相接了一整天后，士兵们因疲劳而模糊的视野（图2–27）。

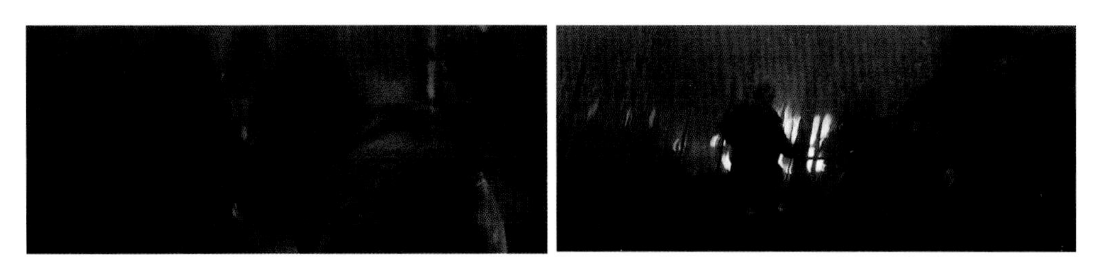

◎ 图2–27　《角斗士》中利用较长的快门时间表现动作的疲劳和视野的模糊

第三章
视频编码

在电影开拍前，选择合适的摄影机和编码格式是最重要的技术决策之一。编码的选择将直接决定电影整个制作流程以及后期制作的复杂程度，进而影响到成本、周期和人员等问题。对电影制作者来说，充分了解数字影像和不同视频编码的特点并进行全面的测试，是确保电影工作流程顺畅的关键，同时也可以避免犯一些致命的错误。毕竟没有人希望辛苦拍摄的素材不符合要求，或者后期制作时不知该如何处理拿到的素材，或者发现现有的软硬件设备无法兼容素材的编码等问题。本章的主要内容就是关于数字影像和视频编码的知识。

3.1 数字图像基础

数字摄影机的主要作用是捕捉光线并转换为数字信号，然后对数字信号进行编码，并以不同的文件格式（视频形式或数字影像格式）进行记录和存储。因此，目前的电影数字制作被描述为基于文件的工作流程，这其中最重要是有关视频和数字影像编码格式的内容。在学习视频编码相关内容之前，需要先了解一些关于数字图像的基础知识。

3.1.1 模拟信号与数字信号

我们对周围世界的感知是通过对信息的接收和理解实现的。信号可看作是某种有意义的特定信息的表现形式。视频影像的信息表示可分为模拟信号（analog signal）和数字信号（digital signal）两种类型（图3-1）。

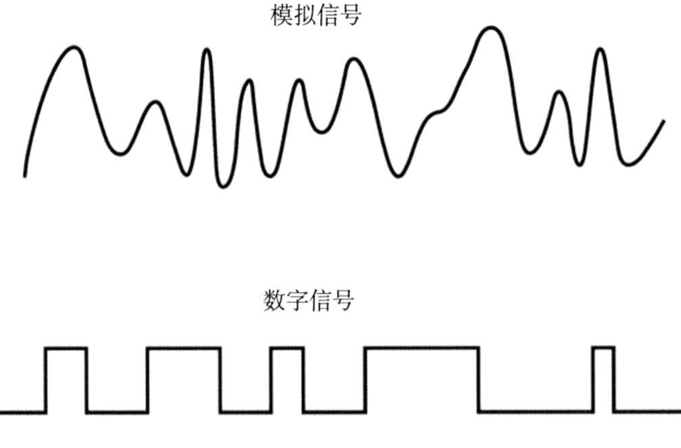

◎ 图3-1　模拟信号和数字信号的形态

以人类的感知为参照，模拟信号的特征是连续的、无限的。我们身处的自然界是模拟的世界。我们对于自然界中声、光、电以及温度等的感知都是连续的。我们对于光从暗到亮的变化以及在可见光范围内对色彩的感知，不会出现不连续和断断续续的感觉。我们可以用波的形式表示这些模拟信号。不同的波有不同的频率、振幅。模拟信号可看作由无穷多状态组成，比如声音的大小可以有从非常小到非常大之间的无数种可能。对于模拟信号所有可能状态的描述也是无限的，就像π一样，小数点后可以存在无穷多个数值。

数字信号是一种对信息进行抽象表示的形式，通过使用一些离散的数值和符号来表示原始的模拟信号（图3-2）。数字信号的状态是有限的、不连续的。模拟信号有无穷多的状态，信号间也有微小的差异。用有限的数字表示无限的现实，这看似是不可能的，但如果我们使用的数字足够多，在一定程度上是可以模拟出接近原始信号的一种状态“骗过”我们的感官，从而让我们认为它是真实的。比如我们在音乐播放器上听的歌曲，如果音频质量足够高的话，我们很难分辨出与原始真实嗓音唱出来的差别。

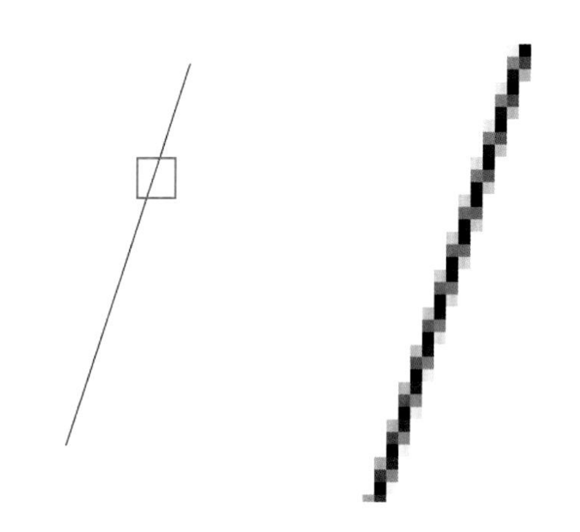

◎ 图3-2　数字信号是对现实场景的一种近似模拟

3.1.2 数字信号的二进制表示

在数字影像中，亮度和颜色都是通过计算机中的二进制符号来表示的。二进制位是在计算机数字世界中表示信息的基本单位。每一个二进制位称为一个“比特（bit）”。一个二进制位可以表示的状态只有两种：0或1。

如果用来表示场景的亮暗，一个二进制位可区分的亮度状态只有两种，要么是暗（比如用0表示），要么是亮（用1表示）。如果使用2个bit来表示可能的明暗状态，则存在00、01、10、11共4（即2^2）种状态。如果使用3个bit来表示，则存在000、001、010、011、100、101、110、111共8（即2^3）种状态。同理，4个bit可以表示2^4=16种状态。每增加一个bit位，可表示的信息状态数量增加1倍。

8个连续的二进制位（比如01010101）称为一个字节（图3-3），用Byte或B表示。8 bit可以表示的状态有2^8=256种，因此，比特位数与可以表示的状态之间是2^n的关系。经常看到的KB或Kb/s中的K指的是1024即2^{10}，Mb/s中的M则是2^{20}，Gb/s中的G是2^{30}。

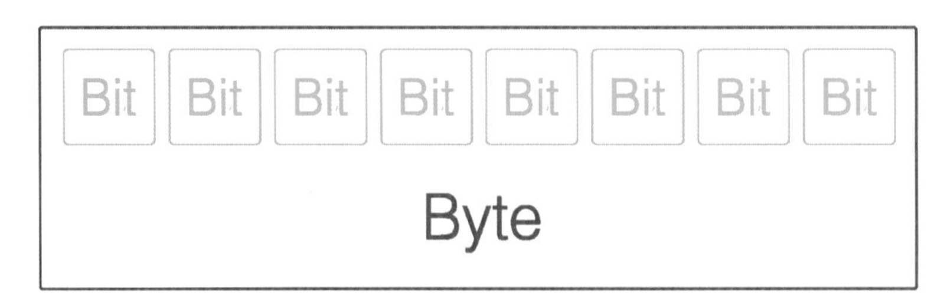

◎ 图3-3　数字信号的基本单位bit和字节Byte

如果用不同位数的二进制表示从暗到亮（或者从黑到白）之间的状态，那么比特位数越多，可以表示的不同状态就越多，对于真实场景的影调层次还原也越精确。对于彩色图像，每个像素都由红、绿、蓝3种单独的颜色通道组成，如果每个通道用8 bit表示，则3个通道组合产生的颜色种类为256×256×256= 16 777 216种。

数字图像的亮度和颜色都是通过二进制来表示的。对现实场景还原的真实程度与二进制位数直接相关。我们后面讲到的“位深”的概念，描述的就是比特位数与画面呈现层次的细腻程度之间的关系。数字摄影机的其他性能指标如分辨率、动态范围、对比度、颜色等，也都与所使用的比特位数直接相关。比特位数越大，可表示和容纳的可能状态也就越多。

3.1.3 从模拟到数字：采样与量化

上面提到，自然界的信息基本都以模拟信号的形式存在，而数字视频记录和输出的是数字信号。由模拟信号到数字信号，需要经过一个数字化的转换过程。数字化就是将模拟信号转换为以二进制表示的比特流的过程。数字化涉及两个主要环节：一是采样，二是量化与编码。

采样与采样频率

采样是连续的模拟信号和离散的数字信号之间转换的桥梁。采样是按照一定的间隔测量和读取原始信号值的过程。单位时间内采样的次数称为采样频率。采样频率越高，获取的原始信号越多，最终的数字信号将越接近原始信号。对比图3-4

和图3-5可以看出：采样频率较低的情况，数字化后的信号与原始波形只是粗略接近；随着采样频率的提高，数字化的结果会变得越来越精确。

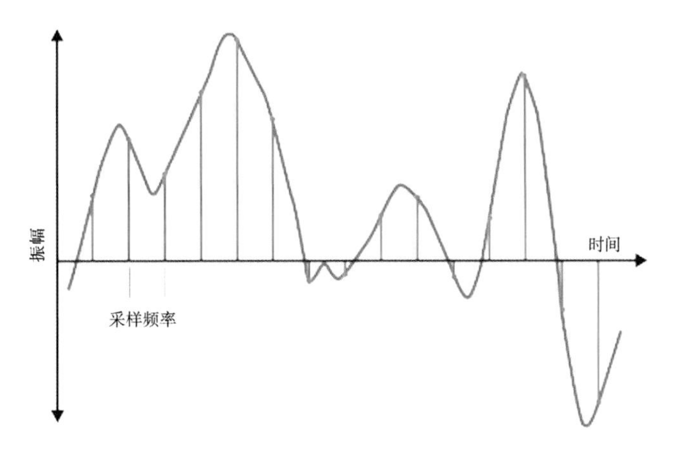

◎ 图3-4　较低的采样频率只能获得与原始信号粗略接近的数据

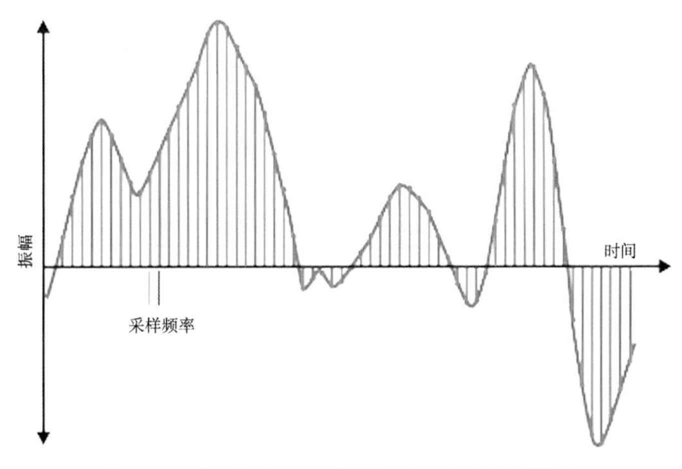

◎ 图3-5　采样频率越高越接近原始真实的模拟状态

为了获得一个与原始信号尽可能接近的波形，需要使用尽可能高的采样频率，而太高的采样频率需要更高的成本，那么多少的采样频率是合适的呢？通常来说，使用原始信号最高频率两倍的采样频率进行采样，采样之后的数字信号基本可以完整地保留原始信号中的信息，这个定律被称作奈奎斯特采样定理。奈奎斯特采样定理是设计数字传感器和视频编码格式时遵循的一个基本原理。我们不需要知道这个定理复杂的数学原理，只需记住：在对模拟信号进行数字化的过程中，需要采样频率至少是原始信号最高频率的两倍，就可以得到一个接近原始信号的数字化信息。

举个例子，数字摄影机的分辨率相当于对场景的空间细节进行采样，最高频率表示能获得被拍摄场景全部细节时的分辨能力，那么采样频率（实际就是传感器的分辨率）就需要设计为场景最高细节分辨率的两倍。如果分辨率低于此采样频率，那么有可能导致场景中的某些细节不能得到正确记录，或者出现原始信号中不存在的信号。针对这种现象的一个专业术语叫作混叠现象。混叠是原始信号在采样时的一种错误的干扰。我们经常说的摩尔纹就是一种混叠现象，这是由于采样时的频率远低于原始场景细节的分辨率。

如图3-6所示，使用数字摄影机拍摄的密集房屋红瓦，从远处看细节很多，而摄影机传感器的分辨能力不足以区分所有的细节，从而出现了原本不存在的杂乱条纹，这些干扰条纹就是摩尔纹。摩尔纹是一种由两种类似的图案互相混叠而出现了新的干扰图案的现象。

◎ 图3-6　采样频率不足使画面出现原本不存在的摩尔纹

摩尔纹在很多不同的场合都会出现。在数字摄影中，摩尔纹是由于传感器分辨率不够，在空间采样时被拍摄物体上的图案和传感器感光单元的形状（网格）相干扰，而产生的原始场景没有的不规则图案。比如说，拍摄对象的几何细节比传感器的分辨率还高的时候，感光单元在进行亮度和色彩采样时，无法正常捕捉原始场景的所有细节，在进行类似解拜耳运算时就会计算出原来不存在的错误图案（图3-7）。

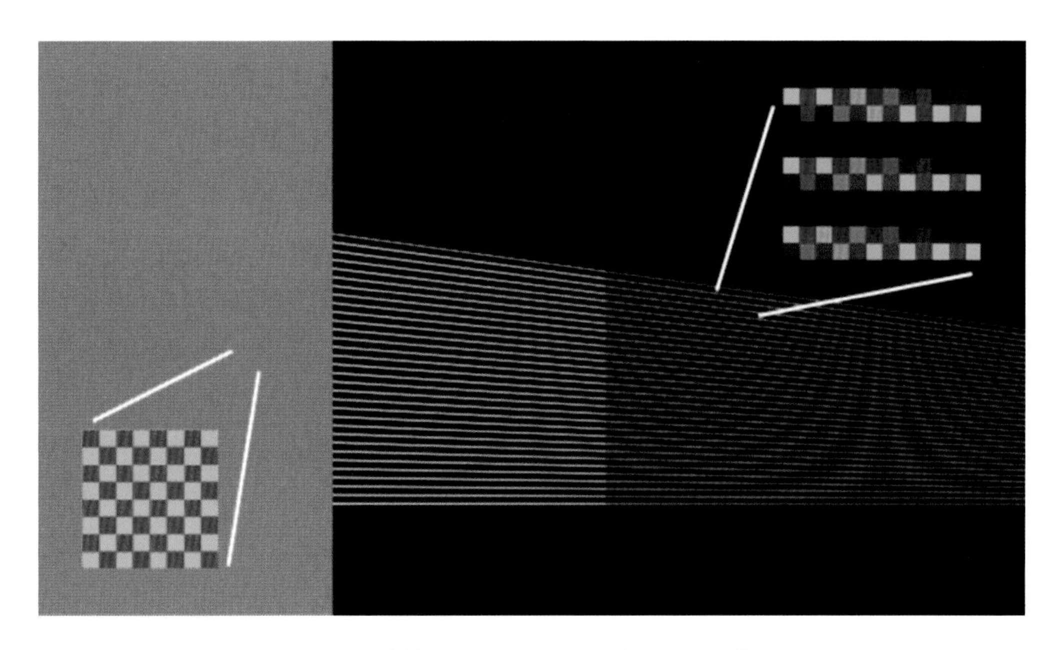

◎ 图3-7　拜耳模式传感器低于场景分辨率时产生的错误干扰条纹

如何消除摩尔纹呢？除了在传感器层面不断提升分辨率以外，在拍摄时可以使用光学低通滤波器（OLPF）消除摩尔纹。低通滤波会使图像稍微变得模糊，因此使用低通滤光会损失一些画面分辨率和锐利度。如果没有低通滤波器，可以使用外部的滤光片或柔化效果，或者在产生摩尔纹的地方让镜头虚焦一点，也可以起到同样的效果。

量化与编码

量化是将经过采样后得到的模拟信号的数值，转换为一系列离散的二进制数值的过程（图3-8）。这是一个利用数字信号重现原始模拟信号的过程，这个过程就是数字影像的编码。前面讲过，数字摄影机内部的模数转换器件就是完成从模拟信号到数字信号的转换，转换完后的信号将以数字信号的形式传输给后续的数字图像处理电路。

经过采样和量化两个基本过程，原始的模拟信号就变为代表或者接近原始信号的数字信号。数字拍摄的过程可以看作是一个采样和量化的过程：帧率可以看作是时间轴上的采样，形成一帧一帧连续的画面，而空间采样则表现为一帧画面内的空间分辨率，像素就是空间采样和量化编码的结果。只要有合适的帧率、足

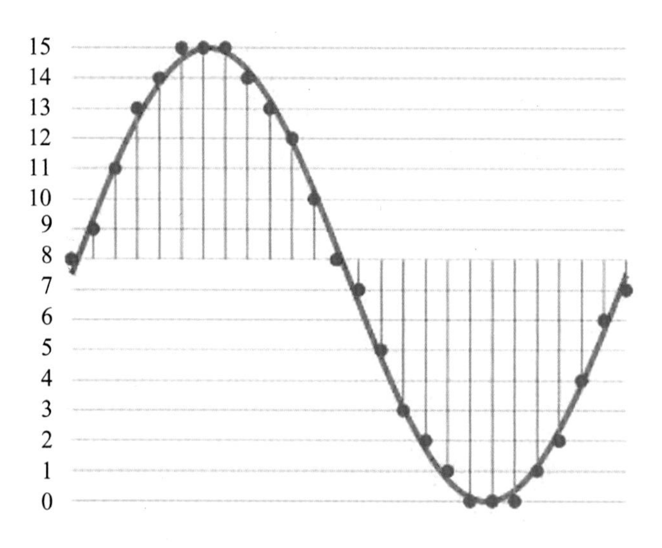

◎ 图3-8 量化是一个对采样数值进行二进制分配的过程

够高的分辨率以及足够的量化位深，我们就可以准确地再现原始场景的亮度和颜色信息。

3.1.4 数字图像的基本单元：像素

经过采样和量化的二进制编码过程后，我们就得到了以数字化形式保存的图像。数字图像的基本单元是像素（图3-9）。一幅数字图像由横向和纵向排列的像素点阵组成，每个像素代表了数字图像上一个位置的信息。像素（pixel）是由图像（picture）和元素（element）两个单词拼合而成。picture-element这个单词起源于20世纪60年代，具体怎么来的已经无从查起。

数字图像一般都是“全彩色”的，也就是说，每个像素都是由R、G、B 3个色彩分量组合而成，通过不同的RGB值相加得到不同的颜色。在视频显示设备上显示影像时，也是将像素分为3个单独通道分别显示，通过空间混色或时间混色的方式产生颜色。

像素数量越多通常意味着画面的细节越多，画面看上去就越清晰和平滑，这就是现代数字摄影机追求高分辨率的原因。当然，像素的数量只是影响画面质量的因素之一，画面质量也受摄影机的其他性能指标、压缩编码方式及光学镜头性能等方面的影响。

◎ 图3-9　像素是数字化后图像的基本单位

像素的形状一般都是正方形的，即像素的宽高比是1∶1，但也有长方形的像素。由长方形像素组成的画面的分辨率仍然是按照像素的数目来计算，但是画面的大小会改变。

举个例子，比如720×576个像素的画面分辨率，像素长宽比为 1∶1（正方形像素）的图像大小为720×576；当变为长宽比为1.422∶1的长方形像素时，图像大小将是（720 × 1.422）×576 = 1024×576。这意味着即使横向的像素数目只有720个，通过拉伸像素也可以使图像看上去像是1024个，这与实际的场景还原细节能力是有差异的。

3.1.5 数字影像的分辨率与K

在电影拍摄和制作领域，K是经常被提到。电影摄影师更是会遇到各种各样的K，而且是在很多不同的场合。例如，在拍摄时需要设置摄影机的色温，色温的单位为K（开尔文）。此处的K是热力学温标或称绝对温标，是国际单位制中的温度单位，在光源照明领域实际描述的是某种光源的光谱特性，这关系到摄影机对“白色”的还原。在彩色胶片发明时，钨丝灯（3200 K）和正常日光（5600 K）是两种最为常用的“标准白光”的色温。有时根据光源情况不同，日光的色温也用6500 K表示。

在电影拍摄现场各种照明灯具也用k来指称。比如架设“1k的菲涅尔灯”“4k的筒灯”“18k的镝灯”等，这里的k指的是kilo，即十进制的计量单位“千（1000）”，用来表示不同种类照明灯具的功率大小。这些说法实际上分别指的是功率为1 000 W的白炽灯、4 000 W的筒灯、18 000 W的镝灯等等。

在电影进入数字时代后，K的讨论成为一个热门话题，特别是摄影机分辨率的K，越高的K代表着越强大的摄影机整体性能。在数字影像领域，K的数值不再是十进制的“千”，而是基于二进制系统计量单位K、M、G、T等等中的K，即$1K=2^{10}=1024$。另外，数字时代的K在显示和放映设备、数字摄影机（传感器）、数字图像分辨率都有应用，而且有各自不同的含义和表示，这也是容易产生混淆的地方，需要区分清楚。

在显示和放映设备中，2K和4K是目前除1080p高清分辨率以外最常用的分辨率标准。需要理解的是，2K和4K通常代表的只是不同分辨率级别的显示指标，具体的像素数量实际上是根据不同的标准而异。

在电影数字放映领域，最常用的分辨率是数字电影倡导联盟（DCI）推出的标准。DCI是由好莱坞几大电影制片厂于2002年创建的一个组织，主要目的是为电影数字发行和放映制定一些标准和规范。DCI为每个K分辨率级别定义了具体的像素数量，如DCI 2K标准有1920×1080（16：9或1.78：1）、1998×1080（1.85：1）、2048×1080（1.9：1）、2048×858（2.39：1），DCI 4K标准有3840×2160（16：9或1.78：1）、3996×2160（1.85：1）、4096×2160（1.9：1）、4096×1716（2.39：1）。

电视的分辨率标准与DCI标准有所不同。电视的K主要是以传统高清分辨率为参照。2K相当于全高清1080p（1920×1080）的分辨率标准；4K UHD是4倍的高清分辨率，即3840×2160的分辨率；8K UHD为7680×4320。

在数字拍摄方面，2K和4K放映标准已有DCI的规定，因此大多数摄影机制造厂商都试图通过提高K值来满足DCI的标准，从2K、4K、6K到8K，分辨率指标也越来越高。在这里需要注意的是，描述数字摄影机的K指标经常指的是传感器上感光单元的数量，而非最终拍摄画面的像素分辨率。

同样地，这里的2K、4K、6K和8K更多的也只是一种传感器的级别，而不是某个确切的数字。例如，RED ONE是最早将数字拍摄的分辨率提升到4K级别的摄影机，其4K指的是在生成不同宽高比的画面时，传感器上感光单元的实际使用数量，如4480×2304（1.9：1）、4096×2304（1.78：1）、4096×2048（2：1）等。再例如ARRI ALEXA有2.6K、2.8K、3.2K、3.4K多个不同级别，在不同拍摄参数和宽高比选择下，具体所指的感光单元数量为2.6K 1.2：1（2578×2160）、2.8K 1.78：1（2880×1620）、2.8K 1.33：1（2880×2160）、3.2K 1.78：1（3200×1800）、3.4K 1.55：1（3424×2202）等。

由此可见，数字摄影机的K并非是一组标准化的数字，不同厂商有各自的设计。例如，ARRI推出的ALEXA 65属于6K级别的摄影机，其分辨率指标为5120×2880（1.78：1）和6K片门全开模式下为6560×3100（2.11：1）。再看RED摄影机：RED 6K级别的摄影机EPIC DRAGON的分辨率指标有6K HD（5760×3240）、6K 1.9：1（6144×3240）、6K WS（6144×2592）；8K级别的RED Weapon Helium和PANAVISION DXL使用的是同样的传感器型号，分辨率指标有8K 1.9：1（8192×4320）、8K HD 1.78：1（7680×4320）、8K WS 2.37：1（8192×3456）。

目前，大多数数字摄影机的传感器是基于拜耳模式的彩色滤色片阵列的结构，在生成最终画面时需要经过解拜耳运算，通过多个感光单元组合运算才能得到一个像素的数值，因此像素的数量不一定等于感光单元的数量。也就是说，数字影像的分辨率和传感器的分辨率是不同的。理论上讲，像素分辨率最高是传感器上感光单元数量的2/3，考虑奈奎斯特采样定理，实际分辨率甚至要比这更低。

如果将传感器所描述的分辨率称为原始分辨率，将最终拍摄画面的像素数量称为实际分辨率，那么在了解一台摄影机拍摄性能的时候，一定要区分K所指的是原始分辨率还是实际分辨率，并根据不同项目的需求选择合适的分辨率，满足拍摄对分辨率级别的要求。K并非越大越好，有时候更大的K只代表更多的数据、更大的存储空间、更多的归档工作以及更高的后期制作需求。

3.1.6 宽高比

宽高比指的是一帧画面的宽度和高度的比值。对导演和摄影师来说，使用哪种画面宽高比，不仅是一个简单的拍摄选择，也是创作方面的一个重要决策。画面的宽高比除了将直接决定数字影像的分辨率数值外，也是构建用于讲述故事的“画布的规格”，这也是决定构图的方式和塑造故事对观众情感影响的一种手段。

在描述电影画面的宽高比时，一般都是用比值的形式，比如1.37：1、1.85：1

和2.35：1等；在电视等媒介中则习惯用整数形式如2：1、4：3、16：9等。

电影早期只有一个宽高比——1.33：1。这一标准归功于威廉·迪克森（William Dickson），他当时为托马斯·爱迪生（Thomas Edison）工作。乔治·伊士曼（George Eastman）发明的柯达胶片用于爱迪生的Kinetoscope电影放映机时，迪克森选择了35 mm宽的胶片，胶片两边有我们称之为“爱迪生片孔”的齿孔，每一格胶片为4个片孔的高度。由此，便产生了尺寸为0.95英寸×0.735英寸（24.13 mm×18.67 mm）的底片成像面积。这个尺寸的图像在影院放映时又被略微剪裁，从而产生了1.33：1的画幅宽高比。

1909年，爱迪生的电影专利公司宣布，4片孔35 mm胶片成为美国电影放映的行业标准。此标准盛行至1929年有声电影出现。有声电影要求放映胶片上留有一定的空间给光学音轨，成像区域的宽度稍微缩小了，从0.95英寸（24.13 mm）变为0.868英寸（22.04 mm），画面宽高比仍为1.33：1。尽管音轨只被添加在供放映用的胶片中，但拍摄用的负片上也留出了音轨的空间。

1932年，美国电影艺术与科学学院决定缩小每格胶片成像的高度，从0.735英寸（18.67 mm）变为0.631英寸（16.03 mm）。新的画幅就变成了0.868英寸×0.631英寸，即1.375：1，通常也称为1.37：1，这就是所谓的经典“学院比率（academy ratio）”。1.37：1的宽高比很快就被接受了，并在接下来的20多年里一直占据电影宽高比的主宰地位。

直到1952年，宽银幕电影系统Cinerama的出现打破了这一局面。Cinerama宽银幕电影是由弗雷德·沃勒（Fred Waller）发明的，拍摄时需要使用3台35 mm摄影机，3台摄影机互相紧挨着，使用27 mm固定焦距的镜头，胶片画幅的高度为6个片孔。Cinerama放映时也需要用到3台放映机，画面会被投射到一个巨大的曲面银幕上，这就生成了画面极宽的宽银幕影像，它的宽高比在2.59：1和2.65：1之间。使用这套系统拍摄和制作的电影只有寥寥几部，包括《西部开拓史》《奇妙世界》等。与之相比，宽银幕格式的宣传影片*This is Cinerama*却很受欢迎，这促使当时其他大制片厂开始研发自己的宽银幕技术。

与此同时，采用4：3宽高比的电视在美国家庭越来越受欢迎，这迫使各制片厂尝试新技术以将观众带回影院。当时出现了立体声、3D立体电影，甚至还有的影院把震动装置安装在座椅上，让观众感受突如其来的颠簸。最终，真正经得起时间考验的只有宽银幕格式。

Cinerama出现之后10年间，超过20种不同的宽银幕电影格式争夺行业的主导地位。派拉蒙将《原野奇侠》原宽高比为1.33∶1的电影画幅顶部和底部剪裁掉，产生较宽的1.66∶1宽高比；Todd-AO是一种宽高比为2.20∶1的70 mm格式，它被用在了诸如《俄克拉荷马》《环游世界八十天》《南太平洋》《音乐之声》等电影中；MGM Camera 65和Ultra Panavision 70则是使用更宽的65 mm胶片拍出2.76∶1的宽高比，例如《战国佳人》《宾虚》等影片；20世纪福克斯电影公司最先在《圣袍千秋》等电影中使用变形镜头技术拍摄出2.35∶1的宽高比，并将这一技术称为CinemaScope。

在众多格式中，有两个主要的宽高比在好莱坞获得稳固的地位，那就是1.85∶1（flat）和2.40∶1（scope）。1.85∶1是通过遮挡1.37∶1胶片画格顶部和底部的方法，实现更宽的宽高比。这个过程通常不是在摄影机中完成，而是在放映机中完成的，被称为"Soft Matte（遮幅宽银幕格式）"。1.85∶1的遮幅宽高比是美国的宽银幕格式，同样通过剪裁形成的1.66∶1宽高比成为欧洲宽银幕的标准。2.40∶1的宽高比主要由CinemaScope发展而来，通过使用让画面变形的特制镜头，将更宽广的水平视野挤压到35 mm胶片的成像区域。这种被挤压的图像在放映时经过一个变形镜头的反向作用，在影院银幕生成宽高比为2.35∶1的正常画面。

1971年，美国电影电视工程师协会调整了变形宽银幕电影的标准，降低了画面的高度，使之可以更好地适应胶片的拼接。这一改变将新的画幅规定为0.838英寸×0.700英寸（21.29 mm×17.78 mm），生成了1.197∶1的宽高比，通过变形镜头双倍放大之后宽高比就成了2.39∶1。从1971年开始，这一宽高比就成为新的宽银幕标准。尽管很多资料中仍然指出变形宽银幕宽高比是2.35∶1，但实际的宽高比是2.39∶1，这一宽高比经常也被称为整数的2.40∶1。1993年，胶片成像画幅被调整为0.825英寸×0.690英寸（20.96 mm×17.53 mm），画幅宽高比为1.195∶1（有时也叫1.2∶1），变形宽银幕放映宽高比仍保持2.39∶1不变。

尽管1.85∶1和2.39∶1的画幅宽高比在宽银幕格式战争中取得胜利，但也有一些别的宽高比延续了下来。例如，2.0∶1宽高比在1954年诞生时被称为Superscope。

摄影师维托里奥·斯托拉罗（Vittorio Storaro）特别执着于使用2.0：1的宽高比，其《现代启示录》《末代皇帝》等代表作都是用该宽高比拍摄而成的。在今天的数字领域，这一宽高比作为1.85：1和2.39：1的优良混合而受到欢迎。流媒体巨头Netflix已经将2.0：1用作一些原创影视制作剧集的宽高比。

20世纪80年代，高清视频格式出现，一种新的宽高比——16：9也应运而生。16：9在原有的1.33：1和2.35：1之间建立了一种几何上的联系。给16：9的电视屏幕加上垂直遮幅或水平遮幅，便能得到1.33：1和2.35：1（或2.39：1）的画面。这种新的宽高比由此成为数字高清视频和现代高清电视的标准。

2002年，好莱坞几大主要制片厂商共同组建了DCI，为数字放映设定了标准，并将1.9：1的宽高比用作普通球面镜头拍摄的数字电影发行的标准。影院通过遮挡，把1.9：1裁切成1.85：1。IMAX采用1.9：1的宽高比作为一些特定数字电影的放映格式。1.44：1是传统IMAX 15片孔70 mm胶片放映的格式，在银幕尺寸允许时，这也可以作为IMAX数字放映的格式。

在1990年美国影院放映的宽银幕电影中，宽高比为1.85：1的占80%；而在2010年，只有29%的宽银幕电影宽高比是1.85：1。在这20年里，1.85：1的电影数量呈直线型减少，而2.39：1的电影数量则呈直线型增长。2.39：1宽高比原本更多用于史诗动作类型的电影，如今用在了几乎所有类型的电影。通常认为使用2.39：1画幅比看上去更有“电影感”。

3.2 视频编码的原理

电影数字制作流程中的每一个环节都会涉及编码格式的选择。编码指的是通过一些特别的规则和算法，将视频信号重新组织和设计，使其变为计算机和电子设备可识别和易于处理的文件的过程。视频编码的英文是Codecs，可以将其理解为两个单词的合成词：coder–decoder或者compressor–decompressor。

compressor–decompressor的意思是“压缩和解压缩”。顾名思义，编码除了是对视频信号有规则的组织外，还是一种重要的数据压缩方式。编码时，通过特定的压缩算法，可以将原始信号转换为一种体积更小的、更易传输和处理的文件格式。视频影像通常都需要经过编码和压缩的过程，未经压缩的原始数据可能会大到无法处理。一种编码格式同时包含着“编码器”和“解码器”两个部分。编码器的作用是对数据进行编码和压缩；解码的过程则相反，是一个解压缩并还原原始视频信号的过程。

目前，已经有非常多的视频编解码器和编码格式可供选择。不同的编码格式可以应对电影制作不同环节的需求。不同编码格式的选择往往会直接影响视频的影像质量，也会影响数据量大小以及对数据进行处理的时间和成本。现在还不存在某种唯一的编码格式可以满足所有场合的需求，所以根据不同制作环节的需求选择合适的编码格式至关重要。

编解码器背后的数学知识和计算机算法可以说相当复杂，影响视频编码质量的因素也有很多，我们在此无法深入讲解全部的细节。为了对视频编码能有一个宏观应用层面的认识，我们只对影响视频质量的基础概念进行讲解。

3.2.1 位深

位深（bit depth）指的是在对数字图像的亮度和颜色进行量化编码时，每个像素用几个比特来表示。

对于彩色图像而言，更确切的是指每个色彩分量的量化比特数。位深将直接决定视频画面的影调层次和色调的精细程度。

对于黑白画面，不同的位深代表着画面中可区分的亮暗灰度状态的数目，这意味着我们是否有足够的数字表示有差异的亮度层次。比如，位深为1 bit，可表示的状态为$2^1 = 2$种；位深为2 bit，可表示的状态为$2^2 = 4$；位深为4 bit，可表示的状态有$2^4 = 16$种；位深为8 bit，可表示的状态有$2^8 = 256$种。

位深和它所能表示的亮度层次之间是2^n的关系。以此推断，位深的位数越多，可表示的灰度信息状态就越多，也就意味着画面可区别的亮度就越多，画面可以记录和保留更多的影调细节和层次（图3–10）。对于彩色画面同样如此。表示颜色信息的比特位数越多，色彩的种类和数量就越丰富。可以将位深的概念形象地理解为绘画时不同颜色的画笔，我们拥有的画笔数量越多，可绘制的画面色彩就会越丰富，画出的画面就会越接近原始场景。

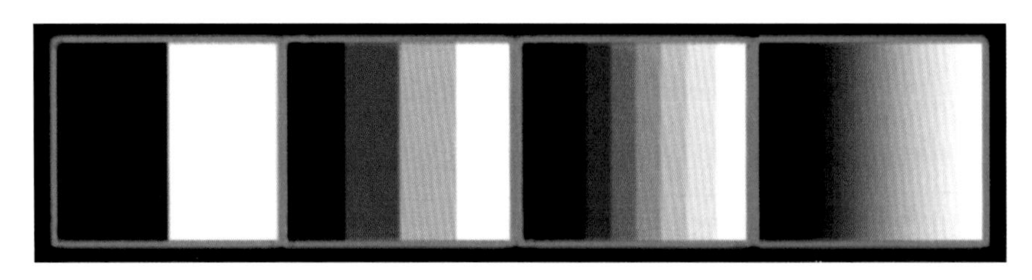

◎ 图3–10　位深越高，画面的灰度层次越丰富

在大多数情况下，位深越大的编码格式，影像画面的视觉质量越好，画面的影调和色彩越丰富，层次过渡也会更平滑细腻，细节还原更好。位深是数字影像编码的基础，所以也潜在地与影像的分辨率、动态范围、噪点以及色彩精度等指标密切相关，其他指标的提升有赖于足够位深的支持。

目前，常见的位深有8 bit（可表示1600多万种颜色）、10 bit（10亿种颜色）和12 bit（680亿种颜色）。大部分消费级视频设备采用的位深是8 bit（图3–11），专业级设备至少要达到10 bit，更高的是12 bit或更高的16 bit。对于每通道8 bit位深来说，虽然总的颜色数量可以达到1600多万种，但是每个通道的颜色只有256种，这在一些专业的场合还是存在明显缺陷的。

◎ 图3–11　至少8 bit位深才能使画面获得看上去平滑的明暗过渡

画面位深不足的一个主要表现是会出现颜色过渡不平滑的现象，特别是在有大量单一颜色渐变的区域，在两种相近颜色的交界处会出现明显的轮廓分割线。如图3–12所示，在8 bit位深画面中出现的不连续间隔条纹的现象称为“条带现象（banding）”，这个问题主要是由于在给定颜色从最暗到最亮之间，没有足够的可区分的状态来表示，导致本来有差异的颜色无法区分开，从而产生阶梯状的伪影。这种现象在低对比度或有大面积阴影区域的场景，比如黑暗的房间会比较明显。

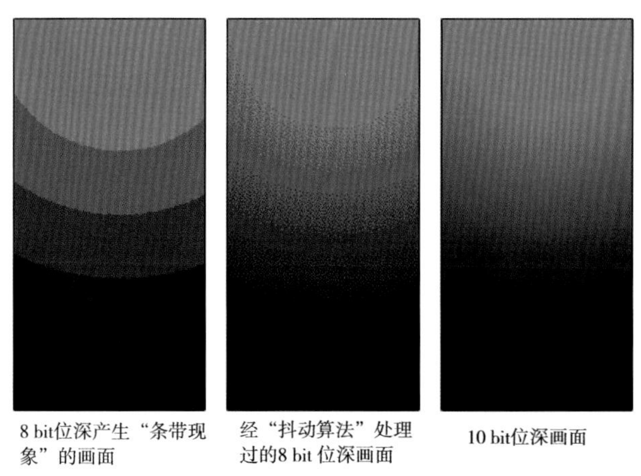

◎ 图3-12　位深不足的画面容易出现条带现象

在影像获取、色彩校正和视觉特效（VFX）制作等对细节要求高的场合，最好选择高位深的编码格式。高位深在提高画面视觉质量的同时，带来的额外负担就是数据量的大幅提升，需要占用更多的存储空间，对设备的传输和处理能力也提出更高的要求，因为每增加1个位深，数据量至少翻倍。

3.2.2 色彩子采样

数字图像的每个像素需要同时具有R、G、B 3个颜色通道的数值，才能准确表示原始场景中某个采样点的颜色。一帧数字影像画面至少有上百万个像素，数据量毫无疑问是巨大的。

视频编码的主要作用之一是压缩，通过压缩来减少原始的数据量。压缩的机制是通过找到并去掉原始信号中一些不必要的冗余信息，以此降低数据量。色彩科学告诉我们，亮度和颜色实际上是一回事，都是不同强度的可见光谱刺激所产生的视觉感知。色彩数据中包含着亮度数据。人眼的另一项生理特性是对亮度变化的敏感程度要远高于对色彩的感知，也就是说，对一个场景信息的理解更多是来自亮度信号，对色彩细节的感知则没有那么敏感。这也是为什么在大部分情况下，我们从一帧彩色画面中去掉所有色彩数据后，依然能够得到一帧完整的黑白画面，而除色彩以外没有其他任何信息的损失。

利用人眼视觉感知的这些特性，可以将组成每个像素的RGB数据分成亮度分量和色彩分量分别进行采样和记录，并且可以采用不同的采样频率，即使舍弃掉部分颜色数据。也不会对人的视觉感受产生明显的影响，这种方式就称为色彩子采样。色彩子采样实际上是视频压缩和减少数据量的一种方式。

色彩子采样是基于亮度和色度分离的方式（图3-13），通常可以表示为*Y'UV*、*YUV*、*YCbCr*、*YPbPr*等写法。这些写法根据不同的视频标准而有所不同，但都是代表着亮度信号和色度信号的组合。以*Y'UV*为例，其中*Y'*代表着亮度信号分量，*U*和*V*代表两种色度信号分量。

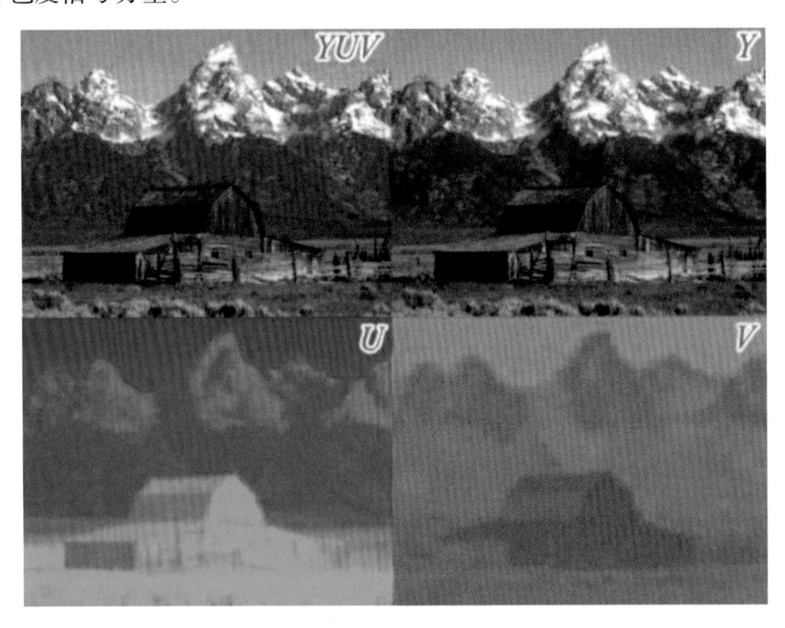

◎ 图3-13　亮度和色度分离的视频信号模式

根据采样时色度信号相对于亮度信号的丢弃比例，色彩子采样也可以用3个数字比值的写法表示，比如常见的有4：4：4（没有丢弃任何颜色）、4：2：2（丢弃50%的颜色数据）、4：2：0（丢弃75%的颜色数据）等。其中第1个数字代表的是亮度信号，后面两个数字代表两种色度信号的采样。由此可见，通过色彩子采样可以减少了一部分数据量，同时根据不同的应用场合，可以选择不同的采样模式，而不会影响实际使用和引起视觉质量上的明显差异。

当然，色彩子采样并不是真的丢掉了部分像素的颜色信息，实际上只是在几个像素之间“共享”颜色数据。比如，如果某个像素在采样时没有保留颜色值，在还原时它将向周围相邻的几个像素“借用”颜色数据，通过编码算法可以计算出一个接近原始颜色的值。由于每个像素的亮度值仍然是全部被记录下来的，所以即使某个像素借用了别的像素的颜色，也不会影响像素之间在细节上的差异。

下面我们看下不同色彩子采样模式的具体含义。

4：4：4也叫全采样模式，每个像素都保留了全部的亮度和颜色信息，这意味着在采样时没有丢掉任何采样点的颜色（图3-14）。使用4：4：4采样模式获取的画面保留的信息是最多的，在色彩方面表现最好，当然数据量也更大，需要更多的存储空间和更高的设备处理能力。在影像获取阶段或者对色彩要求较高的制作流程中，可以采用4：4：4的采样模式。我们有时也会看到4：4：4：4的写法，这种情况下第4个数字“4”指的是带透明度信息的α通道。

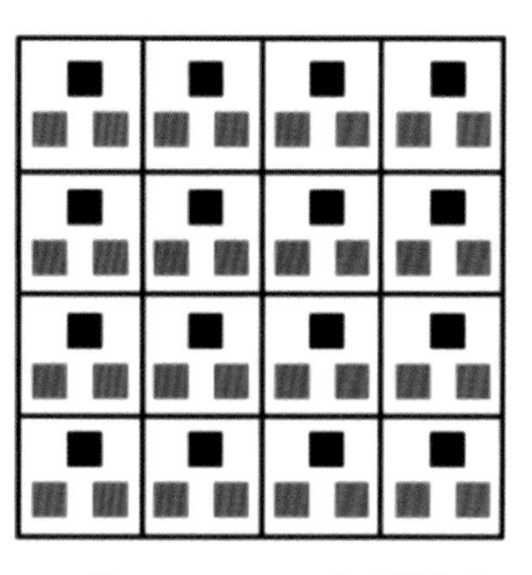

◎ 图3-14 4：4：4全采样模式

4：2：2指的是对亮度信号的采样频率是色度信号的两倍（图3-15），这意味着有50%的像素舍弃了原始的颜色数据，相当于每两个像素共用一个颜色数据，这使得总数据量减少了1/3。虽然如此，4：2：2子采样模式不会引起太明显的视觉差异，仍然属于一种较高质量的采样模式，比如流行的Apple ProRes 422编码格式采用的就是4：2：2子采样模式。

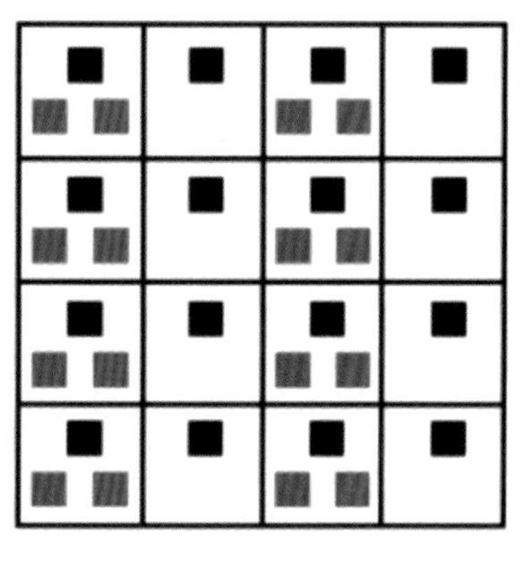

◎ 图 3-15 4：2：2子采样模式

4：1：1子采样模式指的是每4个像素只保留一个像素点的颜色数据（图3-16），有75%的采样点丢掉了颜色信息，也意味着每4个像素要共享一个颜色值，这可以使总的数据量减少50%。

4：2：0子采样模式可以看作是4：1：1子采样模式的变种。4：1：1在采样时每行4个像素只保留其中一个采样点的颜色数据，每4个像素共用这一个像素的色度值，色彩采样有点稀疏。而4：2：0主要是加入了垂直方向的色彩采样，将原本一个像素的色度采样，分散到两个采样点，

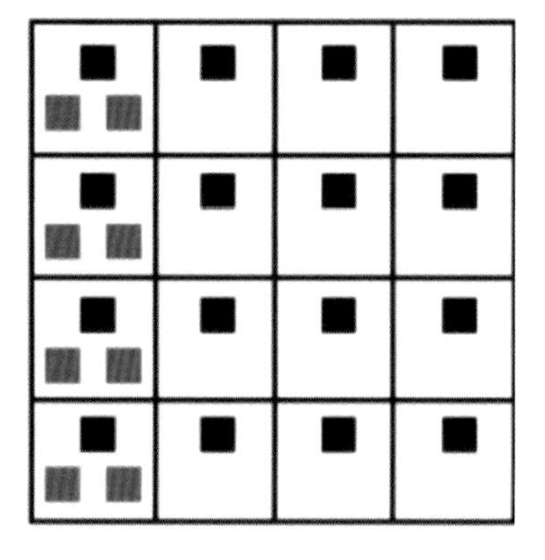

◎ 图 3-16 4：1：1子采样模式

只是分别保留每个采样点其中一个色度通道的数据（图3–17）。

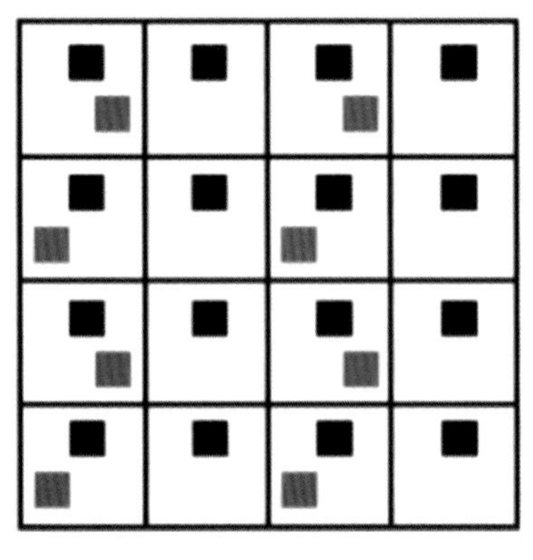

◎ 图3–17　4：2：0子采样模式

整体来看，4：2：0子采样模式也是平均有75%的像素丢掉了颜色信息，可以使总的数据量减少50%。4：2：0采样模式虽然看起来比较奇怪，但实际应用还是很常见的，比如H.264编码规范中部分编码采用的就是4：2：0的模式，还有一些蓝光播放格式和网络视频格式也采用的这种模式。

在选择视频编码格式时，不同的色彩子采样模式有什么差异呢？从绝对质量来看，采用的颜色当然越多越好。为了更真实地还原场景颜色，应尽可能多地做颜色采样而不做丢弃，所以全采样模式的视觉质量肯定是最好的。如果同时考虑成本、性能和处理效率等因素时就不尽然了。对于许多应用场合来说，4：4：4全采样模式已经超过了必要的技术范围。比如在网络平台播放的视频，实际上看不出4：2：0和4：4：4有任何差别，这时采用4：4：4就没有必要了。

如果采样时丢弃的颜色信息过多，肯定会明显降低画面的视觉质量；依靠“借用”相邻像素颜色的方法，也会造成与原始场景细节上有一定的差异。所以，在影像捕获阶段，应该尽可能多地保留颜色信息，采用全采样模式。在需要进行色彩校正和VFX制作等对色彩精度要求较高的场合，也应该选择尽可能高的采样模式。如果丢失了太多的颜色信息，完成这方面的任务就存在困难。比如使用4：2：0模式拍摄绿幕，在后期特效抠像和合成时就会遇到麻烦。

3.2.3 压缩编码

我们先来做一道简单的计算题：按分辨率1920×1080、10 bit量化、帧率24fps拍摄高清视频格式，每秒钟产生的数据量是多少？很简单，计算过程如下：（1920×1080）×（3×10 bit）×24fps = 1424 Mb/s = 178 MB/s。

如果拍摄规格再提高一些，使用数字摄影机拍摄2K分辨率原始素材（分辨率按2880×1620、12 bit量化位深，24fps拍摄频率），产生的数据量为（2880×1620）×（3×12 bit）×24fps/8 bit = 480.54 MB/s。

拍摄分辨率更高的格式比如4K画面，每秒钟的数据量至少会翻4倍，比特率将达到每秒钟2 GB。这样的数据量是相当惊人的，而目前主流的固态盘写入数据的速度仅是500 MB/s，如果不对数据进行适当的压缩，素材存储和数据传输都将会受到很大的限制。

数字摄影机每秒钟产生数百兆的数据是很正常的。随着分辨率、帧率、位深、动态范围、色彩精度等性能指标的进一步提升，视频素材的数据量也将越来越多，如果不进行压缩，摄影机和录制设备将难以记录下如此大量的数据。因此，所有数字摄影机都会对拍摄数据进行压缩，几乎不存在未压缩的编码格式，即使是Raw格式，也会进行某种程度的数据压缩。

什么是压缩?

压缩是通过一些特别设计的算法，对数据进行重新组织，达到降低数据量的目的。压缩可以大幅降低素材的数据量。数据量的降低往往意味着信息的损失，但压缩并不必然等同于视觉质量的变“坏”。

压缩的基本思想是找到信息中的冗余。信息总会存在着冗余，要么是数据本身的冗余，要么是信息在人视觉感知上的冗余。通过一些巧妙的算法可以将冗余的信息剔除和重新组织，在降低数据量的同时却并不明显影响视觉质量。有些编码格式对图像的压缩甚至可以做到与原始图像没有什么区别。

现代电影制作往往会涉及很多流程和环节，不同环节往往需要不同的编码格式。目前还没有某一种编码格式可以适用于电影制作从开始到结束的整个流程。不同的编码格式有不同的压缩算法和特点。有些环节需要保留高质量的影像而降低压缩率，这样数据量会较大，需要占用更多的存储空间，也需要更多的时间来传输和处理。有些环节是为了节省传输时间和存储空间，从而牺牲部分图像质量，获得较大的压缩率，使文件存储空间变得更小，对计算机性能和视频处理的软硬件要求也降低很多。

对于编码格式和压缩方式的选择，需要综合衡量多个相关的因素后决定。不恰当和错误的编码格式会对整个制作造成不可挽回的影响。一方面，压缩过大可能会丢掉太多的颜色信息，使得场景的亮度和色彩校正无法很好地实现，或者在有VFX制作的镜头中，抠像和合成看上去不够真实。另一方面，压缩过小则可能使数据量过大，除了需要占用更多的传输时间和存储空间外，制作设备的软硬件性能可能不能满足如此大量的数据处理要求。

无损压缩和有损压缩

从压缩前后原始数据是否变化，可将压缩分为无损压缩和有损压缩。

无损压缩指的是数据经压缩后仍可以原样复原，压缩算法只是使数据量减少，代表内容的数据本身在此过程没有任何改变。无损压缩基于现实世界的大部分数据都具有统计冗余这一事实，通过对冗余信息进行剔除或者重新编码，即可达到降低数据量的目的。举个例子，对于一些重要的文字和文本文件的压缩，我们肯定不希望压缩后的原始信息有任何变动，这种压缩就要求是无损压缩。另外，我们常用的压缩软件都是无损压缩的，压缩前后只是数据量的变化。

以数字图像来说，如果画面的某个区域是完全相同的颜色，按原始数据记录的方式，需要存储很长的一串二进制位如“000000000…”；这部分数据可以用另外一种方式表示，比如“2000个0”，这在计算机里只占用几个存储位即可。在进行解压缩的时候，只要将“2000个0”重新表示为“000000000…”，还原后的信息与原始信息仍完全相同。这种压缩在信息表示上没有任何损失，所以说是无损压缩，实际上却节省了很多空间。还有一个不太相关但可以解释无损压缩的例子：“387420489”是一个很大的数字，但是如果表示为9^9，只需要两个数字就可以表示相同的信息，对于信息存储来说是很大的压缩了。

有损压缩指的是在进行数据压缩时，允许丢弃一定的信息，也就是允许压缩前后的信息是有损失的，但要求信息丢弃的程度不影响对原始图像的理解。有损压缩可以获得更高的压缩比，大幅降低数据量，节省存储空间。在视频压缩方面，有损压缩主要是利用人的视觉感知的某些特点，丢掉部分信息，但对正常视觉感知不会产生明显的影响。

我们之前讲过的色彩子采样，就是利用了人眼对色彩细节的敏感度弱于对亮度的敏感度的特点，通过丢弃部分色彩采样的信息达到减少数据量的目的。这种压缩方式也叫作视觉无损压缩。虽然某些压缩方式可以做到在视觉上无损，但也应注意应用场合。在iPhone上视觉感受不到的细节差异，在IMAX上可能非常明显。用于剪辑环节和用于数字特效制作的压缩方式，肯定也有所不同。

帧内压缩和帧间压缩

从具体的压缩算法看，视频编码主要有两种压缩方式：帧内压缩和帧间压缩。帧内压缩也叫空间压缩，指的是在单帧画面内进行压缩的技术，主要是压缩单帧画面内部存在的冗余信息，在视觉无损的前提下，实现减少数据量和节省存储空间的目的。帧内压缩的主要原理是将像素分组（称为像素块），并按像素块保存数据，而不再保存每个像素的值（图3–18）。保存像素块的值要比保存每个单独像素的值节省空间，特别是在大量像素的颜色差异不大的情况下。

◎ 图3–18　帧内压缩的基本思路是将画面分块处理

比如上面举过的一个例子，拍摄场景中包含一面纯白色的墙，画面中大部分像素都是相同的白色的数值。对于这样一帧画面，将大量相同的像素点重复保存明显是浪费的，存储1000个“00000…”的数据，不如直接存储1个“1000个0”这样的像素块，只需要几个字节即可。由此可见，将画面分成像素颜色相同的像素块来保存，比保存所有单个像素的数据量要少得多。

帧内压缩只涉及单帧画面内的压缩。静态图片的编码都属于帧内压缩，比如TIFF、DPX、EXR、JPEG 2000等常用图片格式。一些视频编码格式也会采用帧内压缩方式，比如MJPEG、ProRes、DNxHD、CinemaDNG等。数字摄影机的Raw格式也基本是采用帧内压缩的方式。

帧内压缩的一个问题是对具有大量细节的复杂图像或者有精细颜色渐变的图像，会导致一些固有的质量损失，大小固定的像素块会丢失一部分细节。当然，现在新的压缩算法也在不断升级，比如采用“大小可变的像素块”的方法，以减少可觉察的质量损失。图3–19所示是HEVC编码采用了一种更灵活可变的像素块作为前后帧计算的参照依据。

◎ 图3-19　单帧画面以像素块为单位进行压缩

帧间压缩也称为时间压缩，主要工作原理是压缩不是发生在单帧画面内，而是基于视频连续多帧画面之间的相似性，以多帧画面组成的图像组（group of picture，GoP）为单位，通过对比在时间轴上相邻多帧画面之间的差异，只保留不同帧之间发生变化的部分，而非保存每帧画面的全部内容，从而实现进一步提高压缩比、节省存储空间的目的。

动态视频连续多帧画面之间，大部分背景是保持不变的，可能只是主体位置稍有变动，如果记录每帧画面所有的内容，显然有部分数据是重复和多余的。H.264、MPEG-4、XAVC等常见的编码格式采用的都是帧间压缩。

简单来说，帧间压缩是基于这样一种想法：活动影像每秒钟的画面至少是24帧，因为每帧画面的时间很短，画面之间的差异和变化也相当小，连续两帧画面大部分像素都是一样的，只有少量像素不一样（图3-20）。帧间压缩的方式就是对连续几帧画面，只记录发生改变和有差异的部分像素，没有发生变化的像素则无须重复保存。帧间压缩不需要保存每一帧画面的所有内容，可以大幅降低存储数据量。

帧间压缩方式的缺点在于，由于每帧画面保存的内容都不完整，在解码还原和重建一帧画面时，需要借助前后连续多帧画面重新计算，这需要消耗一定的时间，性能差一点的设备处理起来会比较慢。所以，帧间压缩虽然可以大幅降低数据量，但在某些场合并不适用。比如视频剪辑这种非线性操作任务在选择编码格式时，帧间压缩就不是一个好的选择，因为剪辑是基于单帧画面的操作，帧间压缩编码会导

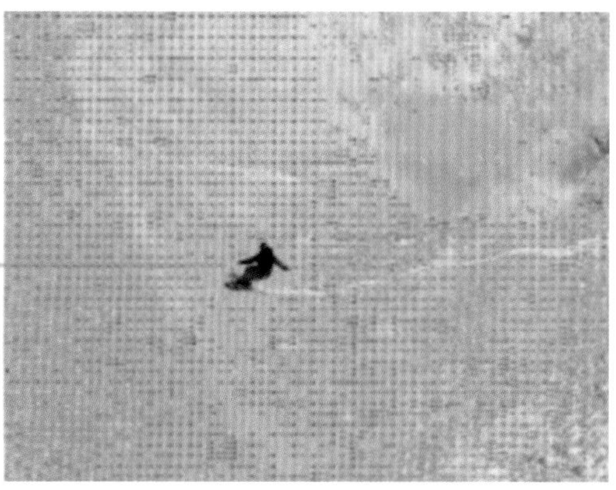

◎ 图3-20　视频影像相邻帧之间的变化并不大

致处理上的卡顿。

3.2.4 码率

码率也叫作比特率，是对视频编解码器每秒钟产生和传输比特数的一种度量，单位是bit/s或b/s、Kb/s、Mb/s等。很多因素会影响视频的码率大小，包括分辨率、帧率、位深、色彩精度、色彩子采样模式、压缩算法等，这些因素也同样影响着视频画面的视觉质量。

在存储媒介上，数据存储的单位通常是“字节”（Byte，简写为B，1 B = 8 bit），比如常见的MB（兆字节）、GB（千兆字节，1 GB = 2^{10} B即1024 B）、TB（1 TB = 2^{10} GB）、PB（1 PB = 2^{10} TB）。在计算机的世界，数据之间都是2的n次方的关系。

在描述数据传输速率时，通常使用的是小写字母b，比如我们描述网络传输数据的速率是512 Kb/s或者20 Mb/s，还有目前常用的数字视频传输标准接口串行数字视频接口（SDI），其中数据传输的速率也是用b/s描述。比如SMPTE 259 M 标准中定义的数据传输比特率为270 Mb/s。

知道了比特率的含义和表示方法，我们要学会计算获取一定时长的视频，产生的数据量是多少，需要占用多少存储空间。比如Apple ProRes 422 HQ的码率是200 Mb/s，如果拍摄2小时的视频，需要占用多少存储空间？

计算存储空间，使用字节为单位，先用200 Mb/s ÷ 8 = 25 MB/s。

每分钟的数据量为25 Mb/s × 60 s = 1500 MB/min。

2小时的数据量为1500 MB/min × 120 min = 180 000 MB ≈ 175 GB。

主流数字摄影机的码率如图3-21所示。

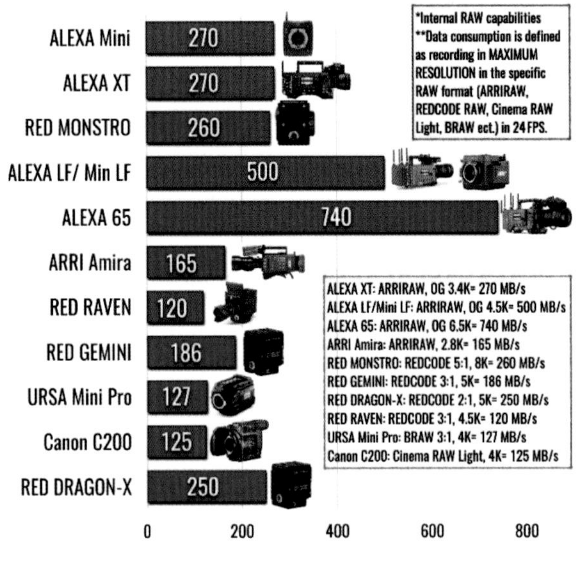

◎ 图3-21　主流数字摄影机的码率（MB/s）

通常来说，在影响视频质量相关因素都相同的情况下，视频码率越高，影像的视觉质量越好，每秒需要处理的数据量越大，存储视频所需的空间也越大。一种视频编解格式的码率基本决定了这种编码格式所代表的视频质量的上限，因为编解码器只能在码率允许的范围内处理和传输数据。但在相同码率的条件下，不同编码格式的视频质量往往不尽相同，所以不能完全以码率作为判断视频质量好坏的依据。

3.3　编码格式和容器格式

视频编码格式作为影像信号（signal）的载体，本身有很多不同的属性，比如上面讲过的分辨率、帧率、宽高比、位深、色彩子采样、码率等。编码格式（codec）

就是在这些属性信息的基础上，对视频信号进行有规则的处理和组织（具体地说，是使用不同的压缩算法对视频数据进行的压缩）。

一个完整的视频文件（video）除了有代表画面内容的编码格式外，还需要音频信号和字幕信息等其他元素，需要通过一种称为“容器格式（container）”的方式将所有信息封装在一起。容器格式也是对所包含信息的一种宏观描述。

大家肯定都用过一些压缩软件，压缩文件的扩展名是Zip或RAR等。这种类型的格式可以看作是提供了一个外壳，里面的内容是经过数据压缩的具体文本、照片、音乐、视频等，或者任何其他已经编码好的数据。像RAR这种类型的文件格式，我们就称之为容器格式。打个形象的比喻，容器格式相当于一个包装盒，里面保存的数据相当于饭菜。容器格式只是一个用来封装数据的“包装盒”，所以也叫作封装格式，而与容器里面具体装什么没有关系（图3–22）。

◎ 图3–22　容器的概念是对视频文件的画面、声音、字幕等信息的整体封装

为什么需要封装格式呢？这与计算机操作系统处理数据的方式有关。操作系统需要知道接收和待处理的数据是什么，通过什么方式来打开和处理数据。封装格式相当于为操作系统提供了一份内部数据的说明书，就像上面提到的包装盒和饭菜的比喻，操作系统可以通过包装盒上的信息知道里面的饭菜是什么，该如何对饭菜进

行加工。

除了上面提到的Zip外，大家熟悉的EXE也是Windows操作系统中一种常见的封装格式，其内部封装的是可执行的二进制数据。当操作系统打开一个EXE文件时，通过扩展名就明白其中包含的是可执行的应用程序。如果提供给操作系统的是不合适的封装格式，或者封装格式的后缀名是错误的，那么内部数据可能无法被正常处理。比如某个视频编码格式的文件使用了MP3的音频封装格式，操作系统在处理时就无法正常打开其包含的数据，因为操作系统会误认为这是一个音频文件而非视频，会选择音频解码器对数据进行处理。

描述一个视频文件时需要同时有内部的编码格式和外部的封装格式，两个概念有时经常混在一起称呼。不要搞混编码格式和封装格式的区别。举例来说，mov是QuickTime这种封装格式的后缀名。作为一种典型的容器格式，QuickTime可以兼容和封装100多种不同类型的编码格式。有些编码格式的命名与封装格式看上去很相似，比如MPGE-4属于一种压缩编码的格式，而MP4则属于封装格式，实际上这两个完全不是一回事。大家熟知的MOV、AVI、MP4、MKV、MXF等格式，都属于容器格式，而像H.264、HEVC、DNxHD、ProRes等都是编码格式。

数字摄影机的Raw格式通常只是一种封装格式，比如RED摄影机拍摄RedcodeRaw的R3D文件实际上是一种封装格式，而其内部的画面数据采用的是JPEG 2000的编码格式。素材交换格式（material exchange format，MXF）也是一种常见的封装格式。MXF可以封装各种类型的编码格式，比如Sony数字摄影机的Raw数据就是以MXF格式封装的，一些声音数据会选择使用MXF格式封装，电影数字母版的声音、画面和字幕的轨道数据也都是以MXF进行封装的。

ARRI Alexa数字摄影机拍摄的Raw素材是以扩展名为ari的序列帧格式保存的，一个序列帧对应一个ARI文件，一个镜头的所有单帧序列按顺序保存在一个文件夹内。需要注意的是，这种Raw格式虽然包含在一个文件夹内，与容器格式的方式类似，但这种文件夹的保存形式并不属于封装格式。

3.4 常见的数字图像和视频编码格式

3.4.1 常见的图像编码格式

目前，用于保存图片的格式很多，比如JPG、BMP、PNG、TIF、DPX、GIF、PCX、TGA、SVG、PSD、WEBP等等。下面简单介绍一些与电影制作有关的常见格式。

JEPG/JPEG 2000

JPEG 2000是由联合图像专家组（joint picture expert group）创建和维护的一种图像编码格式。早期的JPEG格式使用的压缩算法是离散余弦变换（DCT），而JPEG 2000使用的是基于小波变换的压缩算法，这种压缩方式不会产生JPEG压缩时出现的马赛克似的块状模糊。JPEG 2000可以同时支持有损压缩和无损压缩，压缩比也更高。RED数字摄影机拍摄的Raw格式，其内部采用的就是JPEG 2000压缩算法，可以在实现很大压缩比的情况下（比如2：1到18：1范围内），仍可保持视觉上的无损，降低存储的数据量。

TIFF

标签图像文件格式（tagged image file format，TIFF）是一种存储静态图片的文件格式，可以无压缩或者无损压缩的形式存储像素数据。数字摄影机拍摄的Raw格式有时会先转码为一系列高质量的TIFF文件，即以TIFF序列帧的形式保存，用来进行剪辑和查看。未压缩的TIFF文件往往非常大。

DPX

数字图像交换格式（digital picture exchange，DPX）是SMPTE在柯达公司开发的Cineon格式基础上，增加了一系列头文件信息而形成的一种图像格式，主要用于存储活动图像和视频序列帧，其扩展名为dpx。SMPTE 268M标准规范对DPX格式做了具体定义和描述。

胶片扫描仪对电影底片扫描之后可以直接输出DPX格式，其中10 bit对数方式使用最为广泛。DPX采用正方形像素，以线性或对数方式采样，在文件头中注明了采样方式，可以表示胶片底片上包含的所有信息，例如图像对应的胶片片边码、胶片卷号、时间码等，从而产生一个有效的“数字底片”。DPX格式广泛应用于电影胶片的数字化过程、数字中间片、视觉特效和数字电影母版制作等领域。

OpenEXR

OpenEXR是数字特效制作领域常用的一种文件格式，由世界著名特效公司ILM（工业光魔）开发，主要应用于计算机生成图像相关格式，支持高动态范围图像文件格式，比现有的8 bit和10 bit图像文件格式具有更大的动态范围和更高的色彩精度，支持多种无损和有损图像压缩算法。

3.4.2 常见的视频编码格式

MPEG-4/ H.264 /AVC

MPEG是motion picture experts group（活动图像专家组）的缩写。MPEG系列编码就用该专家组名称的缩写命名。MPEG已被广泛用于各种音视频的编码，比如MPEG-2和MPEG-4是常见的视频编码格式。

MPEG-4是MPEG-1和MPEG-2的升级版，具有更高的编码效率，在相同比特率情况下能够提供更高的视频质量。H.264/AVC是在MPEG-4编码基础上创建的（基于MPEG-4标准的第10部分），属于新一代的数字视频压缩格式。

与其他已有的视频编码标准相比，H.264视频编码标准的主要目标是在相同带宽下提供更高质量的视频影像。H.264最大的优势是具有较高的数据压缩比。在相同视频质量的条件下，H.264的压缩比是MPEG-2的2倍以上，是MPEG-4的1.5 ~ 2倍。比如说原始文件的大小是88 GB，采用MPEG-2压缩标准压缩后变成3.5 GB，压缩比为25：1，而采用H.264压缩标准压缩后变为879 MB，压缩比可达到102：1。

H.264是目前广泛应用的一种编码格式，在实现高压缩率的同时仍然可以拥有高质量和速度流畅的视频播放效果。经过H.264压缩的视频数据，在网络传输过程中需要的带宽更小。H.264被广泛用于视频存储、互联网流媒体平台和广播高清电视，国外的流媒体平台Netflix等使用的就是H.264编解码方式。

在电影制作方面，H.264通常被用来作为每日工作样片的编码格式，方便导演和摄影师在各种不同设备上观看。

HEVC/H.265标准由国际电信联盟（ITU）在2013年正式批准通过。H.265是H.264的升级版本，能够以H.264 50%的码率实现相同甚至更高的视频质量，同时解码更容易，满足未来在智能手机和移动设备上观看高质量视频的需求。H.265和H.264一样，都是基于帧间压缩的编码算法，所以并不适用于作为一种剪辑环节的编码格式，在解码性能不高的电脑上直接剪辑H.265编码的视频会有卡顿的问题。

2020年7月，最新的H.266/VCC编解码器正式发布。H.266主要用于4K/8K UHD超高清视频内容的制作和播放，可以在保持清晰度不变的情况下，使数据压缩效率得到极大的提高，通常来说数据量比H.265编码将减少50%。

Apple ProRes系列编码

H.264是基于帧间压缩算法的视频编码格式，可以实现很高的数据压缩比，主要适用于视频的发布和播放，但不适合用于后期制作环节。Apple ProRes则是一种适用于后期制作的编码格式。Apple ProRes没有那么高的压缩比，与H.264相比牺牲了一些存储空间和较大的码率，换取了较高的画面质量以及易处理的性能，可以较高的影像质量和较低的数据存储量实现实时的剪辑操作。

Apple ProRes是视觉无损的，意味着基本分辨不出原始视频与ProRes编码视频的差别，即便较低码率的ProRes编码，在视觉质量上也是不错的。Apple ProRes系列主要有6种编码格式，分别是ProRes 4444 XQ、ProRes 4444、ProRes 422 HQ、ProRes 422、ProRes 422 LT、ProRes 422 Proxy。不同编码格式有不同的码率（图3-23），分别对应不同的视频质量，可以根据不同的拍摄和制作需求选择合适的编码格式。

ProRes 4444 XQ是一种非常高规格的专业级视频影像编码格式，专为高端的后期工作流程和电影级视频设备而设计，码率可达500 Mb/s。最新的ARRI ALEXA XT可以支持该格式。

ProRes 4444也是一种高质量的编码格式，第4个“4”指的是包含Alpha透明通道，可用于数字特效、调色等制作环节和流程。ProRes 4444格式可以直接用于高

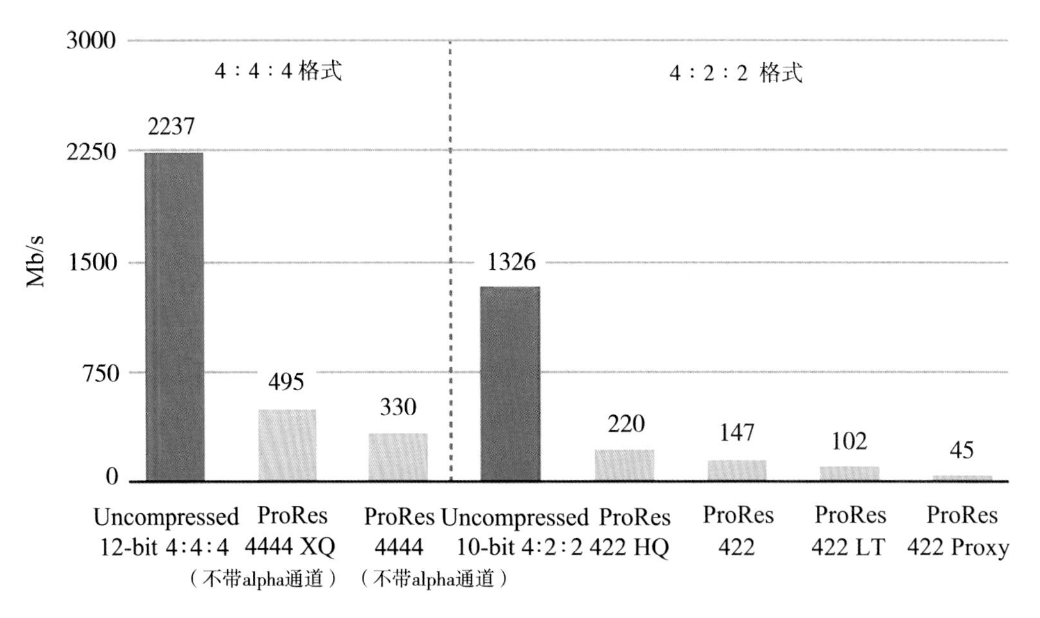

◎ 图3-23　1920×1080分辨率、29.97fps帧率下，无压缩编码和Apple ProRes压缩编码的码率对比

质量影像素材的获取环节，能够保留很大的动态范围。由于直接获取到的是视频格式，不像Raw素材需要经过转码等操作，ProRes 4444可以节省后期制作的时间。

ProRes 422 HQ采用的是视觉无损压缩方式，基本可以做到与ProRes 4444有相同的视觉质量，在后期制作流程使用较多，也可作为广播级高清视频的拍摄格式。

ProRes 422格式在画面质量、码率及剪辑效率之间做到很好的平衡，是一种性能比较均衡的编码格式，码率差不多是PreRes 422 HQ的60%，在普通电脑上也可以做到实时剪辑。

ProRes 422 Proxy可用作剪辑代理文件和现场的监看格式。该编码格式的码率在整个ProRes家族中最低，为36 Mb/s，但仍是10 bit 4：2：2采样和量化的。较低的码率使得其在性能较差或存储空间有限的电脑上仍可以快速剪辑。虽然作为代理文件，但其分辨率可以支持1920×1080及1280×720的高清格式。

ProRes 422 LT与ProRes Proxy的应用场景类似。ProRes LT的整体画面质量更好一些，码率为100 Mb/s。

Avid DNxHD系列编码

DNxHD是由Avid公司开发的一种有损的高清编码格式。DNxHD是digital

nonlinear extensible high definition（数字非线性可扩展高清）的缩写，与Apple ProRes编码格式类似，也是一种针对后期制作做了优化的编码格式，在提高剪辑效率的同时，能够确保画面质量不会因为反复修改而造成损失。现在，不仅后期制作软件，很多数字摄影机及记录设备都支持这种格式。

DNxHD具有多种可选的码率和比特深度（8 bit和10 bit），与Avid公司的各种剪辑系统能良好兼容。DNxHD主要有5种类型的编码格式，每种具有不同的码率：DNxHD 444（1920×1080，10 bit）、DNxHD 220x（1920×1080，10 bit）、DNxHD 145（1920×1080，8 bit）、DNxHD 100（1920×1080，8 bit）、DNxHD 36（1920×1080，8 bit）。

Avid最近也发布了全新的DNxHR编码格式，能够支持2K、4K以及UHD等超高清分辨率格式，同时加入了更丰富的帧率支持。Avid并未给出DNxHR格式的目标码率。针对不同制作需求，DNxHR编码包含以下几种质量级别：DNxHR LB（低带宽）、DNxHR SQ（标准质量）、DNxHR HQ（高质量）、DNxHR HQX（10 bit）、DNxHR 444。可以看出，DNxHR编码有着与Apple ProRes家族相似的质量等级划分。

3.4.3 数字摄影机的Raw格式

对Raw格式更深入的理解

当Raw格式和“视频格式”“编码格式”“封装格式”“无压缩”“无损压缩”等说法掺杂在一起时，很容易造成一些概念的混淆和误用。我们先来做下简单的区别。

Raw不是一种视频格式。我们所讲的视频格式通常指的是在拍摄完后可直接观看的格式，比如最常见的符合Rec.709标准的高清视频格式，或者是扩展名为mov、mp4等封装好的视频编码格式。而Raw格式只有在经过一定的转换和处理之后，不论是在摄影机内部的数字信号处理模块，还是通过视频设备和后期制作软件，成为特定的视频格式后才可以正常观看。

Raw指的是摄影机直接保存从传感器捕捉的只是一堆由0和1组成的感光数据，而不是由RGB像素构成的图像，更不是视频。亮度和色彩信息此时还不存在，也没有像素的概念。更具体地来说，Raw没有经过解拜耳的处理。而视频格式则是对

Raw做了解拜耳，然后再经过压缩编码，转换成了某种格式的视频文件。

关于Raw格式还有一个常见的误解，即Raw都是无压缩的。这也是不准确的。虽然Raw记录的是传感器的原始感光数据，保留的信息最多，影像质量最高，但“原始”并不意味着“无压缩”。有些摄影机采用的是无压缩Raw，比如ArriRaw。像RED摄影机录制的Raw是经过压缩的，并且有多种压缩比可选，最大的压缩比将近20：1。当然，这些压缩都是视觉无损的压缩。

Raw与传统胶片流程中负片的作用是类似的。胶片负片只负责曝光，曝光后的底片不能直接观看，却包含了正常画面的所有信息。由负片到正片需要进一步的处理。在冲洗和印制生成正片的过程，同样可以做一些创造性的调整，比如进行亮度和色彩平衡等。数字摄影机拍摄的Raw格式也被称为数字负片。

Raw与亮度编码方式无关，不论是线性编码还是非线性编码（gamma或log），与Raw均没有关系。也就是说，Raw和log不是一回事（后面章节会详细讲解）。亮度编码的方式仅仅决定了场景的感光数据如何被解释，或者说感光数据与二进制编码之间是如何对应的，当然这对影像仍具有非常重要的影响，但与Raw的本质是无关的。

Raw的一个缺点是数据量很大，需要占用更多的存储空间，在后期制作时需要有其他额外的转换和处理过程，对处理设备的性能也有一定的要求。当我们提到Raw的时候，除了将它作为一种素材记录的方式，也潜在地选择了一种摄影机的操作方式，以及一种拍摄和制作的流程。拍摄Raw格式时，整体制作的流程、周期和成本等因素都需要考虑到，因为素材的备份、传输和转码都需要多一些额外的成本。

常见数字摄影机的Raw格式

现在电影摄影领域有多种Raw格式，不同数字摄影机厂商都有各自的Raw格式。比如，RED公司的Raw格式为RedcodeRaw（r3d）；ARRI的Raw格式为ARRIRAW（ari）；Adobe公司定义了一种通用的Raw格式称为Cinema DNG，Blackmagic摄影机拍摄的Raw就是Cinema DNG格式〔Blackmagic后来定义了自己的Raw格式，称为Blackmagic Raw（braw）〕。由于每个厂商都想保留自己的核心技术专利，不愿将其Raw格式的信息公开，也不愿意进行统一的标准化工作，所以在未来很长一段时间里，行业内仍然会有多种Raw格式并存。

RedcodeRaw

RedcodeRaw是Red摄影机的Raw格式，扩展名为r3d。RedcodeRaw的压缩方法是基于小波变换的有损压缩，但可以做到视觉上无损。RedcodeRaw的压缩发生在解拜耳运算之前。Red摄影机拍摄Raw格式时，可以选择不同的压缩比。RED摄影机的可选压缩比范围从3：1到22：1。压缩比越低，Raw素材质量越高，码率越高，数据量越大。

压缩比的选择需要综合考虑多个因素，包括对图像质量的要求、最终的播放平台（数字影院、高清电视、互联网流媒体还是IMAX）、拍摄场景的类型、存储媒介的读取限制、制作设备的处理能力等，这些都会影响压缩率的选择。没有特别要求的情况下，通常来说，5：1和8：1被认为是合适的压缩比，兼顾影像质量和文件大小。

ARRIRAW

ARRIRAW是由ARRI公司为其ALEXA系列摄影机开发的Raw格式，最早在2011年发布的ARRI ALEXA系列机型中应用。ARRIRAW采用的是12 bit无压缩对数编码（log，非Log C）的方式，在一个文件夹中以序列帧的形式保存，扩展名为ari。ARRI ALEXA拍摄的ARRIRAW分辨率一般为2880 × 1620（16：9）或2880 × 2160（4：3）。

现在ARRI摄影机拍摄的Raw素材也可以MXF/ARRIRAW格式进行封装，一个镜头（clip）只在一个MXF文件中，不再像之前那样以序列帧形式保存成千上万个文件。ARRIRAW的码率与具体的录制格式有关。一般来说，ARRIRAW 16：9 2.8K 24fps格式下的数据流为1.34 Gb/s；码率比较高的情况，像Alexa 65在片门全开模式下，24fps录制时可达5.89 Gb/s。ARRI摄影机也支持内部直接录制PreRes编码格式。

SONY Raw

SONY数字摄影机拍摄的Raw素材由MXF格式进行封装，扩展名为mxf。SONY公司也提供了免费的插件可以将F65摄影机拍摄的Raw素材导入多个剪辑软件，而且越来越多的后期制作软件也开始支持这种类型的格式。SONY在2016年发布了全新的压缩Raw编码格式X-OCN，采用的是16 bit线性编码。

ProRes Raw

2018年4月，苹果公司发布了ProRes家族最新的编解码格式ProRes RAW。ProRes Raw由苹果公司和ATOMOS共同开发，针对Final Cut Pro及Apple相关视频设备做了优化。ATOMOS的外录机也可以直接录制ProRes Raw。ProRes RAW具有两种编码层级，分别为ProRes RAW HQ和ProRes RAW。两者均实现了极优异的保真效果。ProRes RAW HQ以更高的码流保存更多的画面细节。

ProRes RAW可以根据画面内容进行动态调整压缩的编码方式，也就是说，其码流和文件体积会根据画面的不同而有所变化（可变比特率方式），但是基本稳定在一个范围之内。以4K 24fps为例，ProRes RAW每秒的数据量为40 ~ 100 MB，ProRes RAW HQ每秒的文件大小为80 ~ 140 MB。ProRes RAW的文件大小介于ProRes 422HQ和ProRes 422之间。ProRes RAW HQ的文件大小则介于ProRes 444和ProRes 422HQ之间。

一种Raw格式的推出，需要考虑与后期制作软件的兼容性，这是一个影响Raw格式是否会普及和被广泛采用的重要因素。在目前的后期制作端，ProRes Raw仅能够使用Final Cut Pro X来进行剪辑和调色。

3.5 在不同制作阶段选择合适的编码

电影数字制作全流程有很多阶段和环节，如拍摄、剪辑、调色、特效、放映、归档等。不同环节使用的编码格式通常是不同的，目前还没有哪一种编码格式能够满足整个制作流程所有环节的需求。在实际制作时，需要根据不同的制作阶段，选择合适的编码格式。

编码格式的选择从拍摄阶段就开始了。在影像获取阶段应该捕捉和保留尽可能多的信息，所以应该尽量选择摄影机允许范围内最高质量的编码格式，比如更高的分辨率、更高的位深、更少的色彩丢弃、更低的压缩比等。拍摄阶段获取的素材是整个制作流程中影像质量最高的阶段。原始素材的质量越高，后期制作的灵活性也会越大，因为可以随时将高质量素材转码为稍低质量的编码格式，而低质量素材却不容易再转为更高质量的。

获取高质量素材当然也需要考虑付出的成本，最主要的就是码率和数据量会大幅攀升，从而需要准备更多的存储卡和硬盘空间。另外对高质量素材后期处理的软硬件设备也有更高的要求，普通性能的计算机和剪辑软件可能无法直接剪辑高质量的原始素材，这在后期制作流程方面就需要有额外的转码环节，花费更多的时间和精力。

剪辑阶段对视频画面的质量没有太高要求，主要看重的是速度和易用性方面，所以剪辑阶段可以选择质量稍低、文件体积更小的编码格式。在剪辑阶段选择编码格式时，尽量避免选择采用了帧间压缩算法的编码格式（如H.264编码）。帧间压缩算法确实可以降低文件大小，但是在解码时需要花费一些计算时间，对于剪辑频繁调整时间线的非线性操作来说会明显降低处理速度。选择专用于剪辑的DNxHD和ProRes等基于帧内压缩的编码格式，可以在保持低码率的同时，不影响剪辑的速度。

剪辑完成后，接下来主要是后期调色和特效制作。这两个阶段都对画面的细节和颜色精度有较高要求，最好都选择高质量的编码格式。比如尽量选择Raw格式和4：4：4色彩子采样模式，而非4：2：2模式，尽可能保留更多的颜色细节。高质量素材在特效制作的抠像和合成时更易于操作。

在输出和交付阶段，需要根据发布终端的要求选择合适的编码格式。无论是在影院大银幕放映、高清电视播放还是在网络流媒体平台传播，都会有相应的编码格式要求。在项目开始和设计整个制作流程时，就需要考虑到最终播放平台的标准和要求，并针对不同平台的特点选择相适应的编码格式。

最后是素材的归档和长期保存。随着软硬件的升级和一些新显示标准的推出，可能会重新利用原始素材制作更高质量的版本再发行。为了应对未来重新使用素材的需求，在归档时应该选择一种高质量的编码格式。

除了根据制作流程的不同阶段和环节选择不同的编码格式外，编码格式的选择还要综合考虑制作成本、周期、软硬件设备、制作精细程度和复杂程度等多方面的因素。在实际制作时，首先面对的就是预算和成本问题。选择使用Red和ARRI等高端摄影机获取的影像质量必然更高，但是拍摄设备的购买或租赁成本、素材和元数据管理的成本、软硬件设备的使用成本、制作人员的成本以及整个后期制作成本都会相应提高很多。

存储空间也是在选择编码格式时不得不考虑的问题。电影制作过程为了确保数据安全，通常需要很多个备份，不同制作环节可能需要多次对素材进行转码，也需要对新的视频格式进行保存和备份。选择高码率的编码格式在提供高质量画面的同时，也增加了数据量，应准备足够的存储卡和硬盘空间。

还需要考虑剪辑等后期制作的软硬件设备。拍摄时的大多数编码格式不能直接用于剪辑，除非有高性能的计算机支持。这些编码格式的码率和数据量太大，需要高速处理器和硬盘驱动器才能良好运转。在这种情况下，通常会先将原始素材转码为一种低质量的编码格式，转码可能需要花费较长的时间。如果制作周期比较紧张，在选择拍摄编码格式时，可以牺牲一定的图像质量而选择码率较低的编码格式，这样可以降低制作的复杂程度和对设备性能的要求。

最后还要考虑对后期制作精细程度的要求，如拍摄项目需要进行多少色彩校正的工作，有多少特效镜头需要制作。如果没有太多这方面相关的要求，可以考虑选择质量相对低一些的编码格式。

总之，视频编码格式的选择是电影项目中关键的技术决策。只有充分了解视频编码的基本原理，熟悉不同编码格式的特点和应用场合，才能确保电影全流程生产的顺利进行。

第四章

gamma和log

gamma和log是一种抽象的亮度编码机制，主要与影像的亮度显示和记录有关。我们可能很少直接接触和调节gamma，所以对gamma的概念理解起来不太直观。实际上gamma是无处不在的，几乎任何与视频和数字图像有关的场合都有gamma的存在。例如，大多数数字摄影机有多种gamma曲线（log也是gamma的一种形式）。RED摄影机有REDgamma、REDLogfilm等，ARRI摄影机有Log C，SONY摄影机有S-Log、S-Log2、S-Log3等（图4-1）。

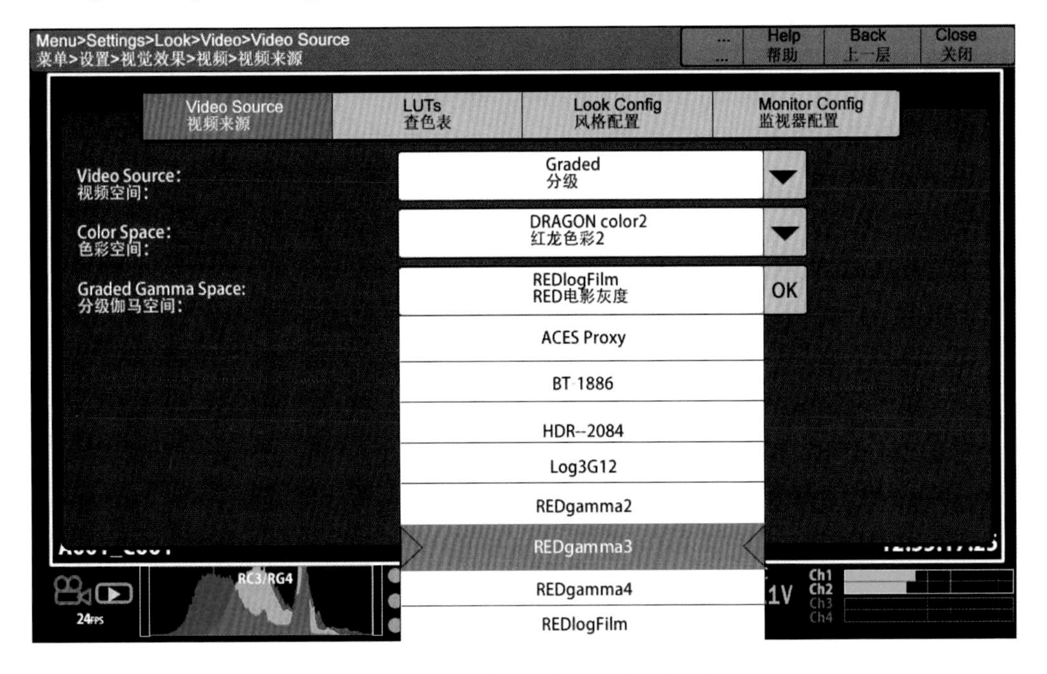

◎ 图4-1　gamma曲线是数字摄影机影像编码的基础设置

自从电子传感器诞生，如何对场景的亮度进行编码和记录，一直是工程师们面临的一个重要问题。在数学上，gamma和log是一种有特定形状的曲线函数，这种函数可以用来描述一种非线性的关系。在视频和数字影像中，gamma和log都是与场景的亮度转换和显示有关的概念，主要用来实现一种非线性的亮度编码方式。本章将从gamma和log的基本原理开始，讲解视频的gamma和数字影像亮度的非线性编码等知识。

4.1　亮度范围和动态范围

大家可能听过在电影拍摄时log格式可以起到扩展动态范围的说法。拍摄场景的亮度范围往往是很大的，而拍摄设备的性能却是有限的，在这种情况下，以何种方式记录、编码和还原场景的亮度，如何在有限的范围内保留尽可能多的信息，gamma和log将起到关键的作用。在进入gamma和log的具体含义讲解之前，我们先回顾一下场景的亮度范围和摄影机动态范围的概念。

4.1.1 场景的亮度范围

我们拍摄的任何场景都有一定的亮度范围。场景中被摄物体的亮度绝大多数来自反射，场景的亮度范围与光照强度（有多少光落在物体上）及物体本身的反射率等因素有关。另外还有一些物体不是通过反射获得亮度，而是属于自发光体，比如太阳、天空、灯光、火焰等，这些都是场景的亮度来源。

一个场景中最亮的部分和最暗的部分之间的差异可能是很大的，特别是有自然光照射的场景（图4–2）。比如一个场景中有直射的阳光，还有很暗的阴影区域，这个场景的亮度范围可以轻松达到20档甚至更高。20档（$2^{20} = 1048576$）意味着这个场景的亮度对比度差异可以达到1 000 000：1以上。

人的眼睛可以感知的亮度差异是很大的，基本也可达到约20档的范围，这与我们人眼的生理结构和视觉感知方式有关。瞳孔可以像镜头的光圈一样放大和缩小，从而控制进光量的多少。另外，视网膜上分布着不同类型的感光细胞：锥状细胞是明视觉细胞，可以在正常亮度的情况下工作；杆状细胞是暗视觉细胞，可以在光线不足的弱光环境工作。这两类细胞能够根据光线的情况自动在明视觉和暗视觉间调整，以改变人眼对不同光线强度的响应。

◎ 图4–2　自然场景的亮度范围往往超过摄影机的动态范围

人的视觉系统感知亮度的可调节范围是比较大的。但需要注意的是，人眼的这种高动态范围是有“欺骗性”的。视觉感知的高亮度范围不是发生在“同一时刻”，而是一种人眼的动态调整机制。人眼在同一时刻实际可接受的亮度范围并不是非常高，只有6～7档。

4.1.2 设备的动态范围

动态范围是描述电气设备信号有效范围的一个概念。在数字摄影机方面，动态范围主要指的是感光器件在最小不失真电平和最大切割电平之间的可容纳范围。动态范围越大，意味着摄影机可以捕捉和记录场景的亮度范围越大。

动态范围有时也被称为宽容度。宽容度也是描述感光材料对场景亮度范围的记录能力，以及能在多大程度上准确再现场景的亮度细节和对比度能力的一个术语。这两个说法的含义类似，但不完全相同。动态范围是一种客观的衡量方式，而宽容度更偏向于一种主观的评价。宽容度描述的是胶片在画面质量可接受的前提下允许的曝光范围。人的视觉系统对画面的质量和曝光的判断并不完全客观，对于有效且可接受的亮度范围和细节，不同的人也有不同的判断标准，因此对于宽容度的定义并不完全客观，所以宽容度与动态范围是有一定的区别的。

因为技术的限制，感光材料的动态范围通常都是有限的，只能记录场景很大的亮度范围中有限的一部分，而拍摄场景的亮度范围却可能相当大。这可能导致场景的亮度范围不能全部被记录下来，同时场景中不同的亮度、对比度也可能无法按比例被正确地记录下来。比如场景中浅灰的物体可能被记录为白色，因为该亮度已经位于传感器的“最大电平”的位置了；同样在阴影的区域，场景中的灰色可能会被记录为黑色。

在显示端，同样存在着亮度能否被正确还原的问题。当显示设备可容纳的亮度范围低于拍摄画面的亮度范围时，画面显示在暗部和亮部的信息将会有所丢失，原本可区分的阴影会糊作一团，本来能够看出细节和层次的高光部分也会变得粗糙和沉闷。

摄影机用来记录场景亮度的动态范围都是有限的，这意味着如果场景的亮度范围超过了传感器可容纳范围的话，必定有一部分亮度是无法被记录下来的，同时记录下来的亮度细节和对比度也可能因为显示设备的动态范围有限而被挤压或者拉伸，与原始场景不一致。因此，在动态范围有限的情况下，如何有效地利用这种宝贵的“资源”就变得非常重要了。

4.2 感光材料对光线的响应方式

感光材料的动态范围是有限的，不是所有的场景亮度范围都能够按比例得到正确的记录和保留。另外，还有一个重要因素会影响场景亮度的记录，那就是感光材料对亮度曝光的响应方式。响应方式指的是感光材料对光线是以怎样的比例进行记录的。感光材料对光线的响应方式有哪些呢？我们先从最简单的线性响应说起。

4.2.1 线性响应方式

线性响应方式指的是场景的亮度和感光材料记录下的亮度值（或者是表示亮度

的任何其他形式，比如密度值、电压值等）之间是成正比例的一一对应关系。也就是说，场景的亮度每增加一倍，感光材料记录下的亮度数值也相应地增加一倍。理想的感光材料对光线的响应方式应该是线性的（图4-3），因为这种响应方式对原始场景的亮度和对比度的记录是一种“如实的记录”。

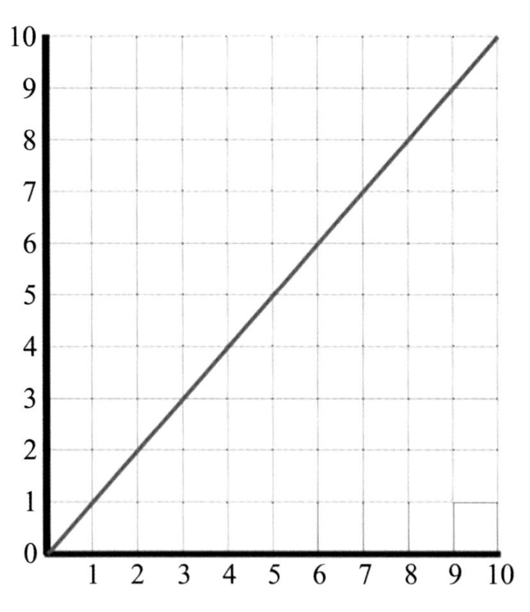

◎ 图4-3 场景的亮度和感光材料记录下的亮度值之间是一种线性关系

线性响应方式很容易理解，即场景的亮度变化一倍，摄影机记录下的亮度值也相应地差一倍。这没有什么容易引起混乱的地方。但是，线性响应存在的一个现实问题是场景中亮度范围的差异可能非常大。如果按线性方式记录，用来保存亮度的数据本身也会非常大（对于数字影像来说，需要很大的位深来量化场景的不同亮度值）。

就目前的技术发展来说，不论是拍摄设备还是显示设备，尤其是显示设备的动态范围仍然是有限的，而且要远低于场景的亮度范围。如果按线性方式响应的话，场景的亮度很容易就会超过设备的动态范围的极限，超过的部分毫无疑问将不会得到记录和显示。在视频拍摄时，超过一定范围的电平信号将会被无情地切割，这部分场景的亮度也将变成没有任何特征的纯白色。

简而言之，由于场景的亮度范围很大，超过了感光材料所能记录的范围，线性响应很容易将场景的某些区域推到感光材料可容纳的范围以外，超过的部分被无情地切割掉，没有任何信息被保留下来。

4.2.2 传感器感光过程是线性的

数字摄影机传感器的感光过程是“近似线性的”，因为影像传感器CCD和CMOS对光线的反应基本可以认为是线性的。我们先回顾一下CCD和CMOS的工作原理。CCD和CMOS可以看作是光子的收集器，并将收集的光子进行“计数”并转化为电信号的形式记录，例如每收集50个光子能够产生50个单位的电子，收集100个光子则相应地产生100个单位的电子，100个光子的亮度与50个光子的亮度相差一倍，100个电子与50个电子代表的亮度也相差一倍。由此可见，由光电转换生成的电子数量与场景亮度之间，基本是正比例线性变化的关系，所以说传感器对光线的响应遵循着线性响应的模式（图4–4）。（这只是一种简化的讲法，特别是CMOS的光敏元件电路更复杂一些，并且有些传感器感光并非完全与光子的数量成比例变化，有些是与光子数量的平方根成比例。）

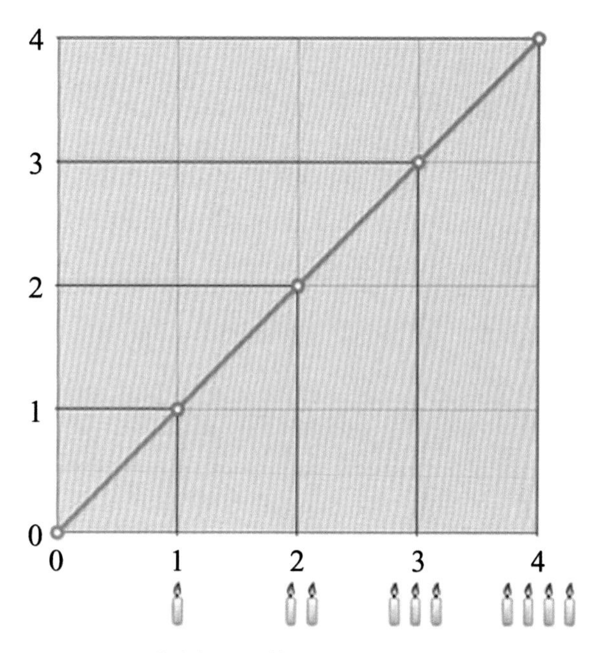

◎ 图4–4　数字摄影机传感器对亮度的反应是线性的

由于现实世界的亮度范围差异非常大，目前没有任何摄影机、显示器和放映机能够完全还原现实场景真实的亮度。在静态条件下，人眼同一时间可以适应的亮度变化也就是100：1对比度的差异范围，拍摄设备能够记录和编码的亮度也同样有特定的范围限制。对影像传感器而言，主要是动态范围的限制，我们称可接收信号的上限为切割点，这意味着传感器感光单元已经达到了饱和状态，不能再接收更多的光子，在没有电荷出现的时候表示纯黑，那么传感器的动态范围就是纯黑和切割点之间的范围。目前，数字摄影机可以轻松达到14～16档甚至更大的动态范围。即便如此，许多场景特别是高光和阴影同时存在的情况，亮度还是会超过这个范围。这意味着如果采用线性响应方式，还是会有一部分场景的亮度不能被正确地记录下来。

4.2.3 胶片对光线的响应特性

线性响应方式是一种理想的状态，但现实的物理世界很少有完全遵循线性响应的事物。胶片对光线的响应方式不是线性的，而是一条经典的S形曲线（图4–5），称为胶片感光特性曲线，这条曲线也是胶片生成影像所有特性的集中体现。

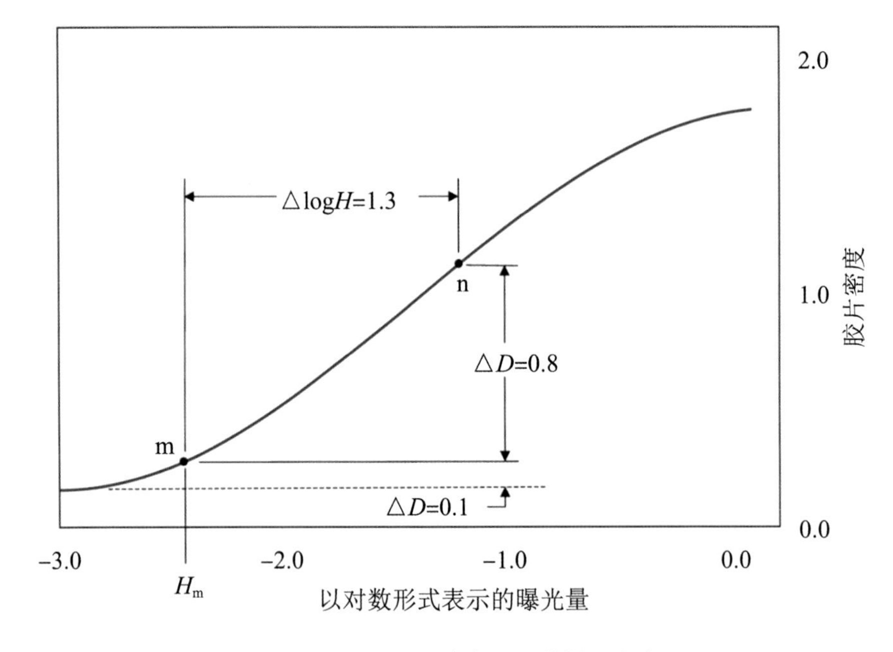

◎ 图4–5　胶片感光特性是非线性的方式

在场景亮度不足的区域，胶片刚开始曝光时光子数量比较少，光子撞击卤化银颗粒不会立即发生反应，需要等待光子慢慢积累到一定数量后，才能引起化学反应并形成一定的密度，这种反应过程不是一个线性的关系。这使得感光特性曲线的“趾部”看起来比较平坦，随着光线变强，曲线开始较快地上升，然后进入接近线性响应的中间部分。

进入正常的中间亮度后，在较大范围的光照强度下，场景的亮度与胶片感光生成的密度之间基本是一种线性的关系，随着场景亮度的不断提高，底片密度也随之升高。当超过一定的亮度范围时，胶片对亮度的响应不再是线性的，而是形成一种略带缓冲的曲线，虽然光线仍在不断增加，但底片产生的密度越来越不明显。这是因为胶片乳剂中的感光物质即卤化银越来越少，基本已经停止对更多的光线发生反应。这就是胶片感光曲线的“肩部”。

大家可能会认为，胶片在高光和阴影部分的反应是存在问题的，因为这种响应是非线性的，不能真实记录和还原场景中亮度的关系，理想的光线响应应该是尽可能真实地记录场景的亮度变化，非线性响应对场景的亮度记录显然是不真实的。但事实证明，这种非线性响应是胶片感光的优势之一。非线性响应对在线性方式下超出亮度范围的区域，仍可以记录和保留一部分亮度，在暗部同样如此。这相当于变相地扩展了感光材料的宽容度，从而可以记录更大的场景亮度范围，使得高光和暗部的层次也得到一定的保留。

4.3　gamma和gamma校正

gamma是视频领域广泛使用的一个术语。不论是在影像传感器、数字图像处理器、视频编码还是显示设备中，gamma出现的场合非常多，作用和原理也各不相同，有时容易引起混淆。

4.3.1 gamma的含义

gamma最初的来源和定义是比较明确的：是用来描述显示设备“非线性显示特性”的一个专有名词。这个定义与早期传统的电子扫描式CRT显示设备有关。CRT显示设备是靠电压驱动一个能够发射电子束的电子枪，击打荧光屏上的三色荧光粉，使其发出R、G、B 3种颜色的光，通过调节电压的大小和方向可以改变电子束击打在屏幕上的位置以及产生的“像素”亮度，这个过程也就是通常所说的“扫描”。

但是，输入CRT的电压与击打荧光粉所产生的亮度之间并不是一种线性的关系。施加在阴极摄像管的电压强度每增加一倍时，屏幕表面所输出的光亮度并不会相应地增加一倍，两者之间表现为一种非线性的关系。

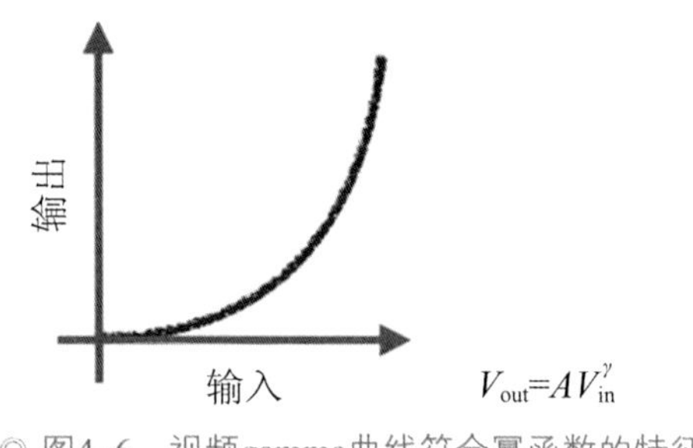

◎ 图4-6　视频gamma曲线符合幂函数的特征

当然，输入电压与输出亮度之间也不是没有规律，两者之间的关系基本满足一种幂函数的关系（图4-6），幂函数的指数γ就是所谓的gamma。输入与输出之间的指数关系为：对CRT显示设备来说，其非线性的显示特性是由CRT自身的发光原理决定的，通常CRT显示设备的gamma为2.2～2.6（图4-7）。因此，gamma原本的含义就是对显示设备的非线性特性的一种度量，gamma就是设备非线性特性的幂函数的指数。

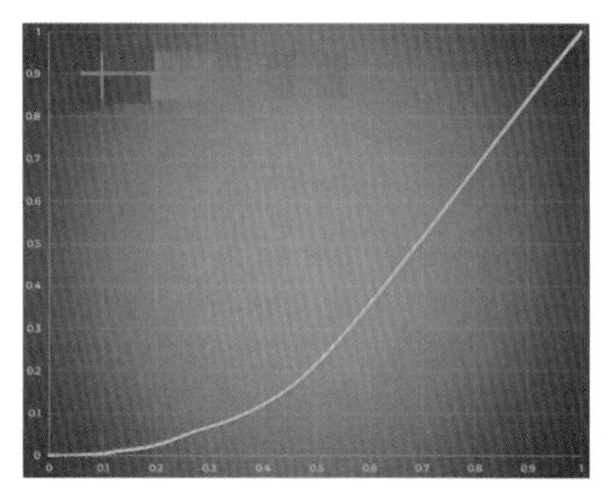
◎ 图 4-7　大多数CRT显示设备的gamma是2.2

4.3.2 gamma校正

上面讲过，CCD和CMOS影像传感器的感光过程可以认为是线性的，作为输入值的场景亮度与输出值的电压之间是线性响应的关系，这种线性关系基本可以真实地反映真实场景亮度的关系，因此在某些场合我们把现实场景的亮度关系称为线性场景或线性光。

现在考虑这样一个问题：在线性场景下，如果把CCD和CMOS影像传感器感光后输出的电压信号，直接输入一个CRT显示设备，显示的画面会是什么样子的呢？答案很明显：场景亮度和CCD都是线性的，将线性方式记录的亮度输入CRT显示设备时，由于CRT的非线性特性，会使画面的输出亮度按照gamma被向下“扭曲”，从而会使画面整体变暗，这种亮度还原肯定与原始场景不一致（图4-8）。

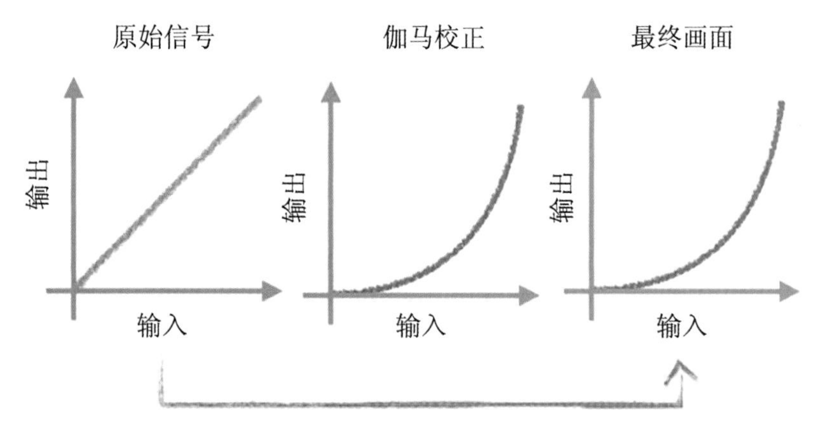

◎ 图4–8 线性场景叠加gamma曲线导致最终画面是非线性还原的

如果显示设备要正常还原原始场景亮度，50%的场景亮度在显示设备上也应该按照50%的亮度显示，但是因为CRT的输入与输出之间是幂函数的关系，假如gamma = 2.2，$50\%^{2.2} = 21.8\%$，实际上50%的亮度在CRT上只会按照21.8%来显示，所以画面看上去比原始场景显得要暗。

直接从最终的画面来看，gamma会影响画面的亮度和对比度，这也是为什么我们有时会简单地将gamma理解为画面的对比度（图4–9）（当然事实不完全如此，除了gamma外，还有很多其他的因素也会影响画面的对比度）。当gamma=1时，实际上指的是一种线性关系，画面的对比度正常还原；当gamma＞1时，画面的暗部和中间部分的亮度会明显降低，画面整体变暗，反差变大；当gamma＜1时，实际变为log对数函数形式，画面暗部和中间部分的亮度明显升高，整体反差会降低（这也是log编码格式的画面饱和度和对比度低的原因：暗部的亮度被提升了）。

那么，针对CRT显示设备的非线性特性对画面造成的影响，怎么做才能正确还原原始场景的亮度呢？

一种方法是，既然问题是由CRT显示设备的非线性特性引起的，那么可以改良CRT显示设备，让它能够以线性的方式显示亮度。如果按这种想法修正，需要在所有的CRT显示设备里面加入一个补偿电路，这在技术上是可行的，但现实中应用CRT设备已经太多了，全部重新设计和替换的话成本太高，在实际操作上并不可行。

另外一种方法是在前端的拍摄设备中增加补偿电路进行修正，让它能够抵消

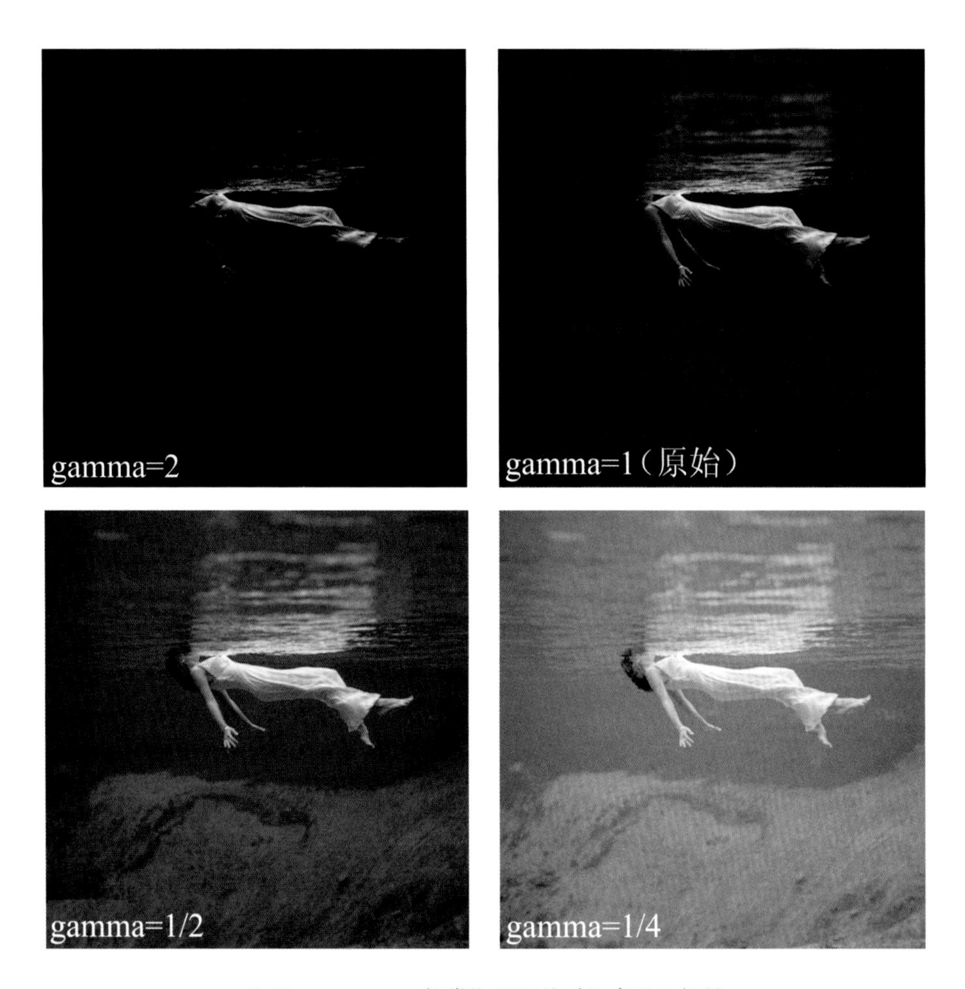

◎ 图4–9　gamma经常和画面的对比度显示相关

CRT显示时的非线性特性。当时，全世界并没有多少家广播电视台，相比CRT电视机的数量，摄像机的数量是有限的。改变摄像机的设计比改变电视机更符合现实的情况。因此CRT显示端保留了原本的gamma非线性特性，而在影像的获取端即对摄像机做了改造。

所以，通过CCD和CMOS捕捉场景的亮度信号，在保存和传输之前需要先对亮度信号做一个与CRT显示gamma相反的逆指数计算（$Y=X^{1/2.2}$），再进行传输。这样在CRT显示器上经过两次非线性的指数互相叠加，视频影像的显示基本可以变为线性的关系（可以理解为系统gamma为1），也就可以正常还原原始场景的亮度了（图4–10）。

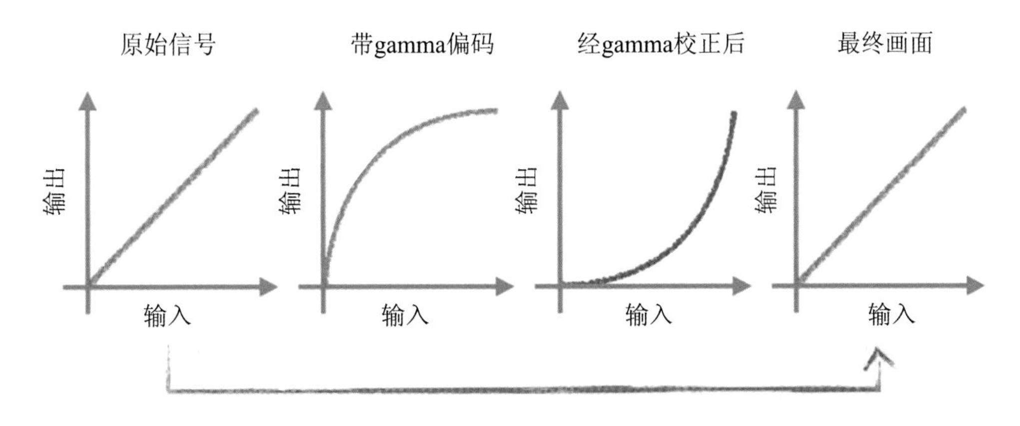

◎ 图4-10　对原始信号进行反向的校正使最终画面的亮度正常还原

在高清摄像机等拍摄设备中，加入与CRT显示设备相逆的一个新的gamma，以此抵消CRT显示的非线性特性，使场景亮度得到正确还原，这个过程被称作gamma校正（gamma correction）。简而言之，通过拍摄端的gamma校正，使其与CRT显示器的gamma正好相反，两者互相抵消，使从拍摄设备到显示设备整体视频系统的亮度还原变得正常（图4-11）。

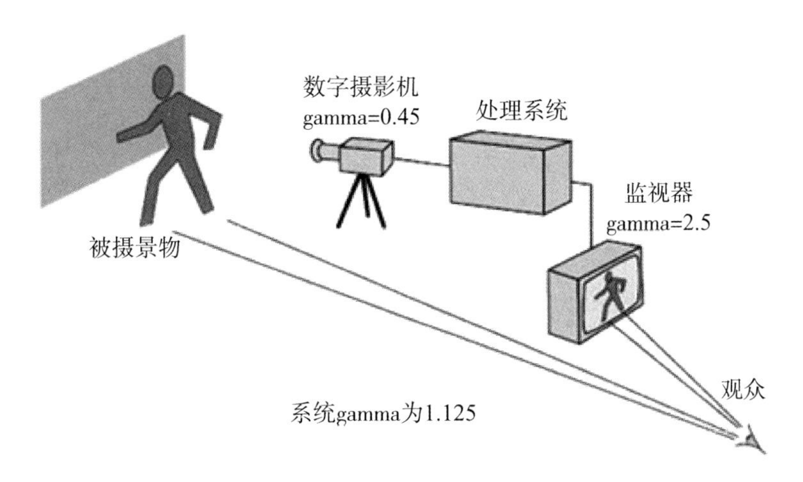

◎ 图4-11　摄影机的gamma实际是对显示设备的亮度校正

历史上很长一段时间只有CRT一种类型的发光显示技术，这导致绝大多数拍摄设备、视频编码、图像处理软件，甚至操作系统、互联网和浏览器等涉及图像亮度显示的地方，在进行亮度编码时都需要考虑CRT的非线性特性，以进行相应的gamma校正实现反向补偿。随着其他发光技术的成熟和广泛应用，CRT显示设备已经很少使用了。当前显示设备的类型也更加多样化，很多不同于CRT发光原理的新型显示技术出现，如LED、等离子、LCD、TFT液晶、OLED等，这些显示技术很多已经没有非线性显示的问题了。

但是如上面所说，过去几十年保存的所有视频影像，还有各种已经制定颁布的数字图像和视频的相关标准都是考虑了gamma校正的。为了正常显示这些历史留存的视频和图片，即使是最新的显示技术仍然需要模拟一个与原始CRT类似的gamma，否则过去和现有的图像内容将无法正常显示。为了保证系统的兼容性，现在的显示设备内部仍会加入相应的电路，模拟过去CRT的gamma效果。也就是说，现在的显示设备仍然是带有gamma的，只是gamma不是由显示设备自身的物理特性决定的，而只是一种对传统CRT非线性特性的人为模拟。

4.4 高清摄像机的gamma和拐点

gamma最早只是用来描述显示设备的非线性特性，现在其应用范围被扩大了。在有关视频影像和亮度显示的很多场合，只要输入值与输出值之间做过转换，并且转换的过程中输入与输出的关系不是线性而是非线性的，都将这种非线性转换的对应关系用gamma来表示。这导致gamma出现在很多不同的应用场合，这也是现在gamma让人感觉混乱的原因所在。

对视频显示来说，输入值是场景的亮度或者是代表场景亮度的电压，输出值是画面的亮度。这两者之间的关系通常是非线性的，可以用视频gamma来表示。视频gamma通常是一条指数函数的曲线，曲线的形状可以向上或者向下，这取决于指数函数的指数是大于还是小于1（小于1时实际上是一条对数曲线）。

在早期的高清摄像机拍摄时，gamma是一个重要的可调整参数，通常gamma被预设为0.45。根据拍摄场景的照度情况可以对gamma进行调整，将gamma提高可使画面的对比度变高，将gamma降低可使画面的对比度降低。gamma主要调节的是画面中间调（mid-tones）的亮度和反差，在画面的阴影部分是通过黑伽马（black gamma）调节，高光部分是通过拐点控制（knee control）调节的（图4–12）。

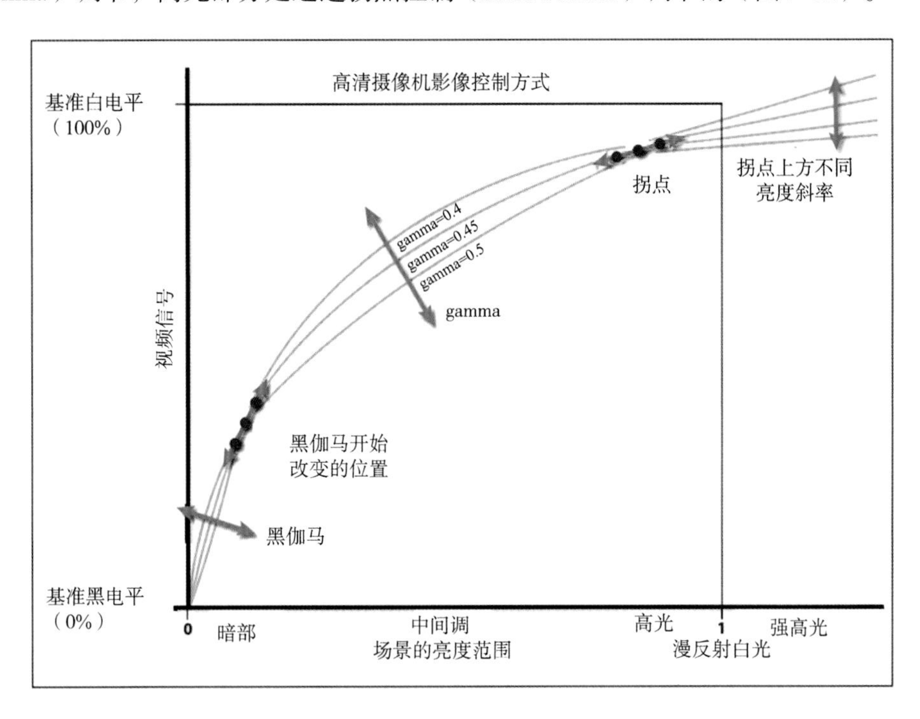

◎ 图4–12　高清摄像机通过调整gamma和拐点改变画面的效果

大多数高清摄像机的拐点控制是通过两个独立的参数实现的：拐点（knee point）和斜率（knee slop）。拐点代表的是电平对高光响应开始改变的位置。斜率可以理解为高光部分的对比度。较平缓的斜率意味着场景亮度的变化引起输出电平的变化比较缓慢；较陡峭的斜率意味着亮度变化比较快，即高光部分的对比度会更加明显。黑伽马调整的是对阴影区域曝光曲线的斜率，从而使阴影部分的层次和对比度有所变化。

现在的数字摄影机很少有明显的黑伽马和拐点位置，而通常是一条或者多条连续顺滑的gamma曲线（图4–13）。这使得亮度分布在阴影和高光部分的过渡更加平滑，消除了传统gamma曲线在拐点处的不连续性，使画面看上去更加自然（图4–14）。

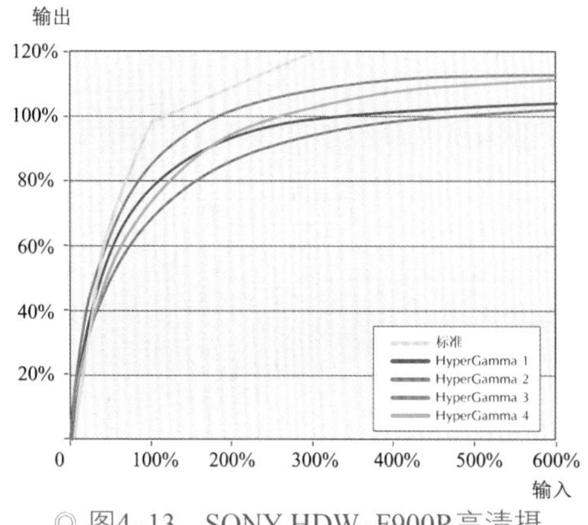

◎ 图4-13　SONY HDW-F900R高清摄像机的4条预置gamma曲线

◎ 图4-14　没有明显拐点的gamma曲线使得画面的影调和色彩过渡更为自然

4.5　Rec.709

Rec.709是ITU-R Recommendation BT.709的简称，有时候称为BT.709。ITU是国际电信联盟组织（International Telecommunication Union）的缩写，这是一个电子信息方面的国际标准化机构，与美国的SMPTE、欧洲的EBU（European Broadcast Union，欧洲广播联盟）、日本的ARIB（Association of Radio Industries and Businesses，无线工业及商贸联合会）一样，都是制定视频行业标准的国际组织。标准化组织的目的是确保不同国家和地区的视频信号和视频设备可以互相兼容。

Rec.709是针对高清视频显示而制定的国际标准和一系列技术规范，其中包括高清视频的gamma曲线、色彩空间、分辨率、位深、宽高比、帧率以及很多其他的技术细节。Rec.709的主要特点是“所见即所得”，也就是说，拍摄符合Rec.709标准的视频是可以直接显示和观看的。Rec.709的特性是“显示设备相关的”。当时显示设备的主要类型仍是阴极射线管（CRT），Rec.709按在CRT显示设备上正常观看的标准，对高清视频做了gamma校正，可以满足人眼正常观看时的亮度和对比度。

从技术角度来讲，Rec.709定义了一条gamma为0.45的指数函数曲线（图4–15）。坐标系中的横轴x为光照强度（相对值），纵轴y为视频亮度信号。在光照强度低于0.018（此处的0.018与18%灰没有关系）时，曝光量与视频信号之间是线性响应的关系，直线的斜率是4.5。在超过0.018时，视频信号与光线强度之间的关系是指数为0.45的幂函数。

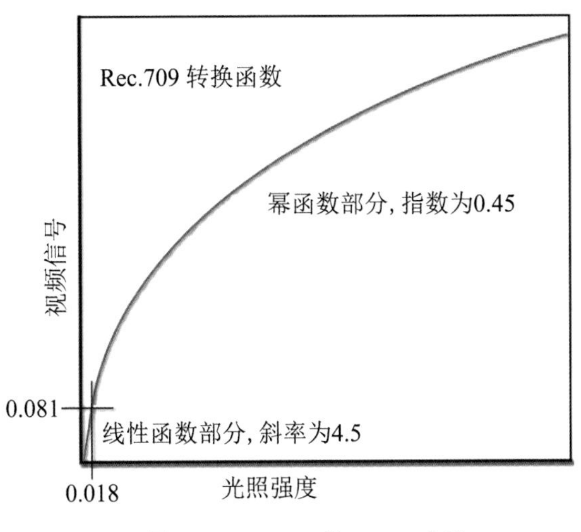

◎ 图4–15　Rec.709的gamma曲线

Rec.709定义的gamma曲线标准并非要求所有视频设备都严格遵守。数字摄影机基本都可以输出Rec.709的高清视频信号，但并不是所有摄影机厂商设计的gamma曲线必须与Rec.709完全相同，有些摄影机厂商有时会针对Rec.709的gamma曲线做一些小调整。比如ARRI摄影机提供了一种低对比度曲线（low contrast curve，LCC），它的特点是仍然遵循Rec.709的对比度特性和色彩空间，同时更多保留了一些高光部分的信息。视频显示设备通常会遵循Rec.709的标准，这样可以确保相同的视频信号在不同显示设备上看上去差不多。

4.6 人眼的“gamma”

人眼视觉的感知方式与影像传感器的感光机制是不同的，传感器的感光过程与场景亮度的变化是近似线性的关系。对于人眼来说，光线的变化与人眼实际感知到的亮度变化不是线性的；如果将光线的强度加倍，人眼感知到的亮度却不是加倍的，两者之间是一种非线性的关系。也就是说，人眼也是带“gamma”的，人眼的“gamma”近似一条对数曲线（图4–16、图4–17）。

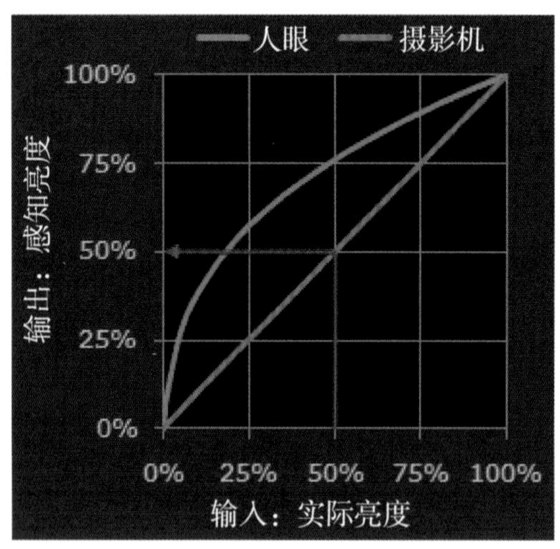

◎ 图 4–16　摄影机传感器对50%的亮度反应相应产生50%的亮度值

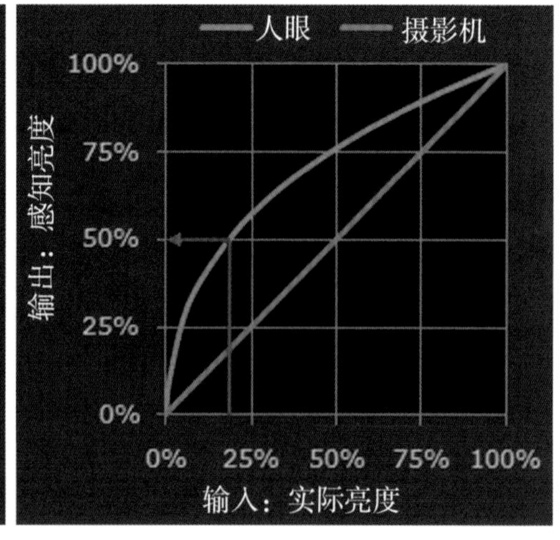

◎ 图 4–17　通常人眼对18%反射率的亮度的视觉感知在50%处

人类的视觉系统经历了漫长的演化，长久以来形成的机制是对黑暗中的亮度变化更为敏感。在暗环境下，人眼对亮度变化的感知很快，一点的亮度变化就会被感知到。随着亮度的升高，亮度需要变化很多倍才会引起人的视觉注意。另外，人眼对亮度变化的感知有一定的阈值。当亮度变化不大，或者说亮度变化的幅度没有达到一定的阈值时，虽然亮度确实发生了变化，但可能不被人眼察觉出来。比如说，在昏暗的房间里点亮一支蜡烛，我们会觉得烛光非常明亮；但同样是这支蜡烛，放在阳光充足的室外，就很难引起我们视觉感知上的明显变化。这也是人类视觉对亮度感知非线性特性的体现。

人眼对绝对亮度不那么敏感，而对亮度的相对变化更为敏感。通常来说，光线强度在现有亮度的基础上加倍时，人眼对亮度的感知才或多或少是接近线性的，这是人眼和摄影机不同的地方。举例来说，在一个黑暗的屋子里，开始没有任何光照，此时点亮第1根蜡烛，我们的眼睛和一台摄影机都可以看到有一根蜡烛的光亮。点亮第2根蜡烛，从物理上讲，屋子里的光子数量增加了1倍，摄影机传感器将测量到光子数加倍，我们的眼睛基本也可以感受到亮度增加了1倍。点亮第3根蜡烛，摄影机测量到光子的数量变为1根蜡烛时的3倍，但是我们的眼睛却不是这样工作的，眼睛此时感受到的亮度可能只是1根蜡烛时的2.5倍。因为从2根到3根，只增加了1根蜡烛，相对来说只是上一状态（2根）的1/2，人眼看上去亮度只是增加了0.5倍。继续点亮第4根蜡烛，摄影机测量到的亮度是第一根时的4倍，而人眼不会感觉亮了4倍。当点亮第8根蜡烛时，人眼感受到的亮度才是开始时的4倍。当点亮第16根时，摄影机传感器测量的亮度是第1根蜡烛时的16倍，而人眼实际感知的亮度只是第1根蜡烛点亮时的5倍（图4–18）。

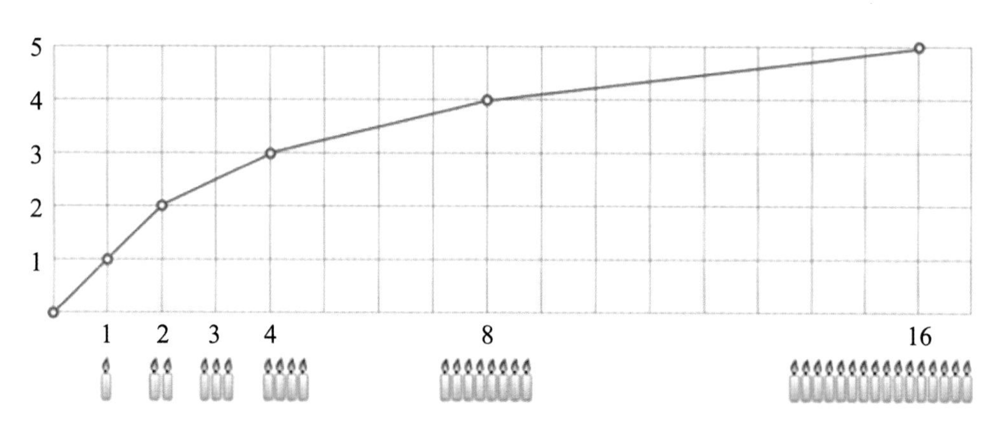

◎ 图4–18　人眼的亮度感知基本遵循非线性的规律

由此可见，使视觉感知发生作用的不是具体点亮了多少根蜡烛，而是点亮的蜡烛在之前亮度基础上变化了多少。从第1根到第2根，数量上增加了1根，变化量增加了1倍；从第2根到第4根，数量增加了2根，变化量增加了1倍；从第4根到第8根，增加了4根才有1倍的变化；从第8根直到第16根，增加8根才增加1倍。蜡烛增加的具体数目不同，但变化的倍数一样时，感知到的亮度变化才是一致的。这就是人眼和传感器的不同，也是线性方式和对数方式的不同。人眼和传感器在光线感知上有如此大的差异，因此在对图像进行亮度编码和显示时必须考虑到这一点。

4.7 数字影像亮度的非线性编码

数字信号与模拟信号的区别，在于模拟信号是连续的，而数字信号需要经过采样和量化的过程。采样只是选取了模拟信号中的部分数值，量化又对采样数据进一步离散化，这都使得数字信号只能以有限的状态来表示原始的模拟信号。也就是说，数字影像每个像素的亮度和颜色，都只能被限制为固定数量的一系列离散值（回顾“量化位深”的概念）。

原始场景的亮度值，经过采样和量化后以不同的二进制码值表示的过程，就是对数字影像的亮度进行编码的过程。原始场景的亮度与代表画面亮度的二进制编码，两者之间按照怎样的方式对应呢？或者说如何对亮度进行量化编码呢？这就是关于场景亮度的编码方式的问题。

4.7.1 线性编码方式

我们首先能想到的一种最简单的编码方式，就是将二进制编码值与场景的亮度值一一对应起来，最大的编码值对应100%的最大亮度，最小的编码值对应场景中最暗的位置，中间的编码值对应场景的中间亮度。也就是说，场景的亮度每增加一倍，对应的编码值也是增加一倍的关系。这种方式称为线性编码。

比如，按8 bit位深对场景的亮度进行量化和编码，总共有256个（0~255）二进制编码值。采用线性编码方式的话，编码值0对应0%的亮度，255对应最亮的100%亮度，中间的码值128对应于50%的亮度。也就是说，亮度的变化与编码值的变化是相同的，两者呈线性的关系。如果把亮度值和编码值放在一个坐标轴里，两者的对应关系是一条直线，这种亮度编码的方法就是线性的方式。

“编码100问题”

线性编码方式简单、直观，并且容易理解，看起来是一种理想的编码方式。但是，考虑人眼对亮度感知的非线性特性，亮度的线性编码会带来一个问题，即“编码100问题”。该问题在数字视频领域有着重要的影响。

在人眼对亮度的感知方面，研究视知觉的科学家在进行测量实验时是基于“最小可觉察变化阈值”这一概念的，即大多数人对亮度的变化在视觉感知上可引起变化的最小值。也就是说，亮度发生了变化，但只有这些变化能被人感知到才有意义。这些研究是建立在大多数人的平均感知的基础上，结论是大多数人的亮度感知是非线性的，而不是线性的；当变化趋向极端时，感知也将随之变得极端。

非线性特性不仅适用于视觉的感知，也适用于人对于声音、压力、重量、疼痛的感知。举个简单的例子：当拿起一个重物时，任何人都能感觉到1 kg和2 kg之间的差异，但是很少有人能够感觉出100 kg和101 kg之间的差异。在这个例子中，重量变化的实际大小都是一样的，都是在原有基础上增加了1 kg，但是前后变化的百分比是不同的：从1 kg到2 kg，重量变化的百分比是100%；从100 kg到101 kg，重量变化的百分比只是1%。

人类视觉系统能够感知的亮度变化是1%的比例，这是人眼视觉最小可感知到的亮度变化。假设采用8 bit对场景的亮度进行量化，我们看看线性编码方式的表现如何。如图4–19所示，对场景的暗部区域进行编码时，可以看到亮度变化很容易就超过了1%。例如从20到21的码值对应的亮度变化为5%，远超过1%的最小可觉察阈值，这导致画面不同亮度之间会有很大的跳跃，产生“条带效应”。

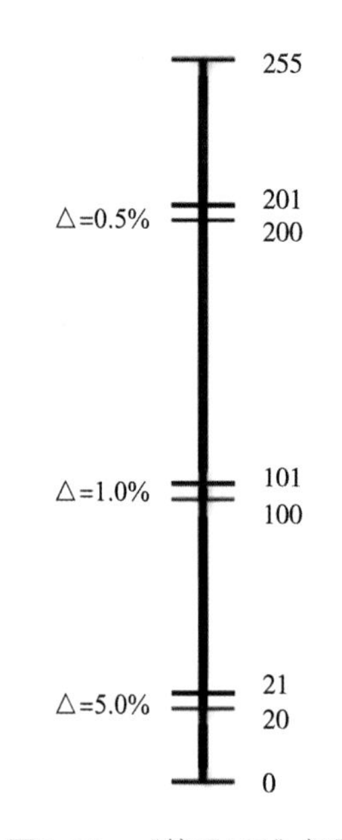

◎ 图4–19 “编码100”问题

在亮部区域，变化的差异却小得多。在200和201之间只有0.5%的变化，比最小可觉察阈值要低。人眼实际不会察觉到这种变化，这意味着在高亮区域很多编码值将会被浪费掉。因为两个编码值对应的亮度对人眼没有差别，那么其中的一个码值就没有必要，在记录过程中会浪费大量的编码资源。

只有在中间亮度附近，编码100和101相应的亮度变化正好满足1%的最小可觉察阈值。而在比编码100更高和更低的位置，都存在着一定程度的编码问题，这种编码分配方式导致的现象就称为“编码100问题”。

由此可见，线性编码并非一种理想的编码方式。有两种方法可以解决“编码100问题”。一种是在传感器和图像处理器上使用更大的位深进行量化，提供足够多的编码资源，使场景中所有亮度都能得到记录。例如，一些数字摄影机拍摄Raw格式时就是采用高位深的线性编码方式来解决此问题。另一种是在亮度编码时不再按照线性方式分配编码，而采用不均匀的分配方式，为编码资源不足的暗部分配更多的编码，减少亮部的编码资源浪费，编码资源和场景亮度之间不再遵循线性的关系，而是一种非线性的关系。这种编码方式就是非线性编码。

线性编码的低效率

线性编码方式在暗部存在着编码资源分配不足的问题，在高亮区域则存在着编码的浪费，这表明线性编码在编码资源的利用上是低效率的。

举例来说，如果以8 bit位深对场景亮度进行线性编码，在不同动态范围档位的编码分配如下：编码值0～8表示最暗部分的亮度编码，增加1档曝光，按线性编码的编码值为8～16，再增加1档曝光，编码值为16～32，然后依次是32～64、64～128、128～256。很明显可以看到，在最高亮一档分配的编码值共有128个，占用了所有编码资源的50%，再下面一档占据了25%，而最暗部分只有8个编码（占6.25%），暗部的编码资源明显是不够的，这种分配方式是不均匀和有缺陷的。8 bit线性编码显然是不够用的，更谈不上还原原始场景亮度的精准度了。

如果采用更高的位深，比如14 bit进行亮度编码，效果会怎样呢？14 bit量化可以使用的编码资源为2^{14}= 16 384个。表4–1所示是采用线性编码方式，每档动态范围内分配到的编码数量。

表4-1　线性编码的不均匀分配

亮度档位	编码范围	所用码值数量
最亮位置	16 384	
从最亮位置降1档	8 192 ~ 16 383	8 191
从最亮位置降2档	4 096 ~ 8 191	4 095
从最亮位置降3档	2 048 ~ 4 095	2 047
从最亮位置降4档	1 024 ~ 2 047	1 023
从最亮位置降5档	512 ~ 1 023	511
从最亮位置降6档	256 ~ 511	255
从最亮位置降7档	128 ~ 255	127
从最亮位置降8档	64 ~ 127	63
从最亮位置降9档	32 ~ 63	31
从最亮位置降10档	16 ~ 31	15
从最亮位置降11档	9 ~ 15	6
从最亮位置降12档	5 ~ 8	3
从最亮位置降13档	3 ~ 4	1
从最亮位置降14档	1 ~ 2	1

从表中很明显能看出编码资源分配仍然是不均匀的。在高光区域4档动态范围内，编码资源共使用了15 356个，占16 384个总编码数的93.7%。从第5档动态范围开始是中间亮度，开始可用的编码资源骤然减少，只剩下不到7%的编码资源，用于记录暗部细节的编码数量就更少了。由此可见，即使增大量化位深，提供更多的编码资源，线性编码方式仍然是低效率的。

线性编码方式的编码分配策略，使高光部分占用了远超过视觉感知所需要的编码资源，亮度变化的间隔过于密集，对人眼来说变化太微小而无法察觉，实际上是无意义和浪费的，而暗部的亮度编码又过于稀疏，缺乏足够的编码来区分不同的亮度细节。

人眼本身对亮度的感知是非线性的，对暗部亮度变化的敏感性要高于高光部分。线性编码的问题在于高光部分的编码资源过于充足，而暗部的编码却少得可怜，这种编码方式明显与人眼感知特性是相悖的。另有实验表明，每档动态范围内有60～70个编码值是比较理想的，对人眼来说也已经足够区分不同的亮度变化。在线性编码方式中，暗部的动态范围远远没有达到这个数目，而高光部分则超过了这个数目。

针对线性编码存在的种种问题，需要有更加有效的编码方式。若仍然想使用线性编码方式，为了保证暗部细节得到准确记录，只能采用更高的量化位深，也就是提供更多的编码资源，在线性编码方式分配不均匀的情况下，使得暗部也能拥有足够的编码值。另一种解决方案是采用与线性方式相对的非线性编码，确保为暗部分配足够数量的编码，高光部分的编码资源也没有浪费，并在整个动态范围内让编码的分配更加均匀。

4.7.2 非线性编码方式

人眼视觉感知的非线性特性，尤其是对暗部的变化更为敏感的特点，为我们进行数字图像的亮度编码提供了有益的参考。如果使用一种非线性的编码方式，使编码的分配更符合人眼视觉在主观上的感受，那么这种方式可能更为高效。

非线性编码常用的一种方式就是利用对数曲线（log）（图4-20）。对数曲线的主要特点是可以将一个非常大数值的变化减慢。比如一个按10的倍数变化的数字序列0，10，100，1 000，10 000，…，数字很快就会膨胀到难以计量；当加以10为底的对数函数时，序列相应地变为0，1，2，3，4，…，而序列的含义仍可以保持不变，这种变化更为缓慢和均匀。

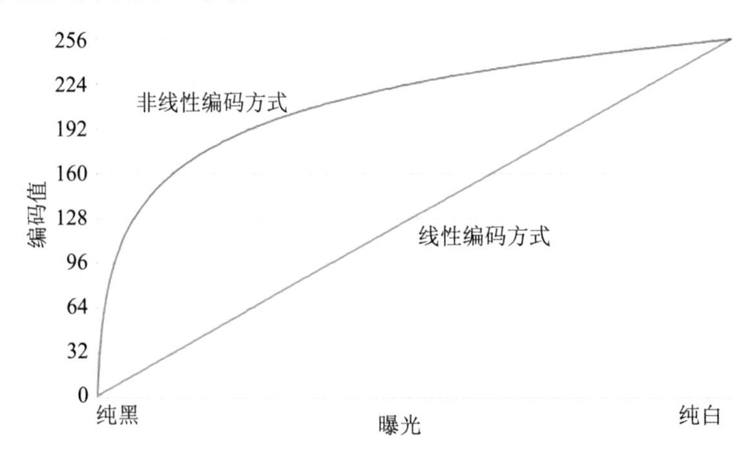

◎ 图4-20　log函数是一种非线性的编码方式

在数字影像编码时使用对数编码的解决方案是，将在线性编码方式下每档占用的编码数量转换为一个以2为底的log对数曲线形式。如图4–21所示，这是一种非线性的编码方式，可以看到每档动态范围内编码资源分配更加均匀，最高亮档位占用了25%，下一档20%，接下来依次是14%、11%、7%、4%。这种非线性的方式不仅减少了高光部分的编码数量，而且更接近人眼对亮度变化的感知方式。

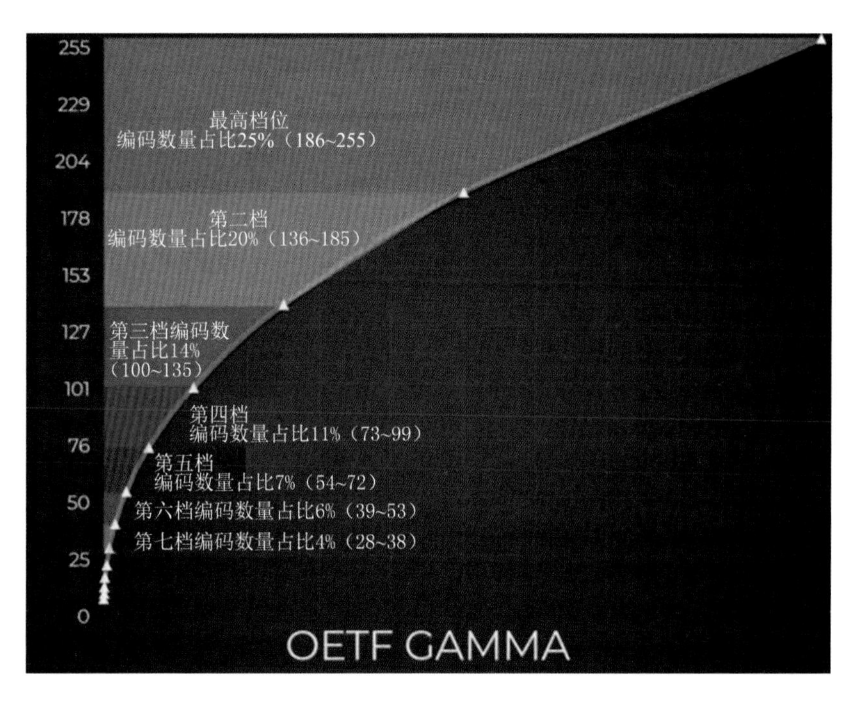

◎ 图4–21 非线性编码可以使编码的分配变得相对均匀

经过对数方式的非线性编码后，暗部的编码效果有较快的提升，有合理数量的编码资源可以用于暗部细节的记录，而在高光部分则逐渐平缓，减少了高光部分编码浪费的问题，同时每档动态范围之间的编码数量基本相同。非线性编码的场景亮度的层次感明显要优于线性编码，非线性编码提供的亮度细节和对比度差异更丰富，尤其是在暗部的层次更多（图4–22 ~ 图4–24）。

◎ 图 4–22 原始场景的初始亮度范围及状态

◎ 图4–23　线性编码方式对原始场景的还原不均匀

◎ 图 4–24　非线性编码对原始场景的还原更均匀

4.7.3 log非线性编码的特性

在编码资源有限的情况下，线性编码是一种编码利用率低的编码方式，暗部的编码资源不足，高光部分获得的编码资源远多于暗部。但人眼的感知方式是非线性的，高光部分不需要如此多的资源，从而造成了编码资源的浪费。另外，在实际曝光时，每两档之间亮度的变化通常是比较均匀的，即曝光量每变化一倍，画面看上去的亮度也是前一档的一倍。因此在编码数量的分配上，每档亮度范围内所对应的编码数量差不多即可。线性编码的分配在每档之间并不是均匀的。数字摄影机的log格式可以解决上面的问题。log就是一种对场景亮度进行非线性编码的策略。我们来看一下log编码格式的几个主要特性。

log特性一：非线性

log编码的第一个特点就是非线性。结合人眼视觉感知的特点，log编码可以为暗部区域分配比相同位深下的线性编码更多的编码资源，解决线性编码的高光编码浪费和暗部编码资源不足的问题，保留更多的暗部细节。

除log对数形式以外，gamma也是一种摄影机进行非线性编码的亮度函数。gamma使用的是幂函数，而log使用的是对数函数。gamma和log在数学表达上所不同，但两者的曲线形状是类似的，都是一条连续的非线性曲线。数字摄影机厂商在进行非线性编码的设计时，不是完全按照一个幂函数和对数函数的数学公式设计，而是一种近似接近幂函数或对数函数的形状。编码的实际分配策略完全由厂商自己决定，只是都遵循着非线性编码的特性。

总之，log编码方式可以使编码资源在整个动态范围内得到均匀且高效的分配。这种分配参考了人眼的视觉特点，丢掉眼睛无法察觉的数据，按照对人眼有意义的方式重新映射和编码，提高了编码的利用率。另外，log曲线会降低亮度曝光曲线的斜率，从而可以记录更宽广的亮度范围，避免过多的高光部分被切割，这变相地达到了扩展动态范围的目的。

log特性二：码值分配均匀

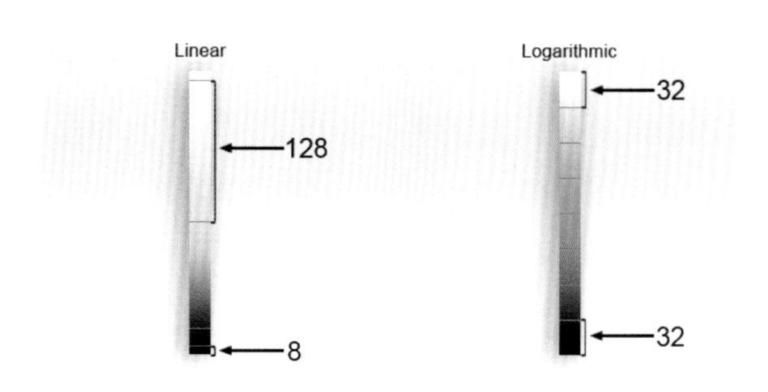

◎ 图4–25　log编码在每个曝光档位的编码数量比较均匀

log编码的第二个特点是每个亮度曝光档内分配的编码数量更加均匀（图4–25），从暗部到高亮部，每档都有差不多数量的可用编码，这意味着亮度的变化更加均匀。比如像ARRI Alexa的Log C编码，以10 bit位深量化编码时，每档大约都有80个可用编码，这样可以实现以较少的量化编码记录更大的亮度范围，这也是log扩展动态范围的原因之一。

log特性三："所见非所得"

log对数编码有扩展动态范围的优点，能够合理地保留场景中暗部和亮部的细节，这可以为后期色彩校正提供更多的调整余地。但log编码也存在着一定的局限，特别是在传统显示器和监视器上显示时，log编码的画面不能正常观看，不具有像Rec.709标准视频"所见即所得"的特性。这是由于log编码不是按照Rec.709标准所定义的gamma转换函数设计的，而目前大部分监视器都遵循Rec.709标准。在正常亮度和对比度的监视器上，log编码的画面会显得灰暗、苍白，饱和度和对比度比原始场景的低（图4–26），所以log编码格式不适合用来进行画面的监看。

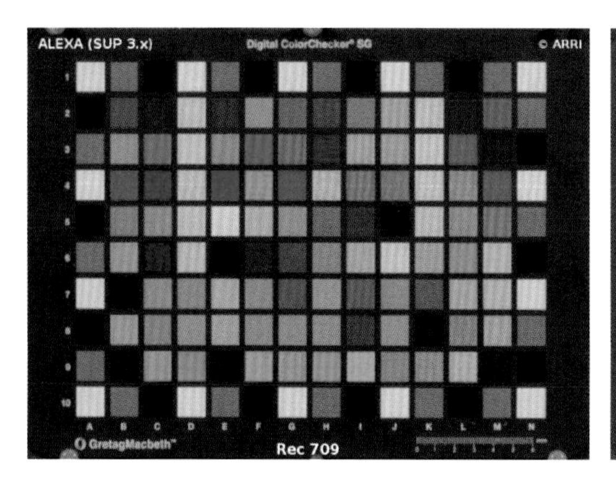

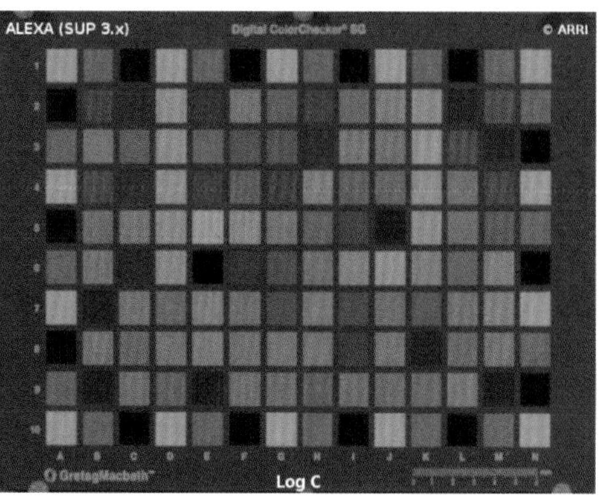

◎ 图4–26　Rec.709和log编码的显示对比

在整个动态范围内，log编码的分配比较均匀。log曲线会提升暗部的亮度，降低高光部分的亮度，画面上没有纯粹的白色和深度的黑色，画面表现为低对比度和低饱和度的特点，所以log画面整体看上去偏灰。

对视频的实时监看来说，log画面肯定是个糟糕的选择，但这也正是理解非线性编码的关键：log编码并不是为了视频显示和监看所用，而是为了尽可能多地记录场景的亮度信息和提高编码效率而设计的。也就是说，log是一种视频的记录格式，而非一种显示格式。

log编码格式的画面在拍摄的时候不能正常显示，这对现场的照明、美术制景、服装和化妆等部门来说，在监看和判断画面时会产生一些影响。还有一点需要注意：在log模式下有些曝光判断工具可能不再适用，比如说直方图、斑马纹和一些假色图功能，这几个功能都是针对Rec.709的高清视频信号进行判断的，对于log编码则是不准确的。

log画面必须经过颜色校正才能变为正常对比度和色彩的画面，为了在现场实现正常监看，可以通过一些转换工具进行色彩校正。最简单的方式是通过加载色彩查找表（LUT）实现临时的颜色转换。常用的LUT转换是将log编码格式转换为Rec.709高清视频格式。

log编码具有一些很重要的优点，但代价是现场不能正常即时观看，后期制作时也需要花费一定的时间进行色彩校正。因此，log不是万能的。在实际拍摄时是否选择log编码格式，最好从整体的制作流程上进行综合考虑。如果制作预算和时间比较充裕，对影像质量有比较高的要求，并且在后期有调色的需求，在技术上也能够很好地把控，那么采用log编码格式是不错的选择。

4.7.4 不要搞混log和Raw

目前，数字摄影机拍摄时基本都有多种格式可选，可以拍摄Raw，可以选择log格式，还可以直接拍摄高清视频格式（实际为符合Rec.709标准的视频格式）（图4-27）。这些格式有什么差异呢？

Raw指的是保留传感器原始的感光数据，没有经过解拜耳运算形成有效的像素，没有过多的数据压缩，也还没有形成可见的画面。log指的是一种对数字影像进

◎ 图4-27 ARRI摄影机选择录制格式的选项

行亮度编码的非线性机制，画面已经经过了解拜耳运算，是可见的，但非线性的特性导致画面的亮度和颜色不是正常的。Rec.709与log机制类似，本质也是一条亮度编码曲线，但曲线的特性是“所见即所得”，即符合Rec.709视频标准的画面亮度、对比度和颜色都是正常的，人眼是可以直接观看的（图4-28）。

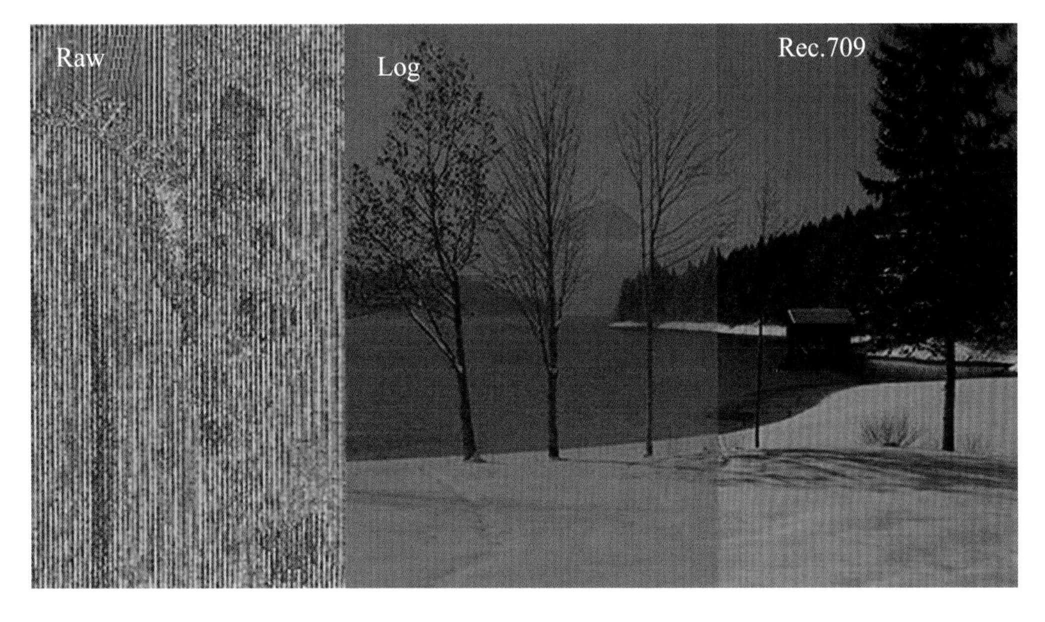

◎ 图4-28 Raw格式、log格式和Rec.709格式的对比

Raw是无法直接观看的，需要经过解拜耳运算和亮度编码的过程才能转换为可以观看的视频格式。在进行亮度编码的过程中，可以选择不同的亮度转换函数（不同的gamma和log曲线）。比如，将Raw转换为可以直接监看的Rec.709高清视频格式，实际上就是加了一条符合Rec.709标准的gamma曲线。log也是常用的曲线选择，摄影机厂商通常都会有自己定义的一系列曲线。

在拍摄和制作时，虽然Raw和log经常被同时提到，但Raw和log两者并没有必然的关系。Raw可以采用log形式的非线性编码，也可以采用线性编码方式。采用线性编码的话需要更大的量化位深，但以log格式记录的Raw素材在亮度编码资源的利用率上会更高。Raw在解拜耳运算生成可见画面时，也可以直接使用Rec.709的gamma曲线进行亮度编码，这种gamma是基于高清显示设备和为人眼正常观看而设计的。log格式也可以转换为Rec.709格式，从而使画面的亮度、对比度和色彩变得正常。

Raw可以记录和保留更多的场景信息，后期有较大的调整余地。拍摄log格式可以获得很多和Raw同样的优势，比如可以记录更宽广的动态范围，保留更多的高光和暗部细节的能力，后期色彩校准和调整更为灵活，等等。但log和Raw是两个不同的概念，一定不要混淆。Raw指的是未经过解拜耳运算的原始数据，还没有形成RGB像素，也还不是可见的画面；log则是一种对数字影像的亮度进行非线性编码的方式，log编码处理的是经解拜耳形成的RGB像素，log画面是可见的。

Raw记录的是传感器的原始数据，通常来说影像质量是更好的，但要注意压缩算法和压缩比的问题。压缩比高的Raw素材，影像质量可能会不如高质量的log编码方式。Raw的优点之一是在后期仍可以纠正一些前期未注意的错误设置。log编码的主要优点在于它是一种高效率的编码方式，但是不具备纠正错误的能力，比如像白平衡、色温和感光度等在log格式下拍摄完后就不能更改。

拍摄Raw格式时，传感器捕获的原始数据信息量很大，这需要用更大的位深进行量化编码。现在数字摄影机拍摄Raw时在内部通常会选择使用线性编码，通过更高的位深进行量化，以保留更多的原始场景信息，在解拜耳运算时再将线性编码的数据转换为一种较低位深的视频编码格式。

使用线性编码方式记录Raw数据时，同样存在着编码效率低的问题。log作为一种非线性编码，其优点就是编码的高效利用率。Raw在编码时仍可以采用非线性编码来提高编码的利用率，比如ARRIRAW在录制Raw格式时，采用的编码方式就是log编码（非Log C，只是一种12 bit log的对数编码）。

Raw可以使用log编码，也可以不使用log编码。使用log编码记录的不一定是Raw格式，但大部分情况下，Raw格式会采用log编码。Raw和log通常相伴出现，所以容易被认为是一回事。

4.7.5 几种常见数字摄影机的log编码

大部分数字摄影机都支持log编码方式，不同摄影机也有各自不同的log编码方式（表现为不同的曲线形状）。比如，RED摄影机有REDLogfilm，ARRI摄影机有Log C，SONY摄影机有S-Log，佳能摄影机使用C-Log，PANAVISION摄影机定义了Panalog，等等（图4-29）。不同的log编码（曲线）也决定了摄影机独特的画面表现和特点。不同的log编码曲线没有好坏之分，只是对暗部、中间调和亮部等区域进行亮度表示的方式不同，没有哪条曲线是通用的和完美的。

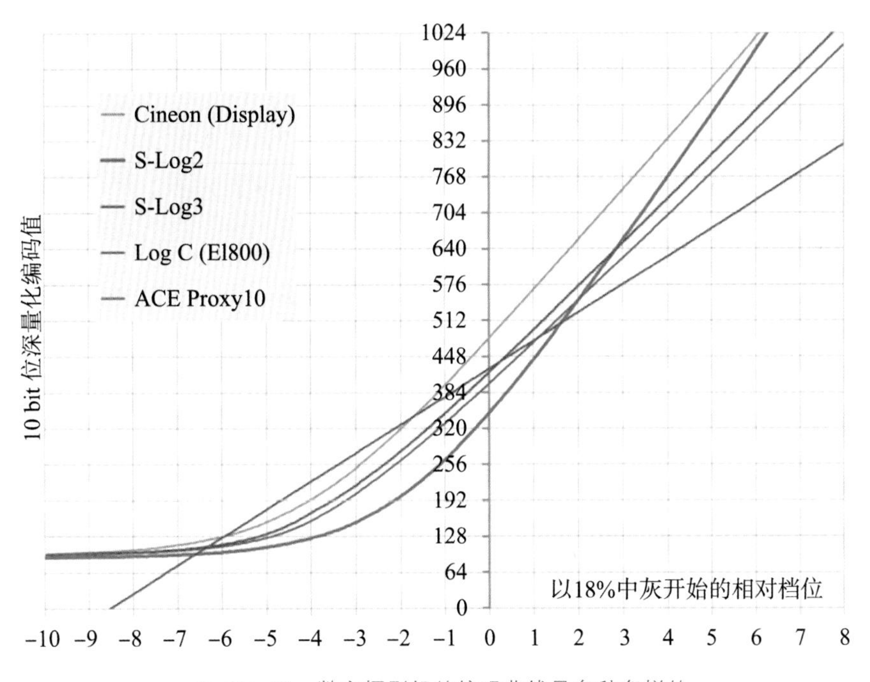

◎ 图4-29　数字摄影机的编码曲线是多种多样的

ARRI Log C

ARRI Log C（C代表Cineon）是ARRI数字摄影机的非线性编码格式。Cineon是过去柯达公司开发的一套胶片转数字的中间片系统，其亮度编码是参照胶片负片的感光曲线设计的。Log C编码具有与负片密度相似的灰度特性。由于胶片材料和影像传感器的感光特性差异，两者的亮度和颜色表现还是不同的。

Log C被设计为“场景相关的特性”，主要目的是记录更多的场景细节。Log C采用的是log编码方式，意味着以光圈档位衡量的曝光量和编码之间在很大的范围内是恒定的（近乎为线性的），即曝光量每增加一档，对应的编码变化幅度也增加一倍。Log C是以10 bit量化编码的，18%以上每一曝光档内平均分配有70～80个编码。

实际上，Log C不是单一的亮度编码曲线，而是一组映射函数的集合。根据不同的感光度（以EI和ASA描述）有多种不同的log对数曲线。不同的EI值会对高光和暗部的编码分配产生影响，但所有的曲线都是将18%灰度映射在编码值400的位置（10 bit量化位深，编码值范围是0～1023）。

需要注意的是，调整EI不会改变摄影机整体的动态范围，但是会改变动态范围在中灰之上和之下的分配情况，也就是会改变用于记录暗部和高亮部的编码分配（图4–30）。EI调高时可以使得中灰之上的高光部分获得更多的编码资源，EI降低时暗部的编码资源更多。这种调整方式对摄影师来说会很有帮助，当在高光或者暗部有一些重要细节的时候，就可以通过调整EI来适应不同场景的需要。

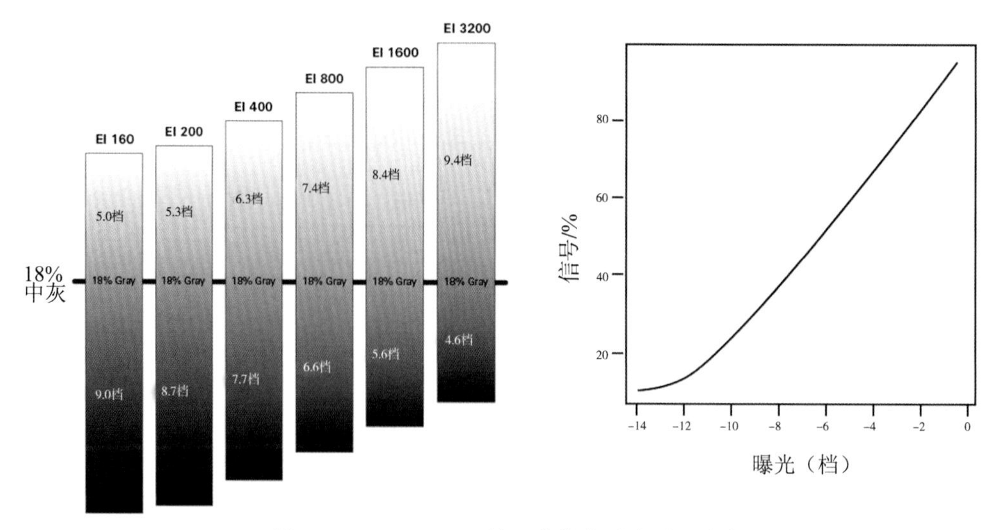

◎ 图4–30　ARRI Log C编码曲线会影响影调的表示

Log C曲线可记录的最大亮度取决于不同的EI，原因很简单：在保持曝光不变的情况下，缩小一档光圈，而将EI增大一倍（比如从800到1600），此时用于记录高光的编码资源多了一档，传感器能够记录多一档的高光信息，所以最大亮度也随之增加。

RED摄影机的gamma曲线

RED摄影机提供了多种非线性编码方式可选，比如REDgamma、REDgamma2、REDgamma3、REDLog、REDlogfilm等，还有最新的IPP2流程的Log3G10亮度编码曲线。例如，REDLog是一种log编码方案，可以将摄影机拍摄的12 bit Raw数据映射到一条10 bit的log对数曲线上。REDLogfilm也是一条log对数曲线，是将原始的12 bit Raw数据映射到标准的Cineon曲线，这种方式可以通过降低整体对比度保留更多的细节（图4-31、图4-32）。

◎ 图4-31　REDgamma4曲线记录的画面

◎ 图4-32　REDLogfilm曲线记录的画面

除log对数曲线外，在RED摄影机中还有多种不同的gamma曲线。gamma曲线也可以是几条不同曲线的组合。如图4-33所示，最右边的是REDgamma3，这是由最左边的一条log曲线与一条类似胶片感光特性的S形曲线结合而成的。S形曲线在“趾部”和“肩部”可以记录更多细节，同时在视觉感知最重要的中间调提升了对比度和色彩饱和度，在阴影和高光的过渡区域更好看，画面看起来更自然。

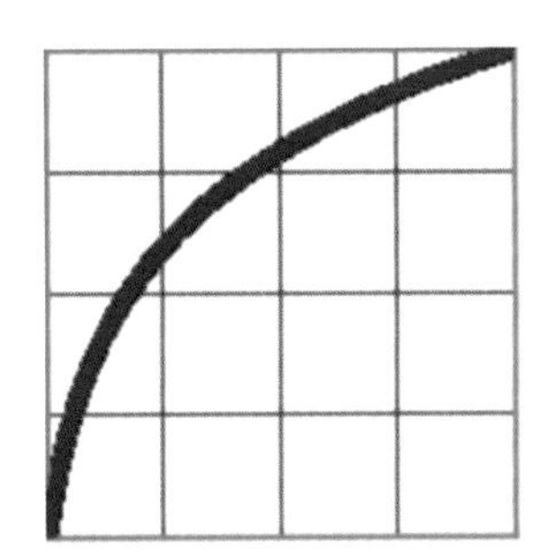

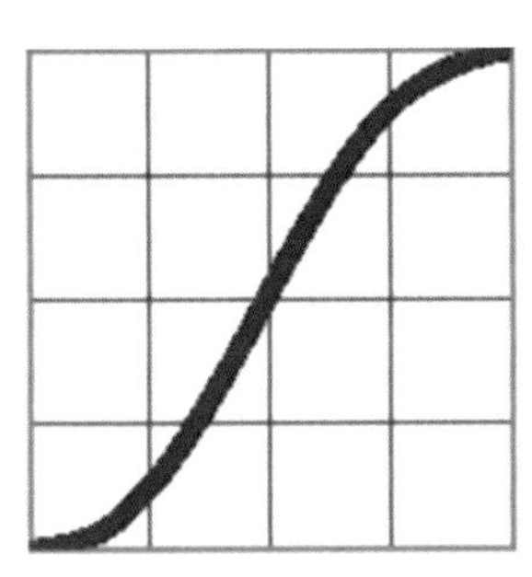

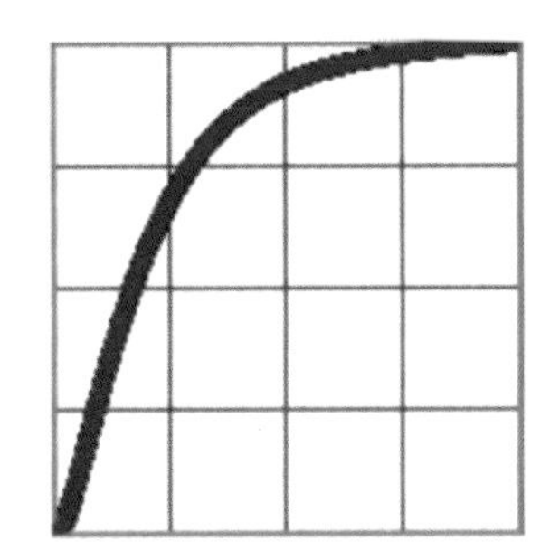

◎ 图4-33　REDgamma3曲线由两条曲线组合而成

REDgamma4曲线的特点是已经带有一些正常对比度。当需要快速制作样片时，可以选择REDgamma4，以此作为一个起点，只需少量的调色工作，就可以获得比较理想的画面。对于需要大量调色的素材，REDLogfilm提供了更标准的起点。REDLogfilm是一种单纯的log对数曲线，可以记录更大的亮度范围。

Log3G10是RED公司推出的一条新的对数编码曲线，用来在RED IPP2流程中更宽广的色彩空间内对摄影机进行精确的亮度编码，以便进行后续的调色，以及转换到HDR、SDR或其他非线性编码格式。其中，“3G”代表的是将18%中灰的编码映射到最大编码值的1/3位置，“10”指的是在18%中灰以上的部分在曲线上仍有10档的动态范围，这意味着Log3G10为高光部分保留了更大的动态范围，也可以理解为Log3G10是可以容纳非常宽广场景亮度范围的曲线。

SONY S–Log

SONY摄影机的S–Log有3个版本：S–Log1、S–Log2和S–Log3（表4–2）。

S–Log1曲线的特点是拍摄画面看起来非常平。这条曲线的设计使得纯黑和纯白的编码很难达到最大值，这使得画面中纯黑和纯白都显得不够黑和不够白。“黑不下去”导致画面的暗部偏亮，画面的对比度降低。

S–Log2调整了S–Log1编码曲线的不足，场景中最暗的区域被映射到接近log曲线最小编码值的地方，阴影的对比度在log曲线上得到很好的体现。S–Log2的中灰大约在电平为32%的位置。

S–Log3是一条可表示1300%动态范围的log曲线，曲线接近Cineon对数曲线。S–Log3的中灰在大约41%的电平位置。

表4–2　SONY 摄影机的3条log曲线对比

log曲线	黑电平（0%）		中灰（18%）		白光（90%）	
	IRE	10 Bit CV	IRE	10 bit CV	IRE	10 bit CV
S–Log 1	3%	90	38%	394	65%	636
S–Log 2	3%	90	32%	347	59%	582
S–Log 3	3.5%	95	41%	420	61%	598

第五章
数字摄影的曝光理论和控制

从技术上说，摄影就是一个曝光的过程。“曝光”的概念是很简单的。对胶片来说，拍摄时胶片底片发生感光的过程就是曝光，也就是胶片上的感光物质接受光照发生化学反应，形成代表亮暗的不同颗粒密度的过程，光线越强生成的颗粒密度就越高。对数字摄影来说，曝光是利用光电转换的原理，光线经过影像传感器由光信号转换为电信号的过程，光线强弱和生成的电信号强弱成正比。

曝光是电影制作流程中获取影像的第一步，曝光控制也是决定影像质量最为关键的环节。曝光的过程是不可逆的，如果曝光控制出现失误，造成的损失是后面所有步骤都无法挽回的。对电影摄影师来说，正确理解曝光的含义，做好曝光控制是一项基础但非常重要的工作。

5.1 曝光控制的含义

什么是曝光控制？曝光时到达胶片和传感器的光线多少称为曝光量。曝光控制首先就是对曝光量的控制。曝光量可以从主观的视觉感受上加以判断（图5-1）。如果画面整体亮度适中，看上去的视觉感受与观看真实场景是接近的，说明曝光量正常。如果画面整体看上去与正常的视觉感受相比偏暗，说明此时的曝光量偏低，属于欠曝状态。如果画面比实际看上去明显偏亮，则属于过曝状态，说明到达感光材料的光线太多了。明显的曝光不足和曝光过度属于曝光错误，应该避免。

◎ 图5-1　画面的曝光量可以通过主观来判断

虽然对画面曝光量的判断有一定的主观性，但明显的曝光过度和曝光不足还是比较容易判断的。现在考虑一个问题：看上去正常曝光的画面就是我们想要的吗？换言之，我们通过曝光想要实现的是什么呢？

考虑一个典型的拍摄场景：场景中有特别暗的地方，比如几乎全黑的阴影，还有特别亮的地方，比如太阳光直射的纯白物体，在全黑和全白之间是其他不同灰度的中间影调。当拍摄这样的场景时，怎样才算正确的曝光呢？

当拍摄这样的场景时，理想的曝光状态当然是摄影机捕捉到的画面与现实场景看起来是一致的，亮度和色彩都与原始场景给我们的视觉感受是相同的，场景中黑的地方在画面中也是黑的，白的地方就是白的，中间调是按比例正确显示的，亮和暗的对比看起来也是准确的。

为了达到理想的曝光状态，我们必须进行有意识的曝光控制。所以，我们通过曝光控制最终想要实现的效果很简单：通过摄影机拍摄到的画面与现实场景各部分的亮度分布是一致的，对一个拍摄场景，曝光控制要有准确的影调再现和色调还原的能力。

在技术方面，曝光控制其实并不难，通过一些恰当的方法和工具就能正确地还原场景的亮度和颜色。但需要注意的一点是，正确的曝光并不等于好的曝光。从影像创作的审美方面看，一个正常曝光的画面可能并不是一个好的画面。另外，画面曝光看上去“太暗了”和“太亮了”只是关于曝光控制的一部分，远远不是曝光控制的全部。曝光控制会影响画面的很多方面，比如一个场景内不同的被摄物体和不同的区域需要多少光，暗部和亮部的层次是否被如实记录下来，场景亮度的反差和对比度是否得到正确还原，阴影中是否存在噪点，色彩和饱和度是否正确（颜色只有在曝光正确时才能准确再现），不同镜头和场景之间的亮度是否平衡和统一，等等，这些都需要通过曝光进行有效控制。

5.2　18%中灰

曝光控制不能单纯靠个人的主观经验和判断，还需要借助一些客观的辅助标准。电影拍摄时最常用的辅助曝光判断的标准是“18%中灰”。

中灰可以看作是人眼视觉在从纯黑到纯白之间处于中间位置的亮度感知。通常使用的中灰标准是反光率为18%的灰板，18%也是一个大多数场景整体反光率的平均值，因为物体的亮度和反射率不是线性的关系，所以中灰的反光率不是50%，中灰亮度基本上可以看作白色和黑色物体反射率的中间值。（有另一种说法：从众多实际场景的反射率统计分析计算得出，现实场景对光线的平均反射率为16%。ANSI

标准明确规定了入射式和反射式测光表的默认场景平均反射率为16%，但柯达的专业摄影师更倾向于18%的反射率，比16%高1/6档，因为这样的效果更好。）

在电影拍摄时，经常使用18%中灰测试板（图5-2）作为曝光的参考，使用中灰作为曝光控制的参照可以降低主观因素的偏差，如果曝光后画面的中灰看上去仍然是中灰，那么这种曝光在技术上可以称为“正确的曝光”。原因很简单，如果以中灰作为视觉的参照标准能够做到视觉上的准确还原，那么场景的其他亮度也将会按比例在画面中得到正确体现。如果中灰看上去比实际的亮，比中灰更亮的被摄物体肯定也会偏亮，说明画面是过曝的；如果中灰看上去比实际的暗，比中灰更暗的被摄物体肯定会比实际看上去更暗，说明画面整体是曝光不足的。中灰除了在拍摄现场作为曝光参考的依据，也可作为前后期连接的纽带，为后期调色人员检查拍摄素材和了解现场曝光提供参考，确保亮度和色彩还原的准确。

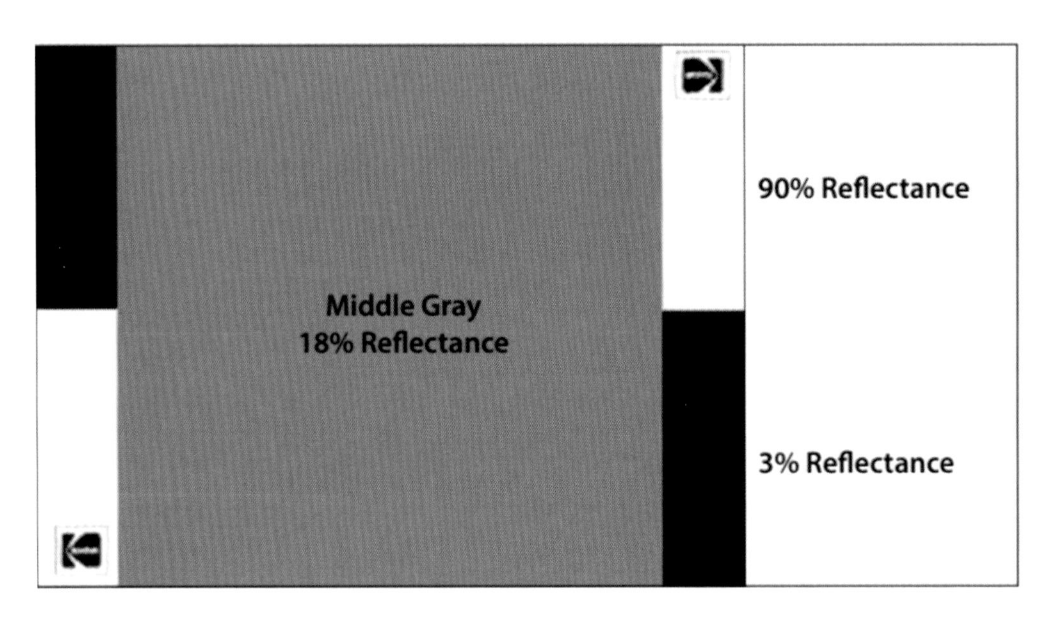

◎ 图5-2　带有18%中灰的测试板

5.3　曝光量的控制

数字摄影机的动态范围是有限的，传感器捕获光线的量不是无限的，因此曝光控制首先需要对曝光量进行控制，使曝光量容纳在摄影机的动态范围之内。一个简单的类比，我们可以把光子比作雨滴，把传感器感光单元看作接收光子的水桶，水桶的容量可以理解为动态范围，给桶装水的过程就是曝光的过程，水太少会导致曝光不足，而水太多会导致过多的水溢出，就会发生曝光过度。一种理想的情况是水既不太多，也不太少，正好在水桶的容量之内。

曝光是场景的光线经过镜头到达感光材料被保存下来的过程。对曝光量的控制可以考虑光线所经过的路径，对路径上的诸多因素加以调节来获得合理的曝光量（图5-3）。影响曝光量的几个主要因素包括场景的照度、镜头特性（包括ND滤光镜的使用）、光圈、快门时间、感光度（或灵敏度）。下面我们具体看一下每个因素如何对曝光产生影响。

◎ 图5-3　按光线走过的路径进行曝光的调整

5.3.1 通过ND滤光镜减光

来自场景的光线需要经过镜头才能到达感光材料。镜头本身的光学结构（比如透镜组的结构、镀膜涂层、光路设计等）会对进入的光线产生影响。各种类型的镜头都会有各自的特点，这属于镜头设计固有的特性。不同镜头有不同的进光速度和多少。

在镜头前面使用滤光镜会影响进入镜头的光量，特别是中性密度（neutral density，ND）滤光镜（图5-4）。ND滤光镜的主要作用就是减少镜头整体的进光量，其对所有波长的光的阻挡率是相同的，只会影响亮度的改变，不会影响光线的性质和颜色。

ND滤光镜是根据对光线不同的阻挡强度进行标识。一种常见的ND滤光镜的标识方式写成：0.3、0.6、0.9、1.2、1.5、1.8、2.1、2.4、2.7、3.0。不同标记分别代表对光线减少的数量，每一级之间的减光量是一倍的关系。例如，0.3表示进光量变成之前的1/2，换算成光圈数值的话，相当于减少了1档光圈。1.2表示进光量减少4档，变为之前的1/16，以此类推。

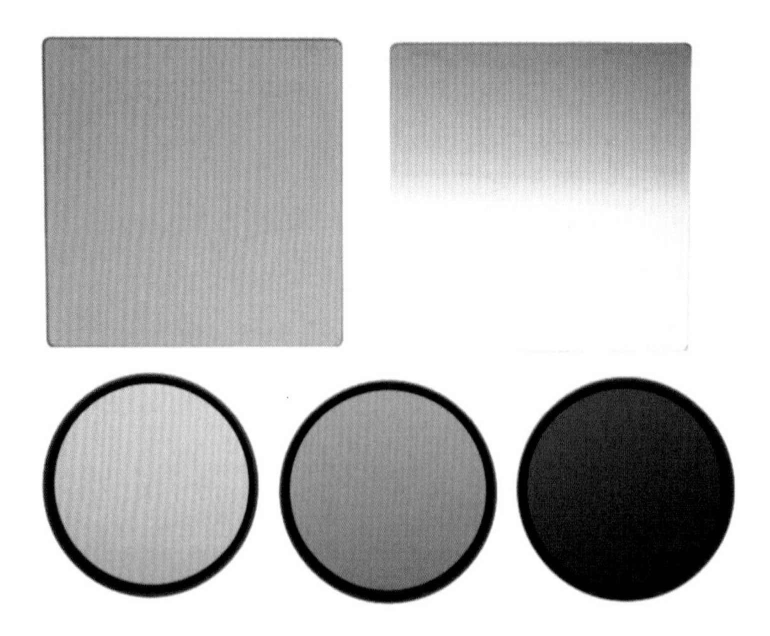

◎ 图5-4　不同密度和形状的ND滤光镜

5.3.2 光圈

在拍摄现场，曝光控制最简单的方法就是调整光圈。调整光圈大小可以使更多或更少的光线进入镜头。光圈是镜头内部控制进光量多少的一种孔径结构，通常用光圈系数来描述，在镜头两侧会看到的一系列数字：1、1.4、2、2.8、4、5.6、8、11、16、22、32。这些数字可以代表一种整体的进光量描述。光圈系数有F制和T制两种标记方式。

F制光圈系数反映的是一种镜头整体尺寸和孔径大小的数学关系，其定义是镜头的焦距和入射光瞳的比率：光圈系数=镜头焦距/光圈孔径。比如，50 mm焦距的镜头，光圈直径是25 mm，那么光圈系数就为F2.0（或者写成f/2.0）。

电影镜头使用更多的是T值标识的光圈系数。T值光圈系数考虑了各种因素对镜头透光率的影响，是根据实际透过镜头的光线经过测量后得到的数值，因此T值代表了进入该镜头的实际光量的多少，是一种更为精确的曝光数值。

“档（f–stop）”是通俗地描述通光量或亮度关系的一种说法。“一档”可以看作是一个光量变化单位。光圈系数的标识中每两个数字之间的通光量相差一档，即每增加一档意味着进光量增加一倍。用坎德拉每平方米测量场景亮度的话，当前亮度将是前一档亮度的两倍，减少一档的意思则是进光量减少了1/2。摄影机动态范围的概念也是用档来表示，包括场景的亮度范围，比如画面中最亮的部分是最暗的部分的128倍（2的7次方等于128），那么可以说这个场景有7档的亮度范围。

5.3.3 调整快门时间

光圈和快门是最常见的曝光控制组合。光圈大小将决定某一瞬间有多少光线进入镜头，快门则会决定光线在传感器上停留的时间长短。前面讲过，快门时间会对画面的运动模糊产生明显的影响（图5–5）。对电影摄影师来说，很少单独通过调整快门时间的方式来调整曝光量，尤其是对快速运动画面的拍摄。在一些运动物体不多的场景，或者运动模糊表现不影响观看的情况下，也可以通过调整快门时间来控制曝光。

◎ 图5-5　快门时间会影响运动模糊的表现

5.3.4 感光度的影响

在胶片时代，不同的感光乳剂对光线反应的敏感度是不同的。感光度就是描述感光乳剂在特定的曝光和显影条件下对光线反应的快慢程度。感光度的数值是在不同的光照条件下，通过光圈和快门组合进行曝光，达到特定密度所需要光线数量的测量结果。感光度有不同的表示方式，如ISO、ASA、DIN、EI等，最常用的是ISO。ISO感光度为一系列数字标识，例如ISO 100、200、400、800、1600、

3200等。

对胶片感光来说，提高感光速度需要改变感光乳剂中卤化银颗粒的尺寸。颗粒尺寸越大并且数量越多，达到特定的密度所要的光线就越少，也就是说感光速度越快；而对于低速胶片，需要更多的光线才能积累到特定的感光密度，也就是感光速度越慢。颗粒变大，更容易捕获光线，但颗粒变大的同时意味着画面的颗粒变粗，就是通常说的噪点增多，影像的细腻程度会受到影响。

数字摄影机的感光度也叫作灵敏度。由于传感器的感光特性是固有的，原始的感光灵敏度是无法调整的，不同的感光度数值实际上只是对原始感光信号的不同放大倍数。另外，由于传感器通常都具有一些固定的本底噪声，对原始信号放大的同时也会同步放大本底噪声，所以高感光度数值容易形成较明显的画面噪点。

ISO数值是以线性关系描述不同的感光速度。ISO 1600对光线的反应速度是ISO 800感光度的两倍，或者说在ISO 1600感光度下只需要1/2的光量就可以获得ISO 800的曝光量。同样的，ISO 800感光度的胶片对光线反应的灵敏程度是ISO 400的两倍，只需1/2的光量即可达到正常的曝光量。提高ISO意味着感光的灵敏度将会提高，需要较少量的光线就可以完成曝光，获得一个可接受的画面，但这意味着有产生更多噪点的风险。

数字摄影机传感器有一个最佳的感光度数值，在此感光度进行曝光，传感器的性能与影像质量会达到比较好的均衡状态，此时的感光度称为原生感光度。目前，数字摄影机大多都支持拍摄Raw格式，感光度的调整不会对Raw原始感光数据产生影响，在后期制作时仍然可以重新调整感光度的数值。需要注意的是，感光度除了影响画面的曝光外，也会对数字影像的编码分配产生影响。感光度通过改变场景亮度和编码之间的映射关系（主要是以中灰位置的改变为参照），这会影响到动态范围内在暗部（中灰之下）和高光（中灰之上）的分配，影响不同部分可保留细节的多少，从而影响影调分布和画面风格（图5-6）。

5.3.5 不同控制方式对画面的影响

按照光线从场景经过镜头到达传感器的路径看，场景的照度、镜头和ND滤光镜、光圈、快门、感光度等因素都会对曝光产生影响，调节这些因素中的任何一个

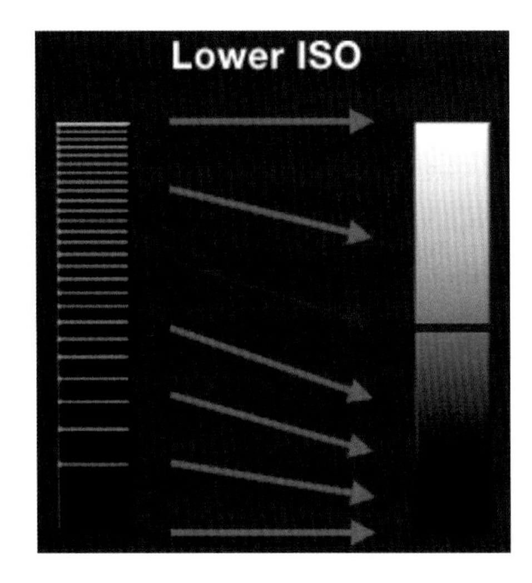

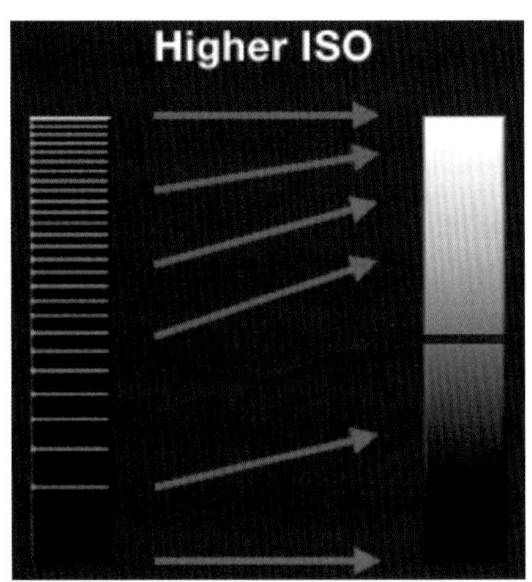

◎ 图5-6 RED摄影机调整ISO会影响亮度编码时的影调分布

或其中几个，都可以获得想要的曝光量。但需要注意的是，虽然调整不同的因素可以得到正常曝光的画面，甚至获得完全相同的曝光量，但是不同的调整方式会对画面的外观产生不同的影响。

大家都熟悉调整曝光量“铁三角（光圈、快门、感光度）”的说法，以及不同因素对画面产生的影响：调整光圈会改变画面的景深表现，调整快门时间会改变物体的运动模糊，感光度的调整可能会增加画面的噪点。“铁三角”的曝光控制方式主要是针对相机的固定拍摄调节。电影摄影有大量的照明灯具，有构图和运动的调度，所以对电影摄影的曝光控制可以换一种思路，而不仅仅是局限于一种程式化的口号。曝光控制的本质是对光的控制，所以在光线经过的路径上的所有会影响到光的因素都可以加以利用和调整，并考虑和权衡不同因素的影响，以获得我们想要的最终效果。

正确的曝光除了是对曝光量的控制外，更多的是一种根据画面想要达到的效果所做的平衡和选择行为，综合考虑影响曝光的诸多因素，以及不同调整因素对画面的景深、运动模糊、反差、散景、噪点等多方面的影响。对曝光量的控制在技术上有一定客观的标准，但好的曝光在判断和选择上却是主观的，这取决于我们想要的画面效果，根据实际创作的需要来控制场景中每个区域的光线，这就需要我们对感光材料的特性有更深入的认识。

5.4 感光材料的特性

曝光控制与感光材料的类型以及感光材料的感光特性是密切相关的，不同的感光材料有不同的感光特性。曝光控制的核心就是将场景的亮度和颜色如实地反映在感光材料上。曝光的好坏与感光材料的感光特性直接相关，所以进行曝光控制必须熟悉感光材料的原理和感光特性。

电影拍摄使用过的感光材料有两种类型：一种是以胶片为代表的化学感光材料，另一种就是数字摄影机所用的电子式传感器。两种感光材料都是把光变成相应的代表画面亮度信息（颗粒密度或电平信号）的过程。

胶片是通过化学反应的方式感光，感光过程中卤化银颗粒转换为不同密度的银盐粒子，通过不同密度颗粒对光线透过的阻挡程度，形成不同明暗的画面。电子传感器则是利用光电转换的原理，将不同强弱的光线转换为不同大小的电平信号，电平信号再转换为数字信号，从而形成数字影像。

胶片影像与数字图像的区别在于，胶片是以不规则的颗粒密度表示画面亮暗的，所谓的电影具有“胶片感”实际上指的就是这种随机不规则的“颗粒感”，而数字图像则是以同样大小且规则的像素作为基本单位，这也是胶片和数字影像在视觉感受方面的差异所在（图5-7）。

曝光过程之所以需要进行控制，一个原因在于感光材料对于光线响应的范围是有限的。描述胶片感光材料这方面性能的概念是宽容度，在数字摄影机中相应的描述叫作动态范围。曝光控制首先要确保曝光发生在感光材料的动态范围之内，也就是通过我们上面讲过的各种手段实现合理的曝光量。另一个重要的原因是不同感光材料对光线的响应方式是不同的，感光材料的感光特性会决定在曝光过程中光线是以怎样的形式被转换和记录，也就是原始场景的亮度和生成画面的亮度之间如何对

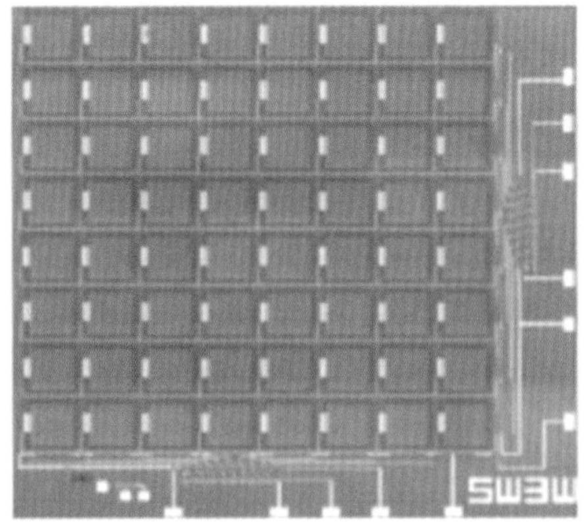

◎ 图5-7　胶片和数字影像的不同成像特性

应的关系，这也是曝光控制需要关注的问题。

5.5　胶片拍摄的曝光控制

5.5.1 胶片感光特性曲线

1890年的胶片时代，费迪南德·赫特（Ferdinand Hurter）和韦罗·德里菲尔德（Vero Driffield）在研究胶片的曝光控制理论时，为了描述不同光线强度和胶片密度之间的关系，对曝光量和相应光线条件下胶片感光的底片密度做了量化分析，在一个坐标系上绘制出两者之间的关系，形成一条S形曲线，这条曲线就是胶片感光特性曲线，也叫曝光-密度响应曲线，或者H&D曲线（参见图4-5）。通过胶片感光特性曲线，可以对胶片的宽容度、反差、高光和暗部等曝光情况进行全面的分析。

进入数字时代后，胶片已非主流的拍摄选择，但了解胶片的感光原理与特性，对于理解数字影像的一些概念和原理仍是有用的，因为两者在影像特性和曝光控制的原理上还是相通的。例如，数字摄影机的动态范围与胶片的宽容度、灵敏度和感光度等概念本质是相同的，还有胶片的感光特性曲线与数字摄影机的各种gamma和

log亮度编码曲线，本质上都是感光材料对不同强度光线的响应方式，也都会直接影响画面对场景的亮度还原。曝光控制需要充分了解感光特性曲线，可以说，曝光控制的核心就是对感光特性曲线的理解。

为了理解胶片曝光控制的原理，我们将胶片的感光特性曲线简化，用横轴表示光线强度的曝光量（实际是用曝光量的对数来表示），纵轴表示在相应曝光量下所生成的底片密度。坐标系内的曲线就是随着曝光量的不断增加，胶片底片上密度的变化情况。如图5-8所示，胶片的感光特性曲线是一条典型的S形曲线，曲线可以分为趾部、肩部和中间调，Min和Max代表胶片可以对光线产生响应的最小密度和最大密度。

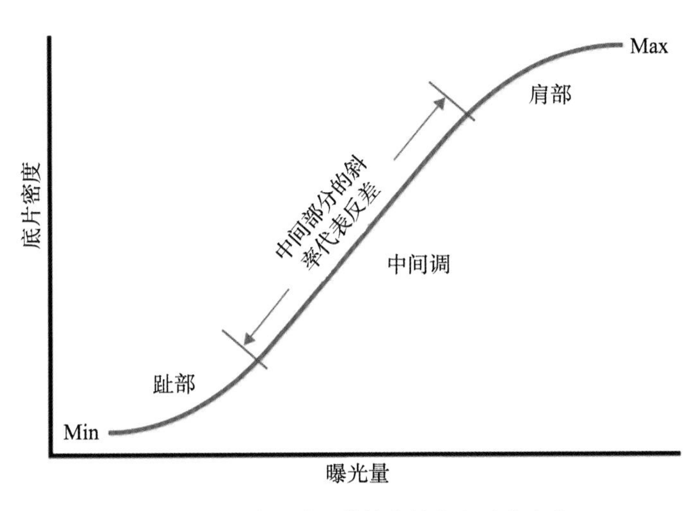

◎ 图5-8　胶片感光特性曲线各部分的名称

趾部代表胶片对场景较暗的阴影部分光线的曝光响应特点。趾部的主要特点是随着曝光量的增加，底片密度的变化比较缓慢，直到开始进入直线部分，感光速度才开始随着曝光量的增加而加快。趾部可以反映胶片对场景暗部细节的记录能力。

中间调的曝光为线性特征，即曝光量的增加与底片感光密度基本呈线性关系。直线段的斜率通常代表画面亮暗的反差，也就是胶片的gamma。

肩部代表胶片对场景的高光部分的光线响应方式。肩部的特点是随着曝光量的增加，胶片密度并没有以线性关系变得更多，反而开始变少，这主要是因为此时底片上可用于感光的卤化银颗粒已经很少，感光后的颗粒已处于饱和状态。肩部曲线可以反映胶片对高光细节的记录情况。

5.5.2 通过曲线判断曝光情况

胶片感光曲线可以反映胶片的很多特性，比如胶片曝光的最低密度、最高密度、反差、宽容度等。在曝光控制方面，结合胶片感光特性曲线，我们来分析一下场景的亮度范围和曝光控制存在的3种主要情形，即曝光不足、曝光过度和正常曝光，以及在这3种情形下曝光曲线和画面对应的特点。

曝光不足

胶片因曝光不足被整体推向曲线的左下方，场景中的高光被记录在曲线的中间调部分，这意味着场景中本来是高光的区域被记录为中灰和中灰以下的亮度，而原本用于记录高光部分的曲线并没有得到有效利用，很大一部分密度都被浪费了。场景暗部的曝光在曲线的趾部被挤压在一起，这个区域的感光曲线基本是平的，曝光量的增加也不会在底片上产生什么影响，在画面上也看不出任何有层次的阴影和有差别的细节（图5-9）。

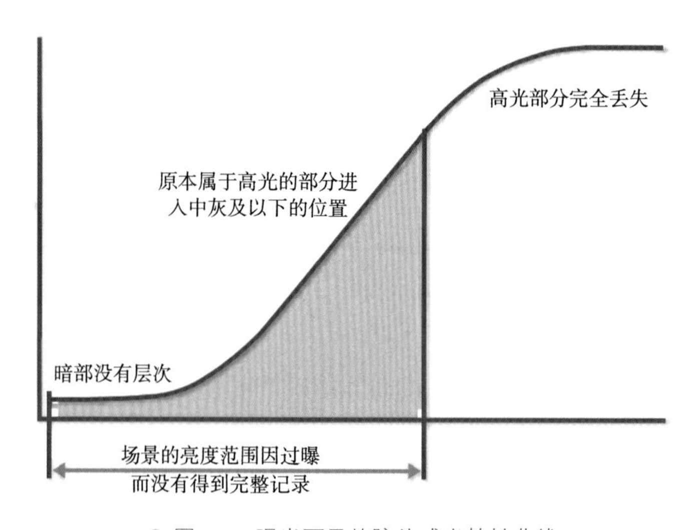

◎ 图5-9 曝光不足的胶片感光特性曲线

曝光过度

曝光过度表现为底片的密度过高，场景的亮度分布在曲线上被整体推向右上部分，场景中本来是暗部的区域被记录在曲线接近中灰及往上的位置。由于场景中有过多的亮度被推向了肩部，原本的中灰变为了高光，原本的高光则都被推到肩部更平坦的地方，甚至离开了曲线。离开曲线的部分意味着场景亮度没有得到任何记录，高光细节不能得到有效的区分（图5-10）。

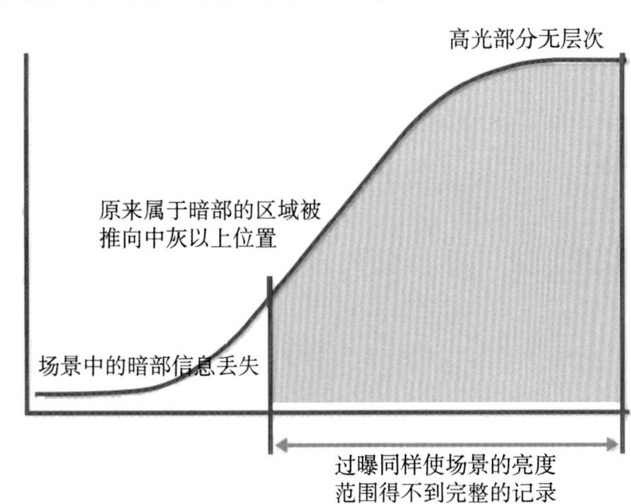

◎ 图5-10　曝光过度的胶片感光特性曲线

正常曝光

正常曝光意味着底片感光后的密度分布是均匀和合理的，场景的亮度范围和亮度分布正好落在曲线的最佳位置，高亮的地方出现在曲线上升到肩部开始变平的位置，暗部则出现在曲线向下开始进入趾部的区域，高光和暗部都没有被挤压，仍然能够分辨出细节和层次。这样的曝光与密度的关系是最优的，场景的亮度和颜色也会得到理想的还原（图5-11）。

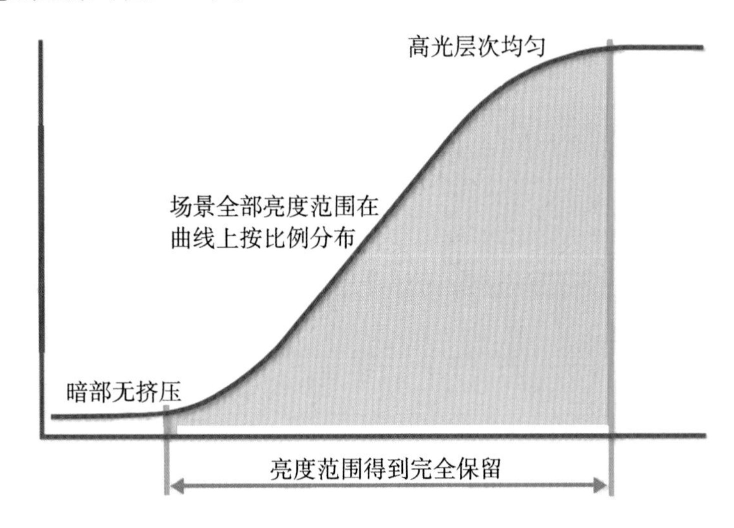

◎ 图5-11　曝光正常的胶片感光特性曲线

5.5.3 测光表

在拍摄现场，准确测量场景的照度以及不同被摄对象的亮度，是设置摄影机拍摄参数和做好曝光控制的基础。在胶片时代，辅助曝光控制最主要甚至唯一的工具是测光表。顾名思义，测光表是一种用来测量光线的工具。测光表的工作原理是模拟胶片的感光原理和特性，测量出一个场景的平均光照情况，并以此作为正常曝光的参考依据。

胶片上的画面在拍摄现场是不可见的，只有对曝光后的底片经过冲洗印制后，才可以看到正片的画面。电影摄影师在现场布光和曝光控制，实现不同场景下的亮度平衡，主要靠的就是测光表。测光表作为一种场景亮度和底片密度相对应的中间媒介，对于确保胶片正常曝光至关重要。摄影师需要借助测光表判断光线的强度，以便决定如何控制曝光。

测光表主要有两种类型：一种是反射式测光表，一种是入射式测光表（图5-12）。反射式测光表测量的是场景中被摄物的亮度，也叫亮度测光表；入射式测光表测量的是场景的照度，也叫照度测光表。比如说，场景中有一只发光的灯泡，如果想要知道这只灯泡发光的亮度是多少，就需要使用反射式测光表。如果不关心这只灯泡具体发出多少光，只关心有多少光照在某个被摄体上，此时就需要使用入射式测光表了。

◎ 图5-12　反射式测光表（左）和入射式测光表（右）

测光表的工作原理是根据设定的帧率、感光度以及快门时间等参数，测量场景的光照和亮度情况，通过内部自动计算给出一个合适的光圈，以此作为摄影机拍摄曝光的起点。大多数测光表是以中灰作为曝光的参考和计算依据。也就是说，当拍摄一个中灰的被摄物体时，如果按照测光表给出的读数进行曝光，中灰的被摄体可以得到中间密度。此时中灰被摄物体的曝光在胶片感光特性曲线的中间位置，中灰以上和中灰以下的场景亮度也会在感光曲线上依此分布，从而得到在技术上正确的曝光。

反射式测光表

反射式测光表主要用来测量场景中某个拍摄主体发出或者反射的光量多少。这实际上主要是考虑影响物体亮度的两个因素：一个是场景的整体照度，另一个是物体的反射率。通过反射式测光表可以读出一个物体反射或者发出了多少光。大多数反射式测光表通过测光表上的取景器看向测量的物体（图5–13），取景器的视角大约是1°，所以反射式测光表也叫作点测光表。

◎ 图5–13　反射式测光表对准光线反射过来的方向

反射式测光表也可以用来测量光源的亮度。点测光可以很好地获取光源本身的读数，可以用来检查场景中可能潜在存在问题的区域，比如说天空、照明灯具、窗户、火焰、霓虹灯等。这些区域可能曝光太过强烈，可通过测光来以防止这些区域在曝光时被切割掉（图5-14）。

◎ 图5-14　反射式测光表可以用来测量远距离光源、爆炸火光等入射式测光表不易测量的位置

上面讲过测光表的工作原理是以中灰为计算依据，也就是使18%反射率的中灰被摄物体得到正常曝光。如果用反射式测光表测量一个中灰的物体（反射率接近18%），那么按照测光表给出的读数拍摄，可以得到正常曝光的画面。如果被摄物体不是18%的中灰，那么就有必要弄清楚被摄物体和中灰之间实际的亮度差。

假如要拍摄一个黑色的卡片，黑色卡片只反射照射在其上光线的4%。但是测光表并不知道正在拍摄的卡片是黑色的，它仍会假设那是一张中灰的卡片，只是反射出了极少的光（可能是场景的照度太低）。为了保证正常曝光，测光表会告诉你要增大光圈以便让更多的光线进来。如果按照测光表给出的读数曝光，就会使黑色卡片曝光过度，整个场景肯定也是曝光过度的。

如果拍摄对象是一张白色的卡片，测光表仍然会假设它是中灰的。由于白色卡片可能反射了照在其上85%的光线，测光表会让你缩小光圈。如果这样做了，白色卡片会曝光不足，场景也同样如此。

因此，使用反射式测光表必须要明白被摄物体和中灰之间的亮度差。如果黑色卡片比中灰暗3档，在测光表读数的基础上再降低3档光圈，这样曝光时卡片就基本能和实物一样黑。同样，如果白色卡片比中灰亮3档，在测光表读数的基础上再增大3档光圈，这样白色卡片的曝光基本就正确了。

入射式测光表

入射式测光表测量的是场景中落到被摄物体上的光线多少。入射式测光表很容易辨认，其特征是测光表上端有一个白色半球体。这种设计是为了让场景中从各个角度漫散射的光线以一种更均匀的方式照射到白色半球体上，以测量落在其表面上光线的平均照度。另外，入射式测光表半球体的设计也接近人脸部的曲线弧度，在测量演员面部的曝光时更加准确。

使用入射式测光表时，通常将测光表放在光源和被摄物体之间，更多的是把测光表放在被摄物体所在的位置，白色半球体朝向摄影机和镜头的方向（图5–15）。

◎ 图5–15　入射式测光表对准光源入射的方向

和反射式测光表一样，入射式测光表的工作原理仍是确保中灰的被摄物体得到正常曝光。测量时默认正在拍摄的是一个18%反光率的中灰物体，测光表将根据当前落在其上的光线给出正常曝光的读数。如果将入射式测光表朝向光源的方向，分别置于黑墙、灰墙和白墙的前面，它会给出完全一样的光圈读数，因为它测量的是到达墙面的光线，而不是从墙上反射出来的光线。

入射式测光表的测量角度可达300°，能够测量一个场景中落在被摄物体上光照强度的平均值，因为场景中各个方向散射的光都会有，在被摄物体的前面、侧面、背面都可能有光落在物体上。在使用入射式测光表读取主光、辅光、侧光的读数时，可以顺势用手挡一下，以避免其他方向光线的干扰，通过测得的主光、辅光、侧光之间的比率关系，可以计算出不同区域的光比，用于控制场景曝光的亮度平衡和曝光一致性等问题。

5.5.4 胶片拍摄时的曝光控制方法

胶片拍摄的曝光控制方法通常是选取一个合适的曝光参考，使该参考在曝光时落在胶片感光特性曲线上想要的位置。只要该参考对象的亮度被正确地还原，场景中其他被摄物体也自然地按比例在感光曲线上正确分布，整个场景也就能够获得正确的曝光。

测光表的工作原理是保证中灰亮度得到正确的还原。在曝光控制时，找一个中等反光率的被摄物体，按此进行量光和拍摄，使中灰亮度的曝光位于感光曲线的中间位置，其他高光和暗部也将自然地按比例分布在曲线上，从而正常曝光。胶片拍摄时最常选择的曝光参考是18%反射率的中灰板。将中灰板的曝光置于胶片感光曲线的中间位置，并将场景的亮度范围容纳在感光曲线的范围之内，这样就可以实现在当前光照条件下的正常曝光。

在胶片拍摄时，一种常用的曝光控制方式是用入射式测光表测量现场光线的平均照度，或者针对特定的被摄物体进行量光，获得一个可以正常曝光的光圈值，再用反射式测光表测量一下场景中的高光部分（如窗户、灯罩、光源等），确保没有明显过曝的区域。这样的曝光策略可以将场景的亮度范围合理地安置在胶片感光曲线上，形成合适的底片密度。

如果场景的亮度范围小于胶片感光的宽容度，此时的曝光控制主要是调整场景亮度在感光曲线上的整体分布以及反差的正确还原。可以通过调整光圈、快门、感光度、加ND滤光镜等方式，改变场景整体或局部区域的曝光情况，保证中灰和其他影调在曲线恰当的位置即可。

还有一种情况：场景的亮度范围超过了胶片感光曲线可容纳的范围，不论是调节光圈、快门还是感光度，怎么分配都无法将场景的亮度范围全部容纳在曲线上。如果将阴影部分有层次地记录下来，高光部分就会超出曲线上部的顶端；而如果确保亮部区域准确曝光，那么暗部就会被挤压在一起。

在这种情况下，对场景的曝光就要有所选择和取舍，要么保留暗部的细节，使高光部分有所损失，要么压缩暗部的细节而使更多的高光得到保留。如果不想进行取舍，只能通过改变现场光照的情况，利用各种照明附件进行光线强度的控制。换句话说，必须通过改变场景的照明和布光，或者改变拍摄的构图、角度，更换拍摄场景等方式来进行调整。

曝光控制就是根据创作者想要实现的效果和意图，将场景的亮度有效地体现在胶片感光曲线上的合适位置。胶片底片感光形成的密度是一种宝贵的资源，曝光控制应充分利用胶片的宽容度和感光特性曲线，将胶片的密度资源充分利用。曝光只有得到合理的控制，才能保留场景中暗部和高光部分的细节，能看到有区别的密度和层次，而非一片无差别的纯黑或者纯白，对于重要的中间影调和亮暗对比度也能得到正常地还原。

5.6　视频拍摄的曝光控制

胶片曝光控制的一些原则同样适用于视频影像的拍摄，如同胶片有感光特性曲线，视频影像也有相应的亮度曲线。对于胶片感光曲线，纵轴代表的是表示画面亮暗的底片密度，视频影像的纵轴则是表示画面亮暗的电平信号，或者是数字影像的亮度编码值。不论是胶片还是数字影像，两种感光曲线反映的都是场景亮度和画面亮度之间的关系，曝光曲线的原理是一样的，只是曲线的形状和不同曲线位置的叫法不一样而已。

在胶片感光特性曲线上，反映场景的暗部、中间影调和高亮部分曝光情况的分别称作趾部、中间调和肩部。在高清视频的亮度曲线上，阴影部分可以通过黑伽马调节，高亮部是通过拐点和斜率进行调节。通常说的视频gamma主要调节的是中间调的亮度和对比度。

电子传感器与胶片底片的感光特性有一个不同的地方是，传感器对于高光部分的宽容度和切割会比较严格（现在拍摄Raw和log格式对高光的保护已有很大提升），胶片在高光部分仍有一部分可利用的宽容度，但数字影像对暗部细节的记录和还原能力要好于胶片。数字拍摄的Raw和log曲线（可以称为“电影gamma”）更为平滑，没有明显的拐点，可以记录更宽广的亮度范围（图5-16）。

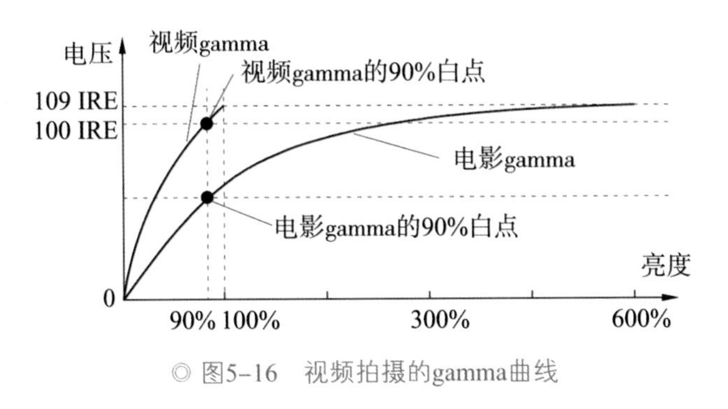

◎ 图5-16　视频拍摄的gamma曲线

数字摄影机拍摄Raw和log格式时，可以参考胶片拍摄时的曝光策略，找到一个中灰的被摄物体，并且将中灰亮度的曝光放在数字摄影机感光曲线的合适位置上，然后观察其他区域在曲线上如何分布。数字摄影机厂商通常都会给出中灰的信号电平值，可以将中灰物体的曝光放在推荐的电平位置。比如SONY S-Log的中灰亮度在38%电平位置，C-Log的中灰在32%的电平位置，按此曝光基本是没有太大问题的。

5.6.1 “不被切割，避免噪点”

对数字拍摄来说，正确的曝光始于一个极其简单的原则：捕捉尽可能多的光线，但是不要多到使高光部分失去重要的细节。这个原则是基于对传感器的两个基本特性的理解：噪点（noise）和切割（clipping）。如果场景的光线太少，画面的噪点会明显增多；而光线太多，超过了感光单元所能接收的上限，信号将被切割，画面表现为没有任何特征的纯白色，或者是某个颜色通道被切割而导致颜色还原得不准确。

从技术上讲，噪点的产生有多种原因。传感器本身是一种电子器件，即使没有任何外来的光线，感光芯片还是会存在一些电信号，这些电信号是传感器固有的本底噪声。所有传感器都存在着本底噪声，本底噪声和暗部信号接近，所以在画面暗部的噪点最为明显。

切割是由于传感器感光单元的有限饱和容量，摄影机厂商称之为“电子阱溢出”。感光单元接收了过量的光子，超过电子阱的最大容量，没能力接收再多的光子，从而发生光子溢出。这部分溢出的光子在电信号上表现为被切割，在画面上表现为没有任何细节和层次的纯白色。

过曝和欠曝是曝光控制时要避免的两个极端。过曝会使高光溢出的部分被无情地切割掉（图5-17），而欠曝会在画面的暗部产生令人讨厌的噪点（图5-18）。正确的曝光就是在这两个极端之间寻找最佳的平衡。一般来说，轻微的曝光不足是可以接受的，在一定程度上也是可修复的；而过曝导致的切割是不允许的，切割在后期不能恢复。

◎ 图5-17　场景中的高光被切割，画面无层次和细节

◎ 图 5-18　画面中阴影区域有过多明显的噪点

5.6.2 细节、纹理和层次

在讨论曝光控制时，我们经常会听到几个术语，比如“有纹理的白色”“有质感的黑色”“高光的层次”“暗部的细节”等。“有纹理的白色”指的是在画面的高光部分仍然可以分辨出细微的影调差别，保留材质本身的纹理和细节。“有质感的黑色”指的是暗部和阴影中仍然能看出细节，从波形上看，在代表噪声信号的黑电平之上，仍然能够看到一些波形的差异。

这些术语最早被广泛使用是在安塞尔·亚当斯（Ansel Adams）的曝光理论中。

根据亚当斯的理论，拍摄场景的影调可以分成11个不同的区域（Zone 0 ~ Zone Ⅹ）。Ⅴ区是中灰的位置，它可以根据测光表的读数测得；0区近于纯黑色，光线基本完全被吸收而无反射；Ⅲ区是仍有细节的阴影；Ⅷ区是有层次的高光部分；Ⅹ区近于纯白色。在进行曝光控制时，可以参照亚当斯的分区方法，将场景的不同亮度置于不同区域进行曝光，并且仍然保留层次和纹理细节（图5-19）。

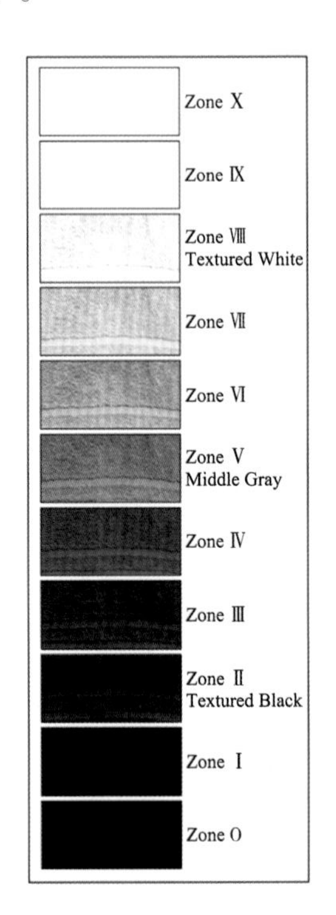

◎ 图5-19　分区域曝光法

5.6.3 拍摄Raw仍要做好曝光控制

现在，大多数电影拍摄时都会选择Raw格式。Raw记录的是传感器原始的感光数据，保留的场景亮度信息最多，轻微的曝光不足和曝光过度在后期仍然可以得到修正，因此有人认为拍摄Raw格式时曝光控制就没必要那么严格了。真是如此吗？

当然不是，有关曝光控制的任何问题都不可小觑。特别是在影像获取阶段，即使拍摄Raw格式，曝光不足也会导致画面的暗部产生明显的噪点，曝光过度也会使高光部分的细节得不到保留，严重过曝导致的信号切割在后期是无法修复的。因此，在拍摄现场不要抱有“万一出现问题，可以交给后期”的想法。有些曝光问题在后期是无法解决的，即使可以修正一部分，也可能无法还原拍摄现场原始的创作意图。曝光不仅关乎亮度，也会对影调分布和色彩还原产生直接影响。在任何情况下，通过拍摄得到曝光正确的画面都比后期调整得到看起来正确的画面更为可取。

如图5-20和图5-21所示，图5-20的画面曝光过度，导致灰阶在7档以上没有任何分别，通过后期的调整可以将中灰拉至正常亮度，但高光部分因被切割没有记录下任何层次，无法恢复原有的细节。

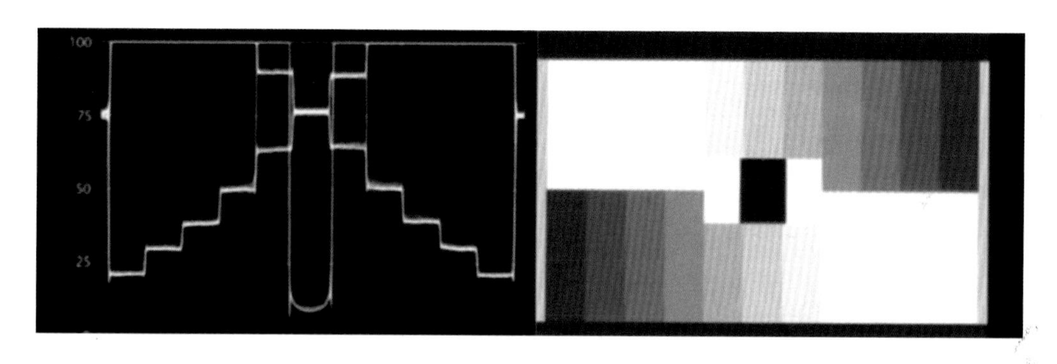

◎ 图5-20　拍摄灰渐变测试板过曝的情况

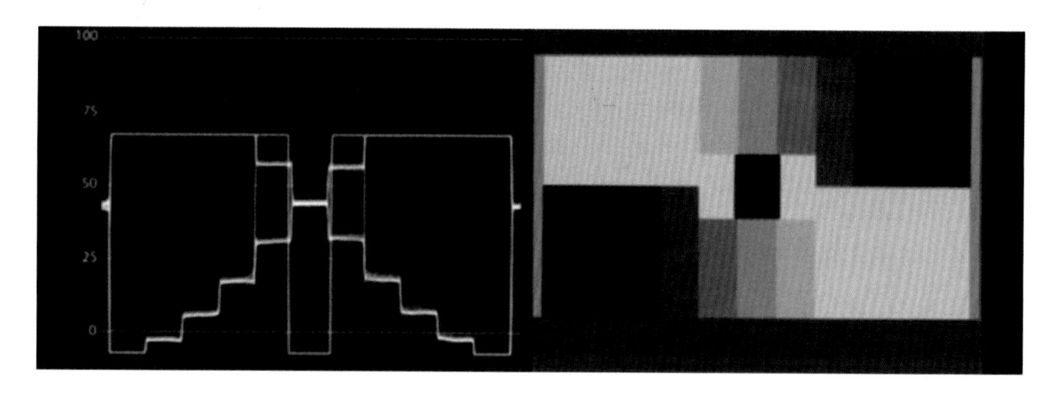

◎ 图5-21　后期调整中灰至正常状态，但过曝的区域无法恢复

如图5-22和图5-23所示，图5-22的画面曝光不足，通过后期提升亮度后，画面看起来变得正常。但需要注意的是，在曝光不足情况下，不同亮度的对比度没有被正确记录下来，后期制作时虽然可以通过提升波形使画面整体的曝光正常，但影调关系并不能完全恢复，反差仍然是低的，画面仍然显得沉闷。另外，在欠曝状态下产生的噪点，在后期也不会被消除。

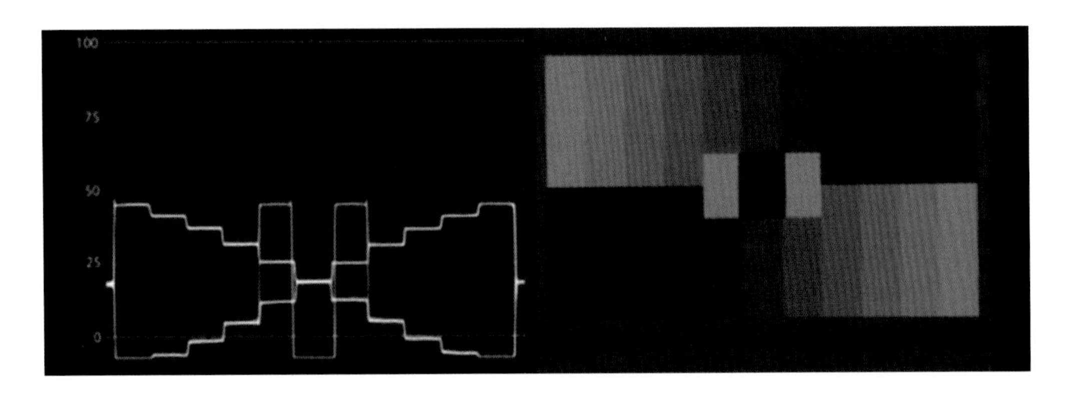

◎ 图5-22 曝光不足的灰渐变测试板

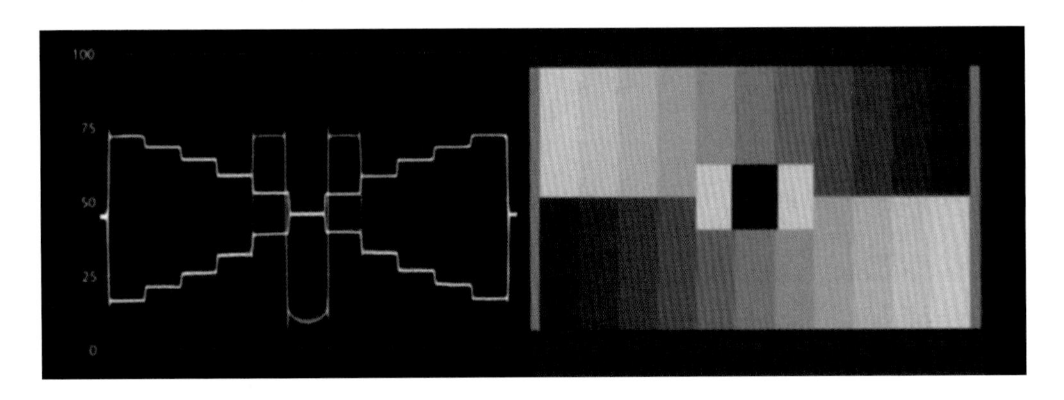

◎ 图5-23 将中灰恢复至正常，但画面原有的反差未得到保留

这说明“一切交给后期”并不可行。后期虽然可以对曝光有问题的画面有所修正，但只是使结果“不那么糟糕”而已。调整曝光和色彩的统一甚至提升影像质量并形成一定的影像风格，这确实是后期制作时应该完成的一项重要工作，但是一定不能混淆“修正”与“提升”的差别，尤其是曝光方面的问题，在拍摄现场确保准确曝光永远是正确的策略。

5.7 数字拍摄的曝光控制

在拍摄时，确保曝光正确是电影摄影师的首要职责之一。在进行曝光调整的过程中，摄影师需要借助各种工具，测量光线的强度和对拍摄对象的曝光情况进行合理的控制。在胶片拍摄时代，辅助曝光判断的工具主要是测光表。测光表是基于胶片的感光特性而发明的。

数字摄影机和传感器的感光特性与胶片的感光原理不同，尤其是在数字摄影机的调控更为灵活，可以拍摄多种格式，以及使用诸如gamma、log或者加载了LUT等手段改变画面外观时，曝光情况变得更为复杂了。测光表给出的曝光参考有时已经不再适用，但测光表作为一种小巧便携的测光工具，在数字时代仍然有一定的用武之地。除测光表外，数字拍摄还需要一些新的工具来帮助判断曝光。常用的曝光控制辅助工具有监视器、波形监视器（示波器）、直方图、斑马纹、假色图等。

5.7.1 监视器

视频拍摄相比于胶片时代最大的好处是画面是现场即时可见的，因此判断曝光最简单的方法就是通过现场监视器查看画面（图5-24）。一个经过校准的高质量监视器会直观地显示画面的亮度、颜色、焦点、构图等情况。

监视器是一种简单且快速检查画面质量的工具，但它不会告诉我们所有的事情。事实上，完全依赖监视器可能是很大的灾难，因为不是所有的问题都能在监视器上反映出来，尤其是小尺寸的监视器，很多问题容易被忽略，有些则根本看不到。像画面的焦点问题、低照度场景暗部的噪点问题等，通过小尺寸的监视器很难注意到。监视器在某种程度上提供给我们的是一种“虚假的安全感”。

另外要注意的是，监视器可能会“欺骗”我们的眼睛。受限于不同的发光显示原理，还有不同监视器之间的差异和自身老化等问题，即使是最好的监视器也可能会产生一些不准确的显示，不论是在画面的曝光还是色彩的判断上，使我们对画面的实际情况产生误判。在监看时，现场的照明环境会对监视器显示产生影响，比如监视器显示的阴影看起来总是比实际的要黑，或者是高光部分总是看起来不够亮等问题。

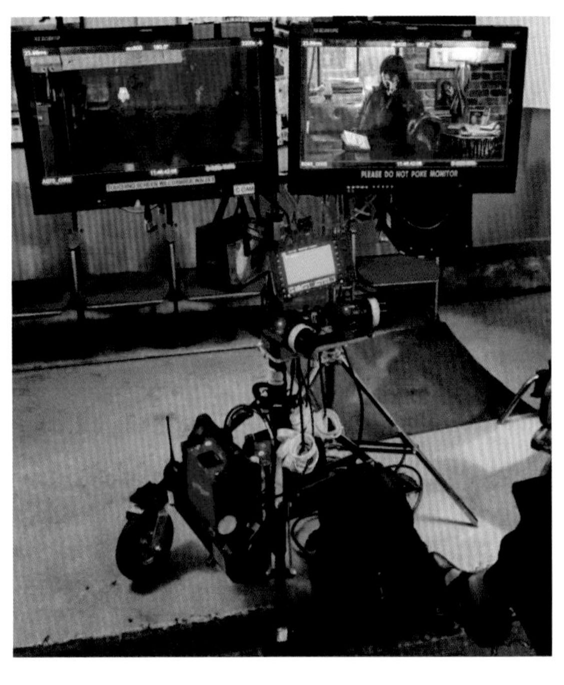

◎ 图5–24　现场监视器可以直观地看到拍摄画面

监视器使用前需要经过严格的校准，且观看环境要尽量屏蔽干扰的杂光。随着技术的不断发展，监视器的发光类型越来越丰富，做工和品质也越来越好，一些高端监视器成为摄影指导在拍摄现场主要依赖的画面检查工具。在目前的拍摄片场，数字影像技术人员会进行监视器的校准，这也提高了监视器在色彩和亮度方面的精确性和可靠性。

一些有经验的摄影指导在现场主要依赖监视器判断画面的表现，只有个别镜头会利用测光表、直方图和波形图等其他手段辅助检查。现在拍摄格式和工作流程的选择非常多样化，在拍摄现场和后期有很多画面质量反馈的机会，比如在拍摄现场有实时调色环节，有负责进行转码生成样片的环节，可能还有专门负责检查影像质量的技术部门，这些都会对画面存在的曝光问题进行反馈。在良好的监看环境下，摄影师现场通过监视器判断曝光基本不会存在太大的问题。

当然，重要的前提是监视器经过了严格的校准，以及没有光线的干扰，这样才能保证曝光判断的准确。一台高品质的监视器，在光线明亮的环境下观看，也可能不会给出准确的信息，周围环境中各种反射的杂光或眩光进入监视器，很容易干扰对画面的判断（图5–25）。另外，人眼很容易受环境的影响，并适应环境亮度的改变，这也会对监视器上画面的判断产生影响。在监看环境不理想的情况下，为了保证曝光质量，示波器仍是最可靠的工具。监视器和示波器共同发挥作用，可能是更保险的策略。

◎ 图5-25　监视器的使用要注意周围环境的干扰

5.7.2 示波器和波形图

数字拍摄现场除了监视器外，示波器也是必不可少的工具。对于视频拍摄来说，示波器是判断画面曝光最可靠的工具，通过示波器的强大功能可以精确地判断和分析画面的曝光情况。

通过监视器可以直接看到拍摄的画面，但对监视器的校准以及现场的监看环境要求较高。一台经过准确校准的监视器，如果在不佳的监看环境，也容易发生误判。但是，示波器却可以告诉我们关于视频信号所有的"真相"。现在不论是监视器还是数字摄影机，基本都会内置波形图显示功能（图5-26、图5-27）。在数字时代进行曝光控制一定要会看波形图，了解波形图与曝光的关系。

通过波形图判断场景的亮度曝光和色彩还原是最准确的。示波器显示的是视频信号的电平幅度的变化，这实际体现的正是场景原始的亮度信号和色度信号。示波器的波形图有很多类型，最常见的是亮度波形图和矢量波形图。亮度波形图显示的是亮度信号，可以用来判断场景的亮度曝光；矢量波形图显示的是颜色信号，可以反映画面对场景的色彩还原情况。

亮度波形图的含义

亮度波形图以类似坐标系的网格为基础构造，由横向的x轴和纵向的y轴围成

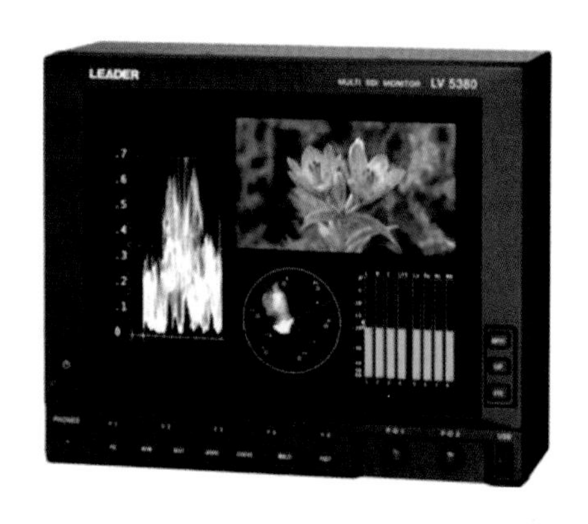

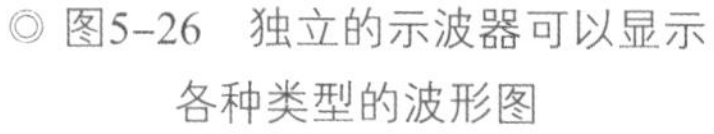

◎ 图5-26　独立的示波器可以显示各种类型的波形图

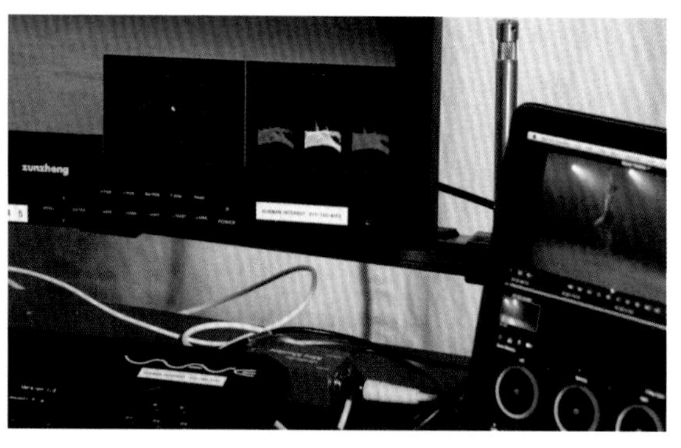

◎ 图5-27　监视器和后期制作软件通常都有内置的波形图功能

（图5-28）。纵向的*y*轴代表的是特定视频标准下的亮度电平值，通常以IRE（电平单位）和mV（毫伏）为单位进行标识；横向的*x*轴从左到右对应当前画面从左至右的水平位置，就是说波形图的宽度就是画面的宽度。

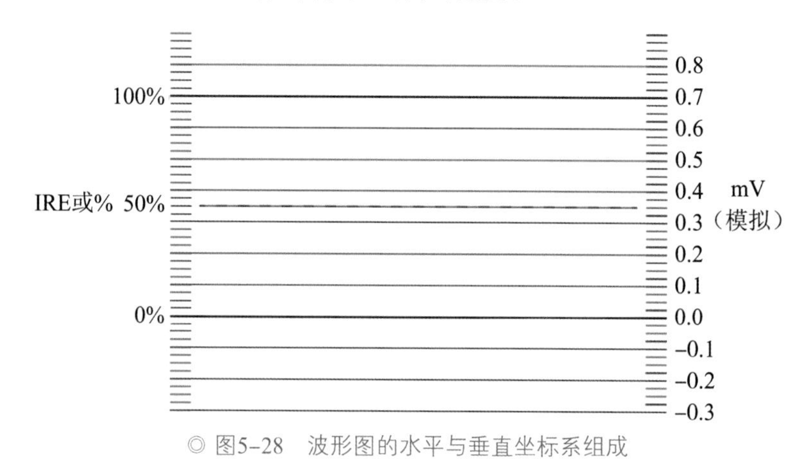

◎ 图5-28　波形图的水平与垂直坐标系组成

IRE是一种电平信号单位，由无线电工程师协会（Institute of Radio Engineers）创建并命名。IRE把视频信号的有效部分，即从安全黑色（纯黑电平）到安全白色（纯白电平）之间平分成100份，定义为100个IRE，即 0 ~ 100 IRE。100 IRE相当于700 mV视频信号电平。不同视频标准的IRE的具体定义有所不同。以NTSC视频制式为例，1V复合视频信号的范围从–286 mV（同步脉冲）到+714 mV（峰值电平），被分为140个IRE，每个IRE的实际电平为7.14 mV，其中–40 IRE相当于–286 mV，+100 IRE相当于+714 mV。0 IRE等于0 mV，黑色电平是53.57 mV（7.5 IRE）。

有些波形图网格线会在7.5 IRE的位置有所标识，这是为了显示标清视频标准（Rec.601）中的“纯黑电平”而设置的。对于目前广泛应用的高清视频标准（Rec.709）的视频信号则可以忽略所谓的7.5 IRE。从技术上来说，IRE是针对复合视频信号的度量，是一个相对的测量单位，因为视频信号可能是任何振幅的，所以IRE也可用百分比（%）来表示。

目前，示波器大多遵循的仍然是ITU Rec.709的标准，在高清视频度量时，使用的标识单位就是百分比，但是百分比标识的0%和100%与IRE的0 IRE和100 IRE正好对应，所以在实际度量时还是经常用IRE来标识信号电平。通常来说，正常曝光画面的白电平应落在80 ~ 100 IRE，中灰电平通常落在45 ~ 55 IRE，正常肤色一般在60 ~ 70 IRE。

对于数字影像的亮度波形，网格线纵轴可以二进制编码值作为单位。比如10 bit位深量化的视频信号，在编码值0~1024范围内使用不同编码代表不同的亮度值，以编码0和1024分别对应纯黑和纯白的位置，或者依据不同的视频标准定义，纯黑和纯白的具体编码位置也可以有所不同。

亮度波形图的读取

亮度波形图反映的是数字影像整体的亮度分布，是对所有像素亮度值的集中统计和显示。通过亮度波形图我们可以分析和判断画面的曝光情况。

亮度波形图的纵轴代表数字影像的亮度范围，亮度低的像素分布在波形图的底部，亮度高的像素分布在波形图的顶部。波形图的横轴与当前画面的水平行从左到右是一一对应的，画面的每一行像素都对应一条波形轨迹，每行上每个像素的亮度都对应波形轨迹上的一个位置，所有行的波形轨迹的叠加就是整个画面的波形图（图5–29）。

可想而知，如果我们拍摄一个纯白的画面，波形图就是在最顶部显示的一条直线（图5–30）。如果拍摄画面的上半部分全白，下半部分全黑，那么波形图是如何分布的呢？答案是波形图将会显示为上下两条波形轨迹线，上面一条线代表画面纯白部分的像素亮度，下面一条线表示的是纯黑部分的像素亮度。

如果我们在画面中放置一个连续的灰阶，从波形图的波形轨迹中就可以看出不同灰阶的亮度层次和波形分布（图5–31）。

波形图就是画面每一列（也可以看作是每一行）上不同亮度的所有像素的叠

◎ 图5-29　画面中每行对应一条波形轨迹，所有波形轨迹的叠加形成整个画面的波形图

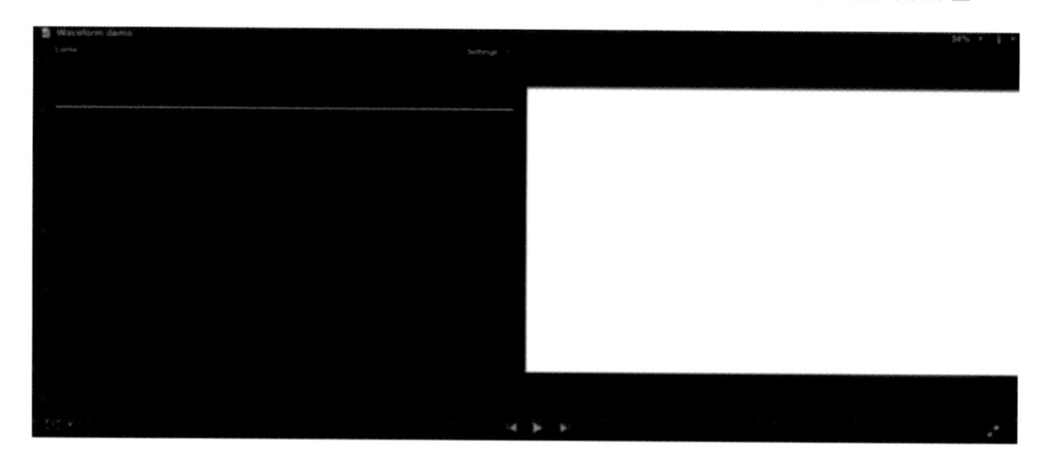

◎ 图5-30　一个纯白画面的波形是顶部最高电平的一条直线

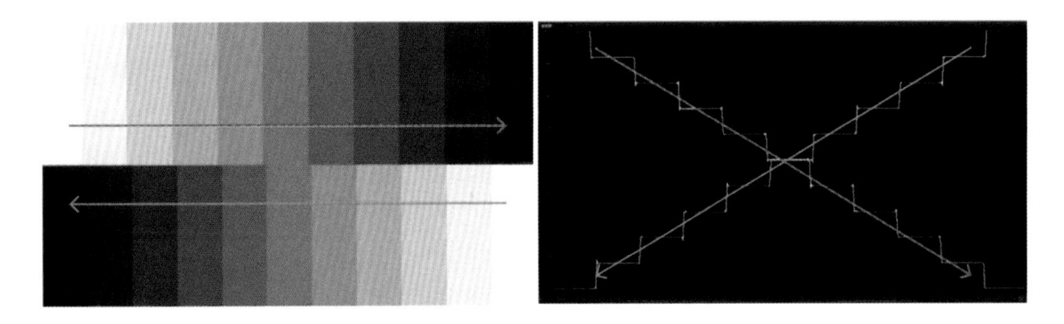

◎ 图5-31　灰阶图的波形图

加。通过亮度波形图判断画面整体的曝光情况比较简单，画面中越亮的区域在波形图中的位置越靠近顶部，亮度越低的像素越靠近波形图的底部（图5-32）。如果波形图在最顶部和最底部之间比较均匀地分布，既没有超出最顶部位置，也没有在最底部位置大量堆积，通常来说画面的曝光就是正常的。

◎ 图5-32　画面不同区域和波形图的对应关系

图5-33是由DSC实验室研发的标准测试图——坎贝尔测试图（CamBelles）。测试图所设计的场景中包含从纯白到纯黑的全部亮度范围，而且包含肤色不同的人。通过拍摄该测试图和观察它在波形监视器上的波形图，可以对视频影像的曝光情况进行判断。

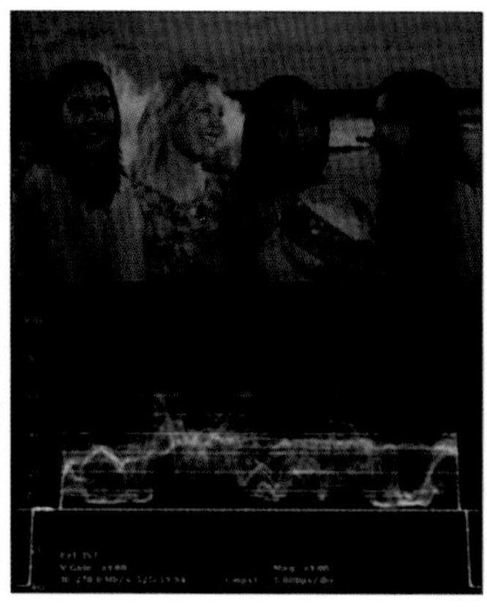

◎ 图5–33 坎贝尔测试图

图5–33中，左图是正常曝光时的波形图。通过波形图可以看出一个正常曝光的画面，场景中不同亮度所在的电平位置。背景中白色海浪的亮度电平接近最顶部的位置，模特黑色的衣服和头发的亮度电平在靠近最底部的位置，其余中间各部分亮度对应的电平均在恰当的位置。

中图是画面曝光不足的波形图。从波形图中可以看到，场景中亮度很少有超过中间电平的位置，即使最亮的纯白色海浪也只是在50%附近，场景亮度几乎全部被压在波形的下半部分，整体亮度是被压低的。

右图是曝光过度的波形图。画面没有真正的黑色和灰色区域。从波形图可以看出，场景中最暗的区域在波形图上40%的电平位置，更糟糕的是场景亮度在波形顶端被切割了，堆积在一起。这意味着高光部分已经变得没有分别，画面表现为没有任何层次的纯白。信号切割在后期是没法修正的。

矢量波形图的读取

矢量波形图只显示视频的色度信号（包含色相和饱和度），而与亮度无关。在对场景的色彩进行分析时，矢量波形图是一种必不可少的工具。通过矢量波形图可以看出画面的色彩倾向。如图5–34所示画面的矢量波形图，可以看出这个场景的主要色彩组成偏向于红黄色和蓝青色。

从结构上看，矢量波形图是一个带有刻度和标识线的圆盘，不同的颜色对应圆周上不同的度数，称为色相（图5–35）。色相也叫色调，可以用色轮圆周上的度数来精确表示。不同色相的度数计量从圆周上3点钟的位置，也就是0°开始。三原色

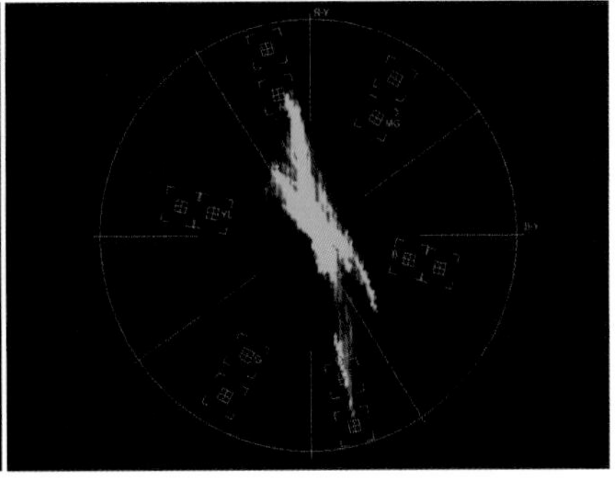

◎ 图5-34　一个高饱和度的街道夜景画面在矢量波形图的显示

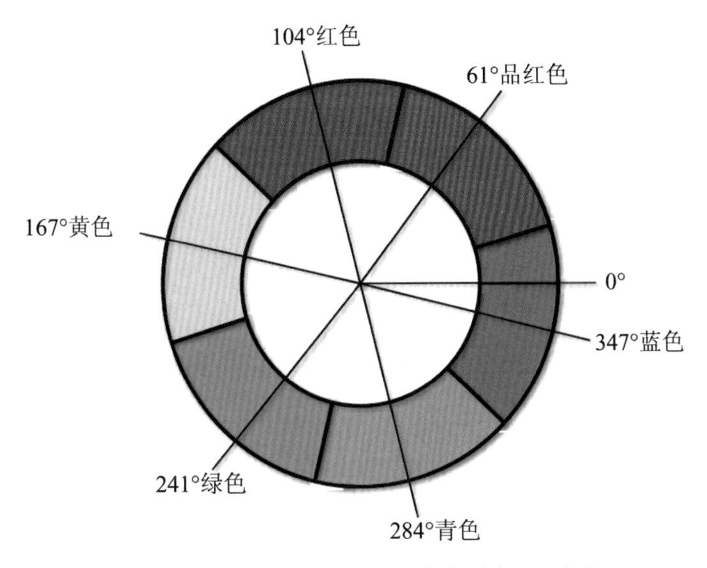

◎ 图5-35　矢量波形图的不同角度对应不同色相

和三补色在色轮上的度数分别是：品红色61°，红色104°，黄色167°，绿色241°，青色284°，蓝色347°。

矢量波形图在圆周上的度数代表的是颜色的色相，波形轨迹偏离圆盘中心的距离代表不同颜色的饱和度（图5-36～图5-41）。例如，一帧纯蓝色的单色画面，在矢量波形图上显示为偏离中心一定距离、朝向蓝色角度的一个点。一帧全部由黑、白、灰构成的消色画面，只会显示在圆盘中心的一个点，而不会偏离中心任何距离。

在矢量波形图上有一些刻度框，代表某种色相可接受的误差范围，可以用于判断视频信号的颜色是否处于适当范围之内。例如，在标准视频彩条测试图上有三原

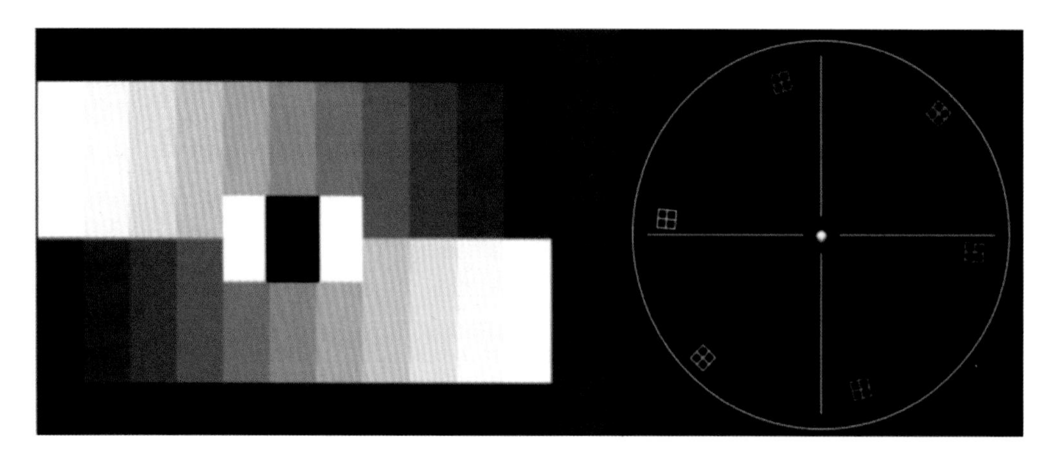

◎ 图5-36　标准灰阶测试板色彩平衡时在矢量图上表现为一个点

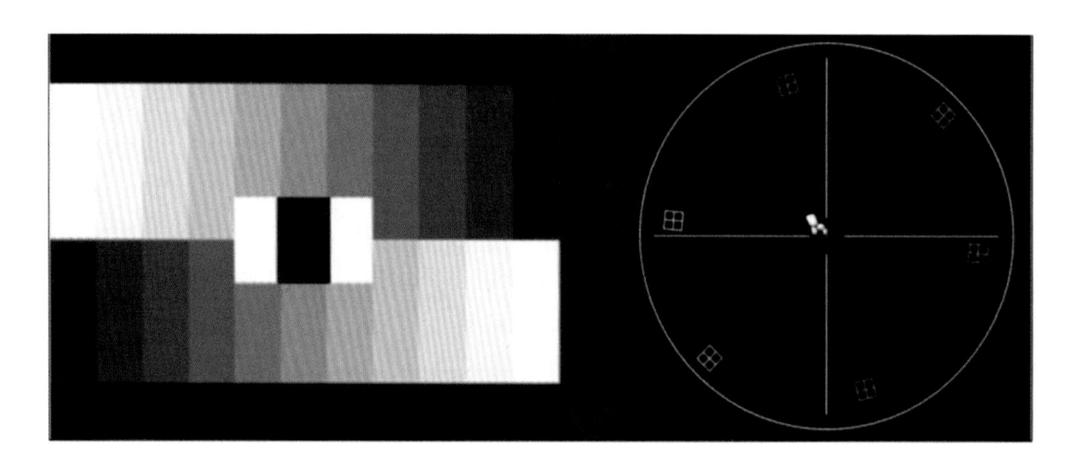

◎ 图5-37　标准灰阶测试板色温偏暖时在矢量图上波形被推向偏红黄的区域

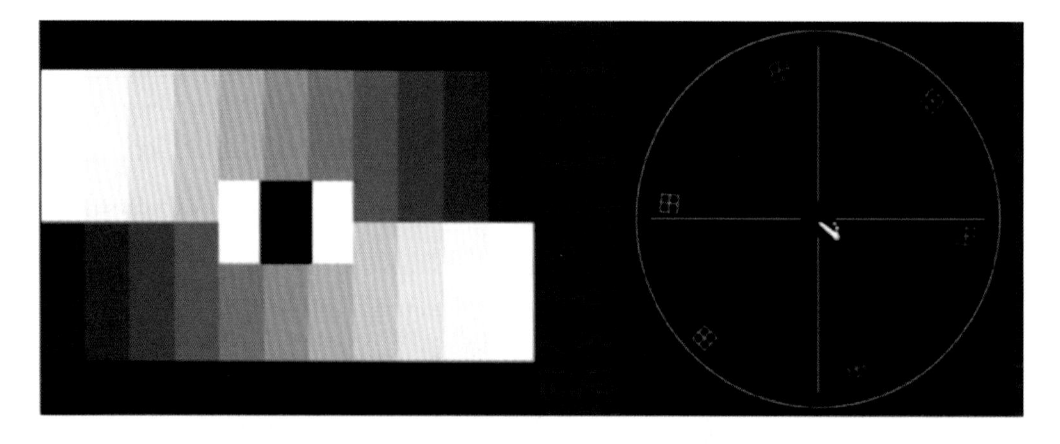

◎ 图5-38　标准的灰阶测试板色温偏冷时在矢量图上波形被推向偏蓝紫色的区域

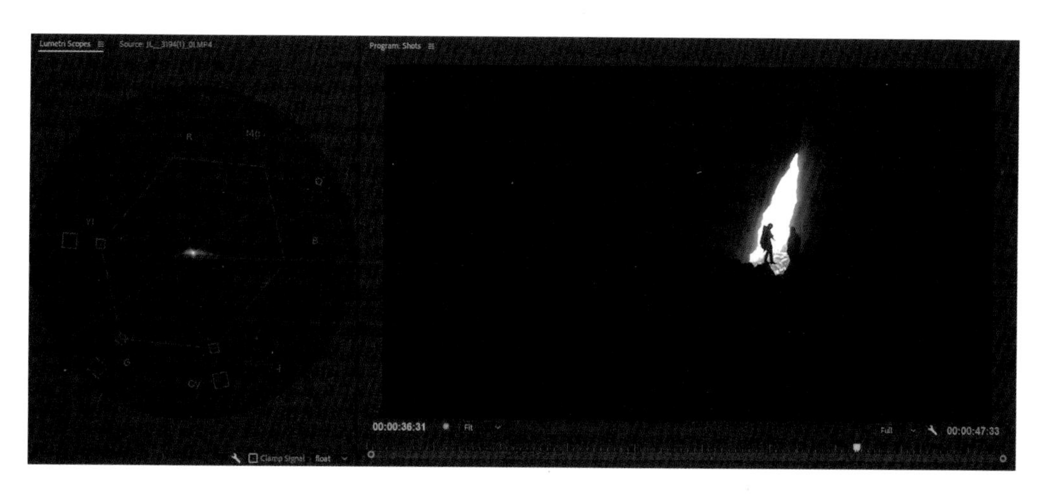

◎ 图5-39　颜色很少的画面在矢量图上就是中心的一个点

◎ 图5-40　画面中颜色越多，饱和度越高，矢量图越向远离中心的位置扩散

◎ 图5-41　画面中有过多黄色，矢量图向黄色相位扩展，超过框的部分意味着饱和度过高

色和三补色的彩条色块，当视频信号正常时，这些彩条都会显示在矢量波形图上对应的刻度框内（图5-42、图5-43）。矢量示波器显示原色和补色有相应的方框刻度区域，当摄影机产生的彩条在矢量示波器上显示时，对应的波形位置应该正好位于方框区域，如果没有落在该区域，说明哪个地方出现了问题。如果波形显示离中心点太近或者太远，说明颜色的饱和度过低或者过高。

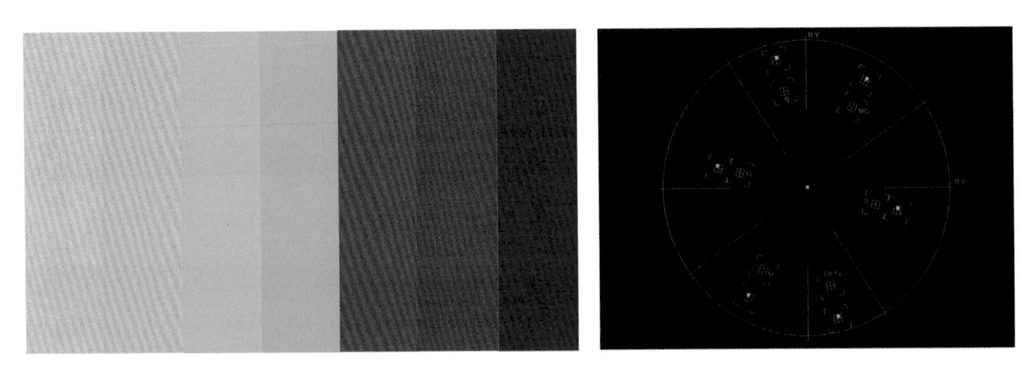

◎ 图5-42　一个矢量示波器对标准测试彩条不同颜色的显示

◎ 图5-43　标准彩条的颜色正好显示在矢量图的内框里

矢量波形图的显示与视频信号所遵循的视频标准有关。不同的视频标准有不同的色彩空间，色度信号有不同的数值。矢量示波器作为一种色度信号的度量工具，在电影拍摄现场和后期制作时有非常多的用途，比如可以准确判断画面的饱和度是否存在问题，评估不同镜头之间的颜色是否匹配，等等。另外，可以通过矢量波形图来保证肤色色调的准确。在矢量波形图红色和黄色刻度线之间的中点，与矢量图的中点连成的一条直线，通常称为“肤色线”，理想的肤色应该尽量接近这条直线。

5.7.3 直方图

直方图也是很常见的一种分析图片和视频曝光情况的工具。消费级的数码相机都会有直方图功能。直方图虽然功能很简单，但在快速判断画面整体的亮度分布时是一种很有效的工具。

波形图比直方图能更全面地反映画面的曝光情况，但波形图分析起来更复杂一些，需要停下来仔细分析，不适合现场边拍摄边观察的情形。直方图更适合在拍摄的同时观察曝光。在拍摄时快速地看一眼直方图，画面所有像素的分布一目了然，同时还能看出当前拍摄的画面是否捕捉了足够多的细节，是否充分利用了传感器的动态范围，等等。

直方图描述的是画面整体亮度的分布倾向。直方图从左到右依次代表着由暗到亮的像素的数量。大部分场景在曝光时，在从暗到亮的整个场景范围内都会有像素分布。正常曝光画面的直方图通常都是“两边低，中间高”的分布状态，除非极端情况，一般不会出现大量堆在左侧或者集中堆在右侧的情况，在最左侧和最右侧边缘处也没有明显的像素堆积，因为这代表的是曝光不足和过曝的像素数量。

直方图横轴代表的是由暗到亮的不同像素亮度，纵轴表示的是当前画面像素亮度所对应的像素数量（实际是数量的相对比例）。上面讲过，波形图与画面的亮度存在着对应关系。而直方图与波形图不同：直方图只显示不同亮度的像素数量的统计结果；在波形图上可以找到画面某个具体像素的曝光情况，而直方图不能提供具体位置的亮度曝光情况。

比如，在一个8 bit量化系统中，数值0代表纯黑，数值255代表纯白。如果一帧画面是全白的，那么直方图会显示为一条位于横轴最右端的竖线，其余部分则是平的（没有直方图线条）。如果画面是一个标准中灰测试板，那么直方图会显示为一条位于横轴中间位置的竖线，其余部分则是平的（图5–44）。

关于直方图纵轴的标识，实际上不是具体的像素数量，而是一种相对数量的百分比。比如说，如果画面中的某个像素的亮度是画面中大多数像素的亮度，它在直方图的纵轴尺度上就会被标记成100%，而其他亮度的像素都会按照与最大数量相比的百分比被标记在直方图上。

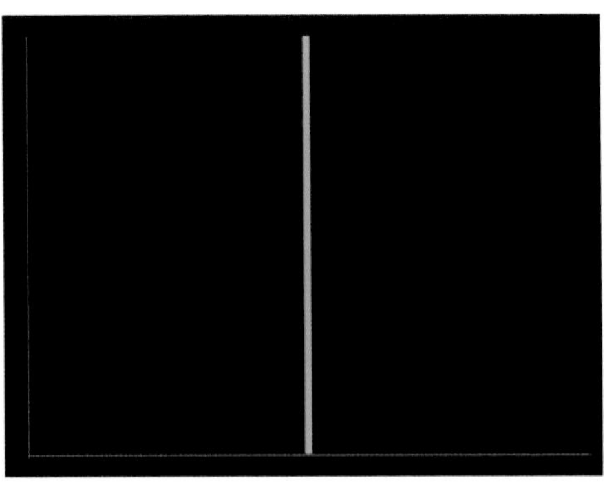

◎ 图5-44　标准中灰测试板的直方图为在中间50%亮度处的一条直线

举个简单的例子，假设一帧画面由10个像素组成，其中2个像素的亮度是70，5个像素的亮度是128，3个像素的亮度为255。当前画面占大多数亮度的像素数量是5个，是亮度值为128的像素，那么直方图上在128亮度的线条就会达到直方图的顶部，代表纵轴的100%，而亮度值是70处的线条高度将会是它的40%（2/5）。

这是如何计算出来的呢？画面中大多数亮度值是128（10个像素中有5个），那么位于横坐标128位置的那条线在直方图中就是100%的高度；另外的5个像素，其中2个像素的亮度数值为70，在直方图中的高度就是40%，剩下的亮度值为255的3个像素在直方图中的高度就是60%。

直方图可以显示画面整体的亮度分布，有些直方图可以同时显示RGB每个单独颜色通道的亮度波形（比如RED摄影机自带的直方图就是这种模式）。通过这种方式显示的直方图可以看出拍摄画面色调的层次分布（图5-45）。当画面层次比较丰富时，直方图会出现多个RGB叠在一起的峰值和锯齿状，而且会特别饱满地布满整个直方图。也就是说，直方图特定区域分开时，画面的色调往往更饱和、更鲜艳。当拍摄简单的几何图形或者单色物体时，直方图的峰值会特别少，甚至可能只有3个非常单一的单色RGB峰值。

在大多数场景下，正常曝光画面的直方图上不同亮度的像素数量分布均匀，像素数量的峰值分布趋向于直方图的中间部分，向两侧平缓地降低。当然，这不是一个绝对的标准。曝光是一种带有主观创造的过程，很大程度上取决于画面的内容以及想要达到的画面效果。

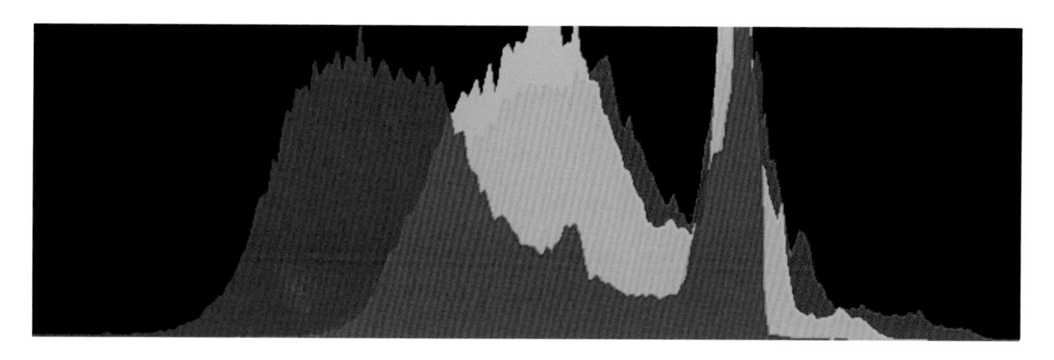

◎ 图5-45　RED摄影机的RGB叠加式直方图波形显示

对直方图的分析要结合具体的场景和影调氛围。当画面影调整体较为明亮时，直方图就会堆积在右侧（图5-46），如果这是一个创作上的选择，则没问题。画面影调整体为暗调时，直方图大部分堆积在左侧（图5-47），如果这是最终想要的效果，保持就好，但如果要在后期制作时将画面调亮，应注意拍摄时画面的噪点问题。

◎ 图5-46　高调图像的柱状分布虽集中在右侧但曝光仍然正常

◎ 图5-47　暗调图像的直方图峰值趋向左侧但曝光仍然正常

由此可见，直方图本身并没有“正确”的形状。一个场景的最佳曝光可能并不意味着直方图分布均匀；而一个从中间向两侧均匀分布的直方图，也并不一定代表画面曝光正确，比如在低ISO设置时追求中间分布的直方图，可能导致曝光过度。另外需要注意的是，直方图不能反映拍摄Raw原始数据的曝光情况，只能在当前ISO和外观设置情况下显示某种已经转换为RGB视频的格式。直方图统计的是像素数量，而Raw还没有形成像素。

5.7.4 斑马纹

摄影机和一些独立的监视器通常都会有斑马纹功能，特别是在标清和高清摄像时代，斑马纹是判断场景中某些特定区域亮度的有用工具。上面讲过的波形图和直方图都是关于场景整体亮度（像素数量）的分布，对于场景中某个具体区域的曝光情况，直方图是无法区分和判断的。波形图可以判断某个具体位置的亮度，但是需要仔细地分析、读取。比如我们想知道拍摄对象的肤色曝光是否正常，需要先在波形图中找到肤色对应的波形轨迹位置，才能知道肤色曝光的电平是多少。

与波形图和直方图不同的是，通过斑马纹功能可以先设定好想重点关注的电平范围，通常是设置过曝和欠曝的区域。在拍摄时如果场景中某个区域的亮度落在设定的电平范围内，斑马纹就会以明显的折线在画面上叠加显示，可以此为参照来调整场景的曝光。一般有两种典型的斑马纹设置，即高光电平（比如85 IRE）和中灰或阴影区域（比如10 IRE），这两种斑马纹用不同的方式标识（一种正折线，一种反折线）（图5–48～图5–50）。

◎ 图5–48　摄影机通常有两个斑马纹设置的区间

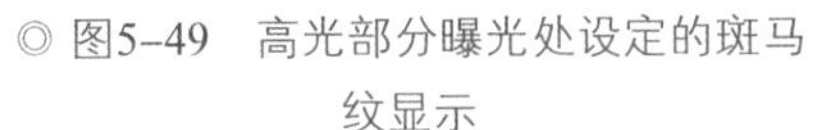

◎ 图5–49　高光部分曝光处设定的斑马纹显示

◎ 图5–50　用两种折线分别指示不同的斑马纹电平设定

斑马纹是针对IRE视频模式的，也就是说在拍摄Rec.709标准的高清视频格式时，斑马纹对场景亮度的判断是有效的，而在拍摄Raw和log格式时不再适用。斑马纹的显示受感光度、LUT等外观样式调整的影响。

5.7.5 假色图

现在，数字摄影机和监视器基本都带有假色图功能。假色图也是一种可以直观看到场景某个具体区域曝光情况的功能。假色图的原理很简单，就是用不同的颜色指示场景中不同区域的亮度，并将这些与原始场景无关的颜色叠加在画面上，这些叠加的颜色并不是原始场景本有的颜色，只是具有一种指示的功能，因此称为“假色图”（图5–51）。在假色图中，不同颜色指示的具体亮度并没有统一的标准，每个摄影机厂商都有自己的颜色方案。在使用假色图功能时必须知道不同颜色代表的含义，通过假色图判断场景的曝光才有意义。

◎ 图5–51　假色图是在原始画面上根据不同区域的亮度叠加一些“伪色”

在数字拍摄时假色图应用很广泛。它的强大之处在于能够快速标识出场景中不同区域的亮度，并用不同的颜色直观表示出来。假色图可以为曝光控制提供有用的参考。比如，正在拍摄一个产品的广告，通过假色图可以快速判断产品的商标有没有过曝，或者是否出现在想要的亮度上，而波形图和直方图没有这么方便。

RED摄影机的假色模式

假色图与拍摄格式是相关的。如果当前拍摄格式是Rec.709模式，假色图的颜色指示就是针对Rec.709的视频标准；如果拍摄格式是Raw或log模式，那么假色图的颜色标识就是针对Raw或log的。例如，RED摄影机提供了两种假色图模式：一种是视频模式（video mode），一种是曝光模式（exposure mode）。视频模式针对的是IRE和RGB视频格式，曝光模式针对的是Raw格式。在两种模式下，假色图有不同的含义和颜色方案。

曝光模式相对比较简单，在假色图的标识颜色上，大部分为灰色，只有曝光不足的区域用紫色标识，曝光过度的区域用红色标识（图5-52）。拍摄Raw格式时不需要考虑感光度、色温等拍摄参数的影响，更多的是确保场景亮度没有过曝和欠曝的情况。

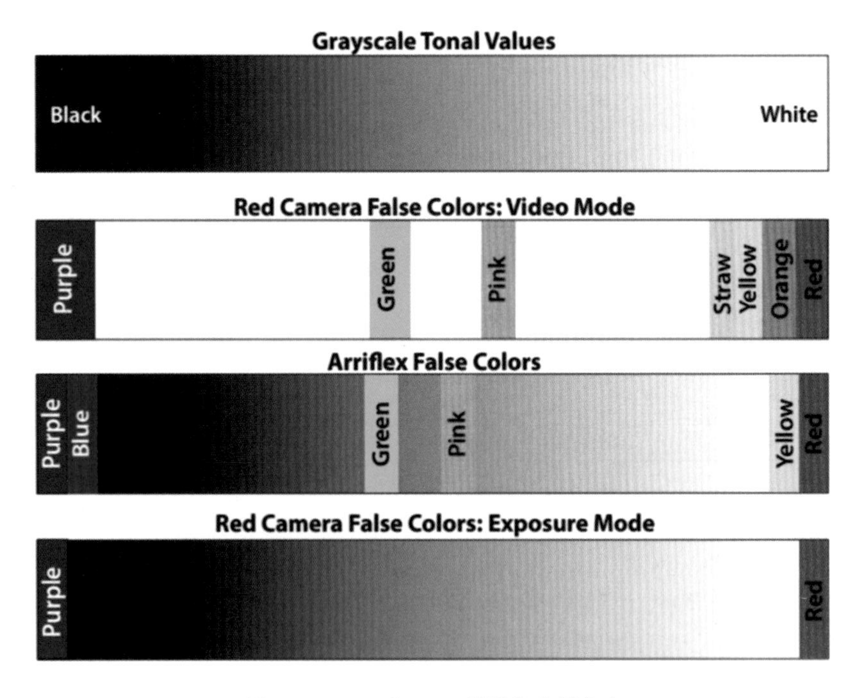

◎ 图5-52　RED和ARRI摄影机的假色表示

通过RED摄影机菜单“Settings—Display—Tools—Exposure”进入曝光模式。当激活曝光模式后，底部状态栏的“E✓”将会亮起。在曝光模式下，画面整体会变为单色的灰度图，只有红色和紫色两种颜色来指示场景中过曝和欠曝的区域（图5–53）。

◎ 图5–53　RED摄影机拍摄Raw时紫色表示欠曝及红色表示过曝的区域

在拍摄Raw格式时开启假色图功能，通过观察画面是否出现红色和紫色，可以快速判断场景中某个区域是否存在过曝和欠曝问题（图5–54、图5–55）。如果画面中有红色的假色出现，说明场景中这些区域是过曝的，可能是直射的强光或者是反射的高光。如果画面中出现紫色的假色，说明画面阴影中的一些细节可能会因曝光不足而丢失，或者有产生噪点的危险。当拍摄画面出现红色和紫色时，要对场景的曝光进行调整。注意，由于曝光模式是基于Raw格式的，调整感光度或者改变画面外观的一些设置不会影响假色显示。

视频模式的假色图颜色比曝光模式的要多，不同颜色标示不同的IRE电平。通过“Settings—Display—Tools—Video”进入视频模式。进入视频模式后，摄影机底部状态栏“V✓”会亮起。在视频模式下，绿色用来指示场景中间亮度，粉红色是典型的肤色亮度，橙黄色表示高光区域的颜色，深青色是深色的阴影，蓝色表示的是没有纹理的黑色。

◎ 图5–54　RED摄影机正常拍摄模式下的原始画面

◎ 图5-55　在曝光模式下通过伪色即可判断素材的曝光情况

ARRI摄影机的假色图

ARRI摄影机的假色图相对简单一些，标识颜色的数量少一些，这样在监视器上看起来比较容易分别（图5-56）。主要的几种颜色表示如下：

紫色：指示暗部和阴影区域（0%～2.5%）；

绿色：指示中灰区域（38%～42%）；

粉红色：指示白种人平均肤色亮度（52%～56%）；

红色：指示高光区域（99%～100%）；

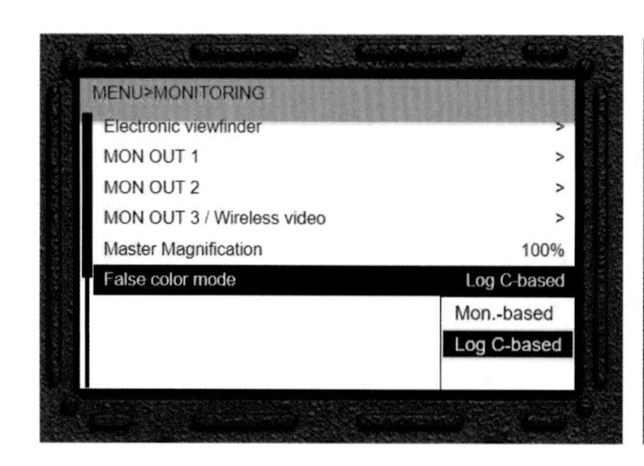

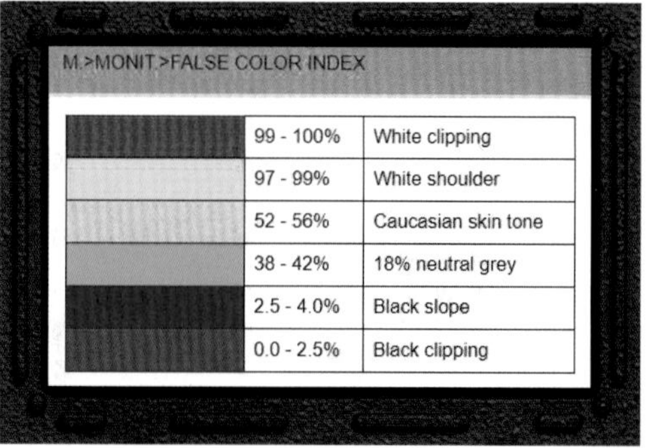

◎ 图5-56　ARRI摄影机假色图不同颜色对应的电平范围

5.7.6 RED摄影机特有的几种曝光辅助工具

上面提到一些曝光辅助工具，需要明确的一点是，这些工具对亮度曝光的判断有些是以IRE或RGB等视频格式为基础的，有些是针对Raw格式的。其中，以IRE为基础的曝光控制工具有直方图、波形图、斑马纹和假色图（可选）。这些功能会受到摄影机参数调整的影响，曝光判断的对象不是原始感光数据，而是一种经转换后以IRE电平记录的视频模式，在IRE模式下指示画面为过曝的状态，并不意味着Raw原始素材一定曝光过度。

RED摄影机除了直方图、斑马纹、假色图等功能外，还有几种特有的功能可以辅助曝光判断，比如“Goal Posts（门柱）”“Traffic Lights（交通信号灯）”“Gio Scope”等。这些曝光工具都是基于Raw格式的，不会受到感光度、色温、白平衡和LUT等参数调整的影响。

门柱和交通信号灯都属于“警示系统”，可以提醒摄影师拍摄素材有可能产生高光切割（过曝）或者暗部噪点（欠曝）等问题。这几个功能非常适合拍摄Raw格式时的曝光控制。

门柱（Goal Posts）

门柱是在RED摄影机底部直方图左右两侧的垂直柱状图（图5-57），分别用来指示暗部噪点的可能数量和高光切割的像素数量。与直方图不同的是，这两个功能针对的是Raw原始数据，而不会受到感光度、白平衡等参数调整对画面的影响。

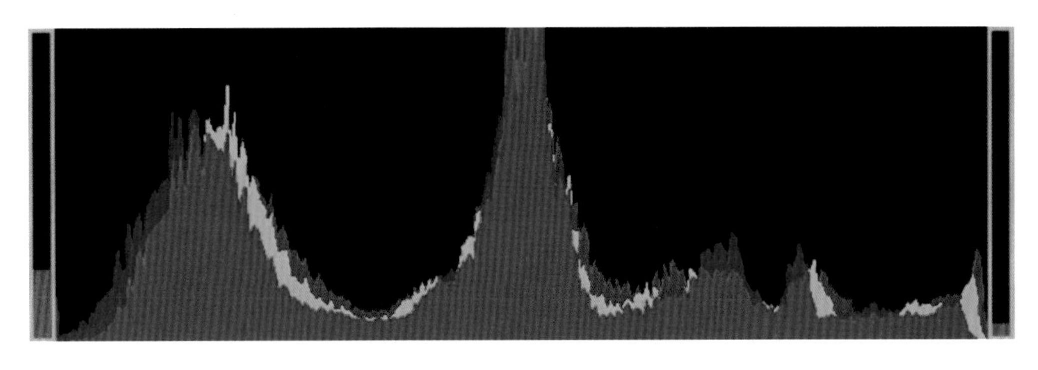

◎ 图5-57 RED摄影机直方图两侧红色的门柱

红色柱升高时，左侧门柱指示暗部可能产生噪点的数量，右边门柱代表的是高光过曝可能被切割的像素数目。门柱本身的高度代表的是当前拍摄画面分辨率的1/4。一般来说，左边门柱红色指示允许在50%以下，意味着噪点还是可以接受的。右侧门柱代表的是高光溢出的像素，红色亮起时尤其需要引起注意，意味着画面中有部分高光会被切割掉，所以右侧的门柱最好是一点都不要出现（图5-58～图5-60）。

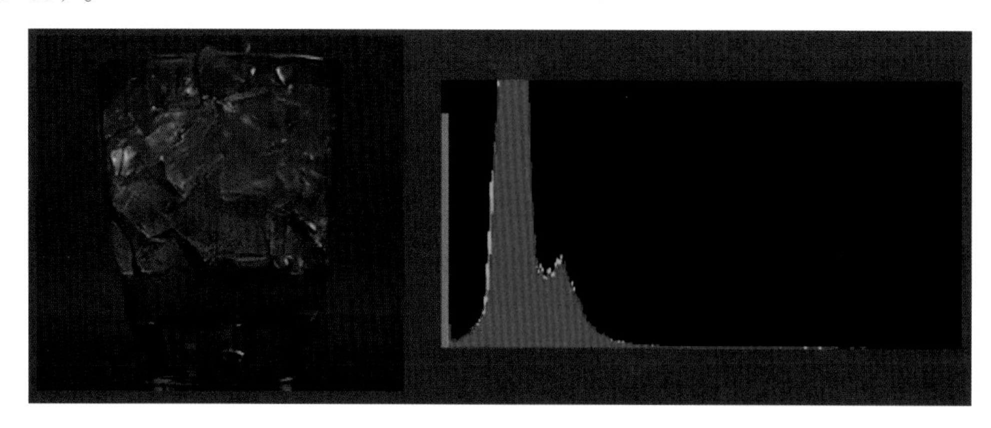

◎ 图5-58　左侧门柱的高度超过标准时表明暗部可能会产生明显的噪点

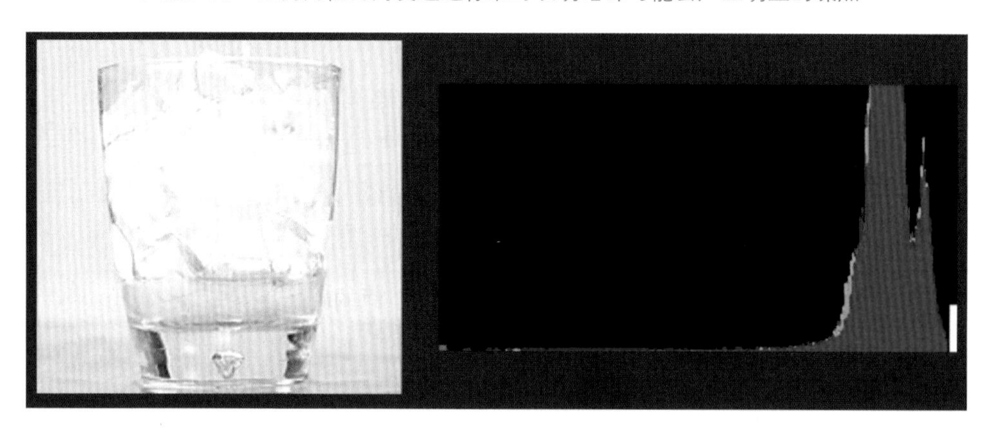

◎ 图5-59　右侧门柱亮起时意味着某些区域过曝，有高光被切割

◎ 图5-60　正常曝光画面，两侧门柱都表现正常

交通信号灯（Traffic Lights）

◎ 图5-61　RED摄影机直方图右侧的交通信号灯

交通信号灯是RED摄影机中一种用来指示高光溢出的警示工具（图5-61）。注意3种颜色分别是红（R）、绿（G）、蓝（B），而不是现实中交通信号灯的红、绿、黄，所以这个功能实际指示的是R、G、B 3个颜色通道是否存在高光溢出。

当某种颜色有超过2%的像素因为过曝被切割时，相应颜色的指示灯就会亮起来。比如，人的肤色中红色的亮度发生过曝时，红灯将会亮起。此时画面整体没有过曝，门柱不会报警，但实际上某个通道的颜色已经有过曝的危险了，交通信号灯在这种情况时很有用。

在现场拍摄时，摄影师更多关注构图、运动、光线等画面造型方面，可能不会时刻注意直方图和波形图的变化，但是快速看一眼交通信号灯和门柱，就可以知道当前拍摄的曝光有没有超过允许的范围。有些摄影师把交通信号灯叫作“傻瓜灯”，拍摄时顺便看一眼，如果某个灯亮起，那就是遇到麻烦了。当然，这两种工具作为快速判断曝光的功能很方便，但更具体和全面的曝光分析还得依靠波形图。

Gio Scope功能

Gio Scope是RED摄影机特有的一个功能，在进行曝光控制和分析场景的影调方面是一个非常实用的工具（图5-62）。Gio Scope可以看作是一种更灵活和强大的假色图功能。在Gio Scope功能下，Red摄影机16档动态范围的每一档用不同的颜色标识，也就是说通过Gio Scope可以看到场景中任何一个位置的曝光是落在哪个档位上。在拍摄现场可以此辅助照明布光和曝光调整，并充分利用摄影机的动态范围进行亮度平衡。

通过RED摄影机菜单“Menu—Settings—Display—Tools”，在“False Color”下拉框中选择“Gio Scope”，底部状态栏“G✓”会亮起，直方图也会变成相应的柱状图，可以点击选择16档动态范围的任意档位。选择好以后，画面就会用相应颜色显示场景不同区域的曝光了。

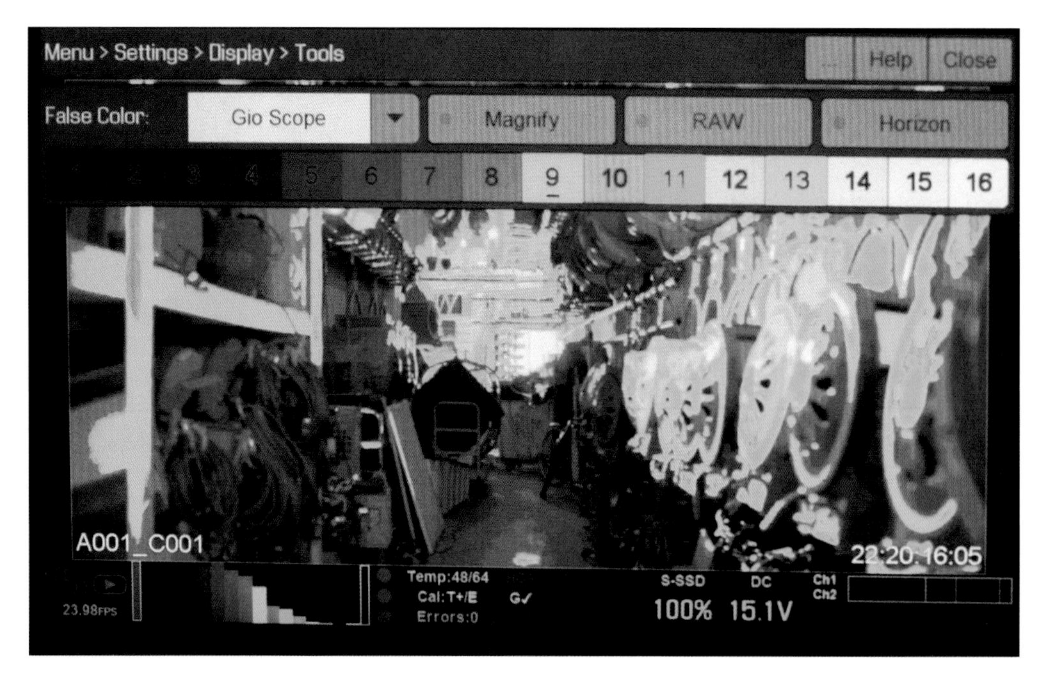

◎ 图5-62　RED摄影机特有的曝光辅助功能Gio Scope

我们上面讲了很多关于曝光的理论和曝光控制的工具。曝光虽然控制有很多技术要求，但不是一种机械的、死板的操作，必须得按照某种规范一步一步来才能得到好的结果。实际上曝光并没有一个正确的标准，也不存在一种完美的曝光策略。各种用于曝光辅助的工具也只是曝光控制的起点，不能作为绝对的标准。每个摄影师都应该有自己的工作方式，有自己对故事的理解和对画面审美的选择，从而进行更有创造性的工作。

第六章
色彩科学

在电影摄影创作中，色彩是画面造型和叙事的重要手段。从给人的视觉感受上讲，色彩具有一定的主观性，但从技术角度讲，色彩又是一个复杂的科学问题，需要有特定可度量的客观标准。与其他大多数艺术创作手段一样，色彩作为一种工具的技术方面被理解得越多，就能越好地为画面的创作服务。

色来源于光。光本质上是一种电磁波，同时具有波动性和粒子性。在光和波的物理世界里，实际上没有颜色这回事。颜色只是人类生理上的一种感受。色彩的产生是人类视觉和大脑对电磁波刺激的一种反应和解释（图6-1）。大脑对电磁波的解释决定了我们如何理解所“看到”的颜色。宇宙中能引起人类视觉响应的电磁波范围是有限的，这一范围被称为可见光。只有在可见光范围内的电磁波刺激，对我们人类来说才有意义，才能被称为“色彩”。

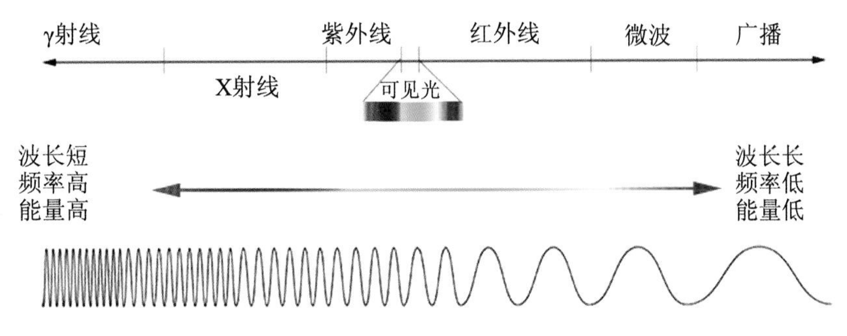

◎ 图6-1　色彩是可见光电磁波对人眼产生的视觉刺激

6.1 色彩感知

6.1.1 颜色是如何产生的

光线本身是没有颜色的，只是一些不同波长和不同频率的电磁波，这些电磁波与其他我们不能看到的电磁波比如红外线、紫外线等一样，都是客观的存在。可见光谱范围大概在380 nm和780 nm之间，这一范围内的光线刺激才能产生有效的颜色感知（图6–2）。

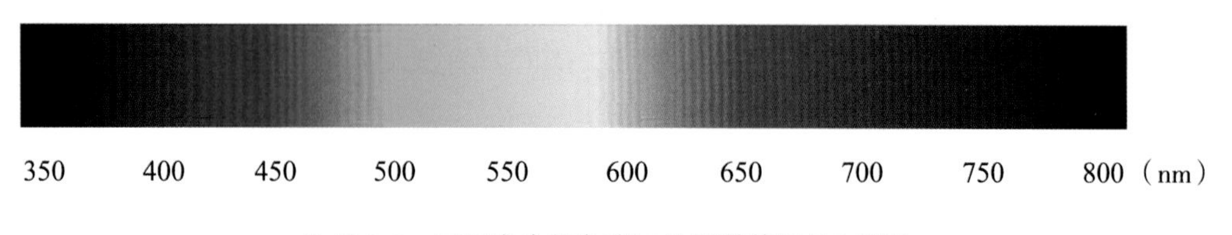

◎ 图6–2 可以产生颜色感知的光谱范围是有限的

人眼视网膜上分布着大量的视觉感知细胞，这些感光细胞主要有两种类型：杆状细胞和锥状细胞。杆状细胞是一种暗视觉细胞，主要是负责在低照度场景下看清物体。这类细胞对可见光中的蓝绿波长的刺激更为敏感，所以我们在比较暗的场景对颜色的分辨力也较弱。锥状细胞属于明视觉细胞，在光线充足时工作。锥状细胞负责完成大部分的颜色感知任务，所以我们只有在较明亮的环境下才能看清楚颜色。

人眼视觉感知细胞对不同波长电磁波的敏感度是不同的（图6–3），不同人的视觉敏感性也各不相同。根据对不同光波波长的敏感度不同，人类的锥状细胞可分为3类，分别对长波（L，570 nm）、中波（M，540 nm）、短波（S，450 nm）的电磁波刺激敏感，在颜色感觉上分别为红色、绿色、蓝色。无论光的波长组成如何复杂，光线的刺激都将主要减弱为这几种刺激，并由这几种刺激进行组合。如果视觉感知细胞的分布存在某种偏差，则表现为色弱或色盲。

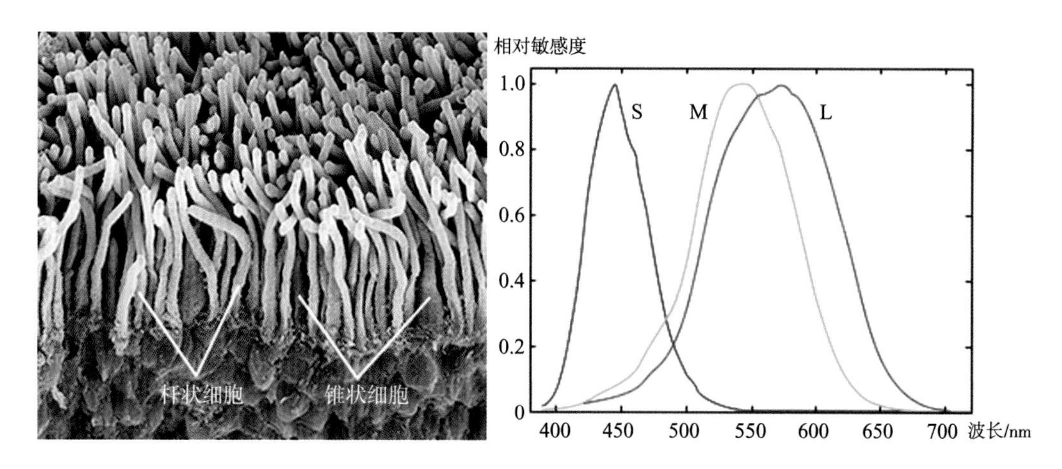

◎ 图6-3　人眼视觉感知细胞对不同波长的光线刺激有不同的反应

色彩感知的形成是人眼视觉与大脑共同作用的结果。眼睛的作用与感光材料类似，都是接受光的照射刺激，将光线刺激转换为神经信号传输给大脑，大脑对刺激信号进行反馈和理解，才能形成“画面”被人所看到。负责对光线进行理解并产生颜色感觉主要是靠大脑的作用。简单来说，产生颜色感的原因在于大脑对电磁波刺激后的解释。比如，代表蓝色的光波进入我们的眼睛，感知蓝色的锥状细胞接收到这种刺激，向大脑发出特定的脉冲信号，大脑接收到这种脉冲刺激，解释为“看到了”蓝色。当不同波长同时被视网膜细胞接收，大脑则会对这种混合刺激进行解释，形成另一种颜色的感觉。所以颜色的产生不在于眼睛，而在于大脑。

色彩通常不是来自单一的可见光刺激，也就是说不是所有的颜色都在可见光谱上独立存在。我们现实中接触的大多数光源都是多种不同波长电磁波的组合。颜色感的产生是多种光波刺激的组合，这些刺激发送给大脑后，由大脑进行综合解释，从而形成了新的颜色感。也就是说，有些颜色是大脑的“发明”，而非自然界中原本就存在的。比如紫色光在可见光谱上并不存在，当一定比例的红色和蓝色光波混合刺激大脑时，就产生了紫色的感知。

6.1.2 颜色相加混合

自然中的可见光谱是连续的，我们选择其中主要的3个波谱段，作为3种有代表性的颜色，即所谓的三原色（图6-4）。这些颜色恰好符合人眼锥状细胞的灵敏度，通过按一定的比例混合这几种原色可以形成其他任何的颜色。大多数我们在现实生活中感知到的颜色，都是基于三原色的刺激混合所产生的。

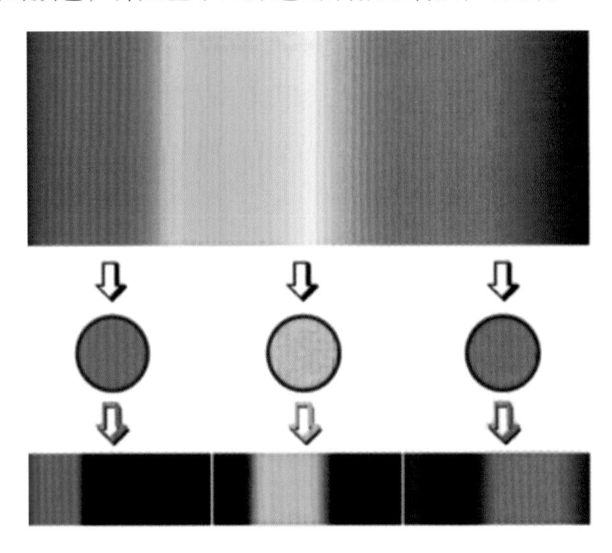

◎ 图6-4　从可见光谱中选取3种代表性的原色

通过几种原色混合产生其他颜色的方法，称为色彩的相加原理。这是有关色彩还原最重要的原理之一。在色光相加的情况下，3种原色分别是红色、绿色和蓝色，3种原色按一定比例混合可形成白色。调整相加的比例，红色和蓝色相混合会形成品红色，蓝色和绿色混合会形成青色，绿色和红色混合会形成黄色。我们将青色、品红色和黄色称为三补色（图6-5）。

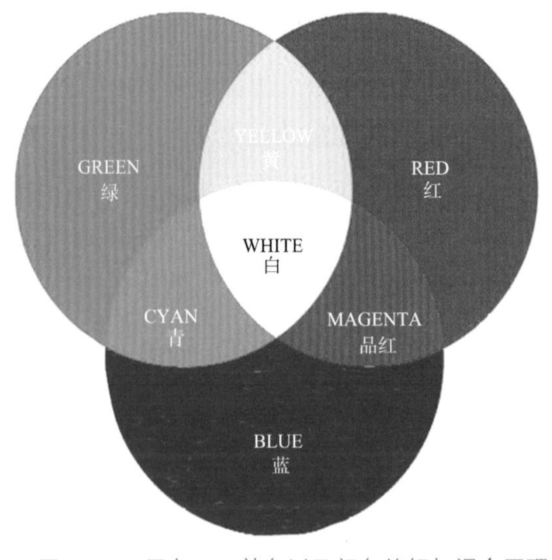

◎ 图6-5　三原色、三补色以及颜色的相加混合原理

色彩的基本原理之一，即按不同比例对3种原色进行混合，可以形成其他各种颜色。对应于视觉感知刺激，则是不同敏感度的视觉细胞接受不同强度的光波刺激后，大脑会将这些不同强度的刺激混合，相应地综合理解为某种颜色。胶片的光谱敏感特性与眼睛这种对光线的感知原理类似。在色彩科学中采用的三刺激值以及在视频领域的三原色，都是基于人类视觉对色彩感知的这种基本特性。

对于电影摄影机和视频显示设备，大多数色彩模型是基于视觉的这种感知原理来设计的。不论是三芯片的感光器件设计，还是单感光芯片加滤色片的模式，都是利用三原色感知的原理来实现对现实世界色彩的捕捉和还原。对于数字图像和视频编码，不同的色彩空间也是利用三基色原理来设计和实现的（图6–6）。

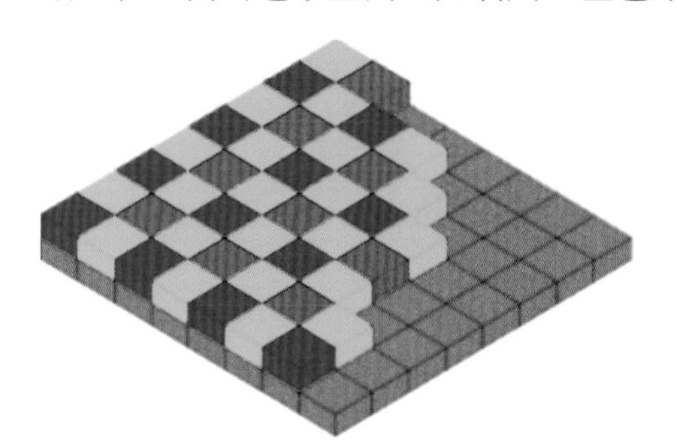

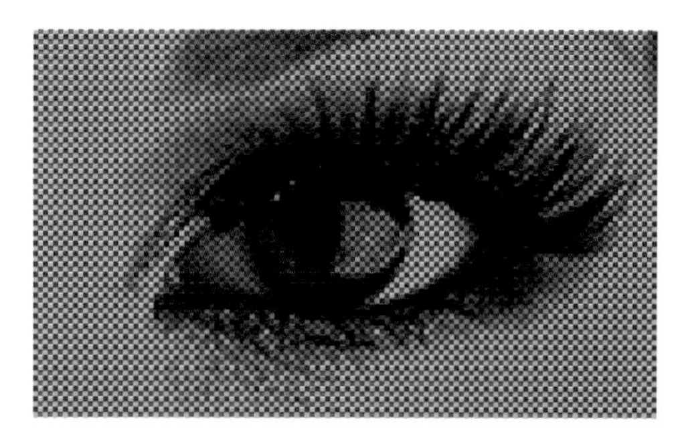

◎ 图6–6　数字摄影机感光芯片利用三原色原理生成颜色

6.1.3 同色异谱现象

我们在现实中所看到物体的颜色，除了与眼睛和大脑的感知特性有关外，还与光源和周围环境的照明、物体自身对光线的反射和吸收特性、观察角度等有关。物体的颜色是各种进入眼睛的光谱经相加混合得到的一种综合刺激。

人眼对色彩感知的综合刺激遵循同色异谱的原理。同色异谱指的是两种颜色看起来是相同的，但形成这种颜色感觉的光谱组成可以是完全不同的。比如，看上去一样的灰色，可以由多种连续光谱均匀分布形成，也可以由三原色光谱按特定的比例相混合而成（图6–7、图6–8）。同色异谱是一种微妙而复杂的现象，它既是所有彩色图像的成像基础，也是很多照明光源特别是不连续光源显色性问题的原因。

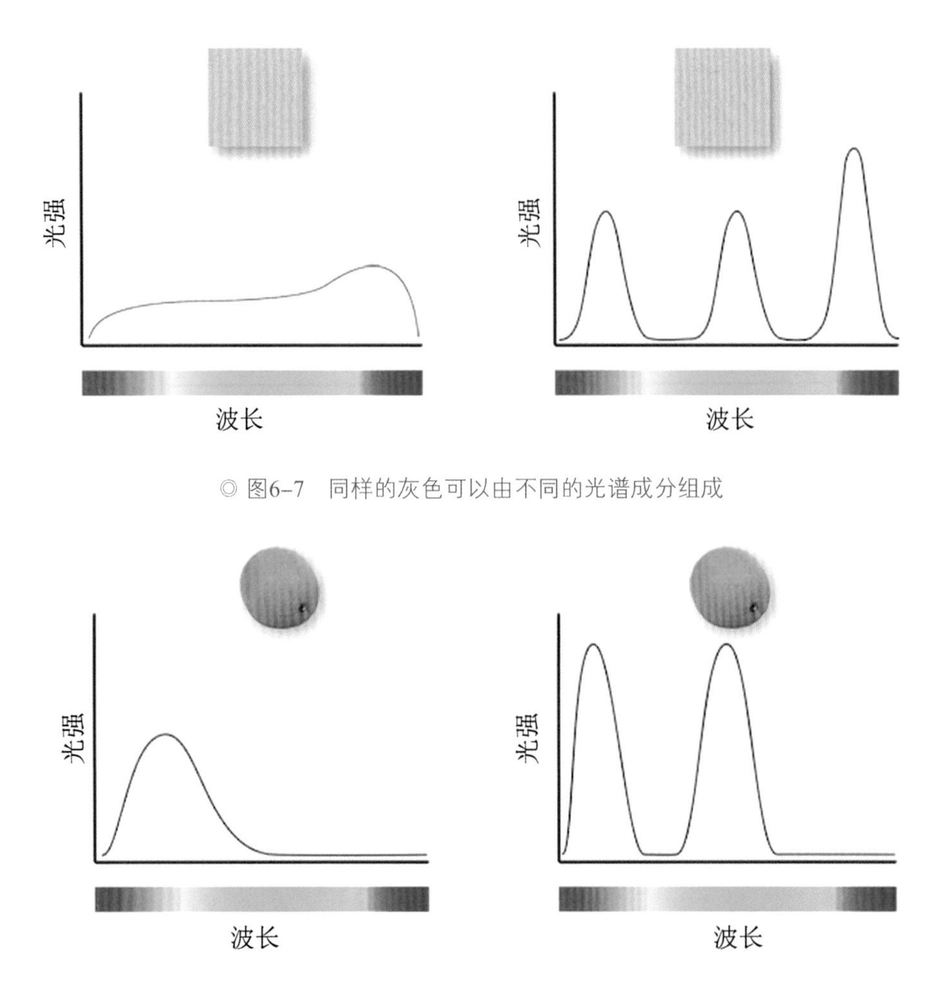

◎ 图6-7 同样的灰色可以由不同的光谱成分组成

◎ 图6-8 橙色光可以由红光和绿光混合形成，看起来与单色的橙色光没有差异

6.2 色彩的客观描述

色彩是人的一种主观体验。眼睛对颜色的感知并不可靠，不同的人对同一颜色的感觉肯定也存在着差异。当需要在不同个体和多个系统之间交换色彩信息时，主

观感受和语言的描述是无法准确传达某种具体的颜色的。比如，一种红色到底是怎样的红，是“这种红色”还是“那种红色”，很难讲清楚。因此，对颜色的描述有必要发明一些客观的度量方式。对颜色进行客观描述的科学称为色度学。

6.2.1 牛顿色圆

牛顿是最早从理论上对颜色进行客观研究的人。他用一个分光棱镜将无色的（白色的）阳光“打散”成一系列单独的颜色，也就是我们熟悉的彩虹光谱：红、橙、黄、绿、蓝、靛蓝和紫。这些颜色都是在可见光谱中存在的，都是单一波长可见光谱产生的颜色，就是我们所说的单色光。

牛顿对色彩理论的另一个贡献是他发明了色圆，并用色圆对颜色的形成进行客观的解释。可见光谱本身是线性的，在380 nm至780 nm的范围内。牛顿想出了把光谱变成一个圆的想法，这使得原色和补色关系更加清晰。色圆还有一个有趣的现象：可以将两种在光谱上不相邻的颜色连在一起，比如蓝色和红色在可见光谱上相距甚远，但在色圆上它们可以是邻近的，它们之间则是蓝色和红色的混合物——品红色（图6–9）。

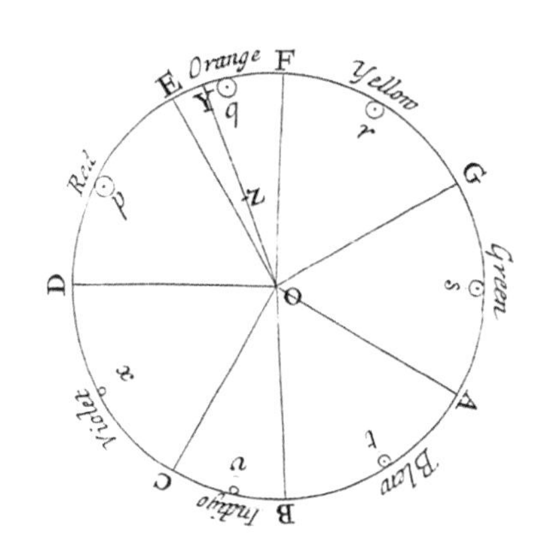

◎ 图6–9　牛顿最早对色彩进行定量描述的色圆

6.2.2 孟塞尔表色法

从人的视觉感知角度描述色彩时，可以将颜色的属性表示为色调（色相）、饱和度、明度。色调表示的是“某种颜色”，色调与某种颜色的主波长有关；明度表示颜色有多亮或多暗；饱和度表示色彩的浓度有多高或者多么鲜艳，也可以用某种颜色中掺入了多少白光表示。

描述颜色的3个基本属性最早由孟塞尔（Albert Henry Munsell）提出，他利用颜色的基本属性建立了一套科学且系统的表色体系，就是我们通常说的孟塞尔色立体（图6–10）。在没有计算机的年代，对于色彩的表示和传达大多使用孟塞尔发明的色卡。在现今视频时代和数字影像表示中，常用的色彩空间HSV（hue、saturation、value）或HSL（hue、saturation、lightness）等，也都是以色调、饱和度、明度作为基础的。

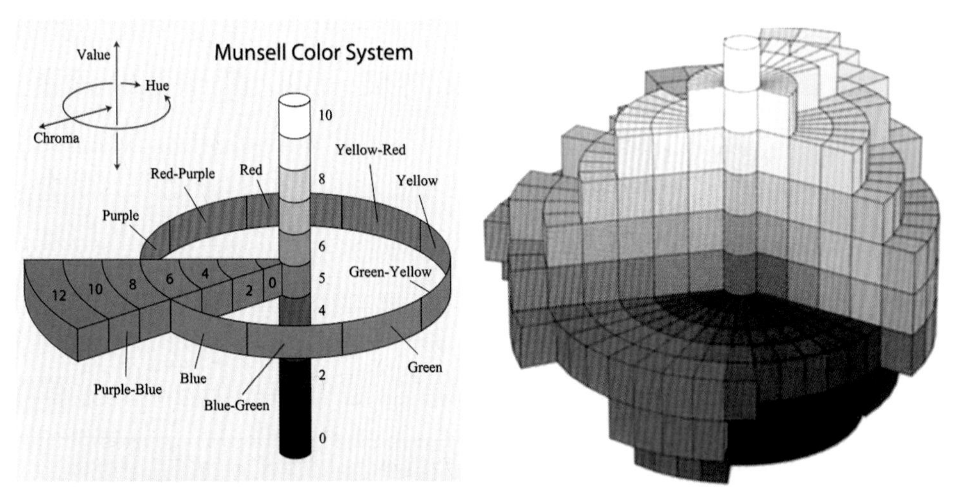

◎ 图6–10　孟塞尔的色立体及应用

6.2.3 什么是白色

对色彩进行客观的度量，有一个基准问题首先要明确：什么是白色？如果白色的标准不统一，也没有办法对颜色进行客观的参照定义。白色是我们大脑感知的产物，在光谱上并没有白色。人类生活在以太阳为主光源的环境中，我们通常认为日光在大多数情况代表的就是白色。牛顿通过棱镜证明日光是由多种颜色混合而成的。各种颜色的光线按一定比例混合在一块，就会形成白色。

日光的颜色在一天中的不同时间也在不断变化。早晨的日光和傍晚的夕阳都有一些暖红的感觉，中午的日光更白亮一些。由于不同条件下空气的折射、散射率不同，早上、白天、阴天的光谱变化很大，不同的国家和地区日光的颜色也不相同。所以，对于日光代表的白色很难确切地描述，并找到一个统一的标准。色温是一种对光源光谱特性的描述方法，即用一个理论上的绝对黑体，当加热到一个特定的温度时，光源的颜色可以被认为是白色。

在电影制作和视频领域，实际上也没有一个关于白色的明确定义。有时我们将一个90%反光率的白纸定义为所谓的“标准白”，以作为画面曝光控制的参照。视频画面的颜色则很大程度上取决于场景的照明光源。现场的照明情况往往都很复杂，各种光源混在一起，通过单纯的反射率定义白色也不准确。

颜色的感知同时还受到光源的影响。白色的定义首先需要一种理论上的标准光源，只有在统一的照明光源下，才能实现客观的色彩表示和再现。为了使颜色度量和评价具有一致性，国际照明委员会（CIE）推出了建议的标准照明体和标准光源。我们将在可见光波段内光谱辐射功率为恒定值的光刺激定义为标准照明体E，亦称等能白光（图6-11）。这是一种人为规定的光谱分布，是一种理想的白光，作为理论参考是有用的，实际不存在该光谱分布的光源。

另一种更现实的参考光源是接近日光特性的CIE D65标准光源（色温为6500 K），日常大多数情况拍摄时应该使用该标准。在印刷领域可以使用D50标准光源，摄影行业有时也可以使用D55光源。

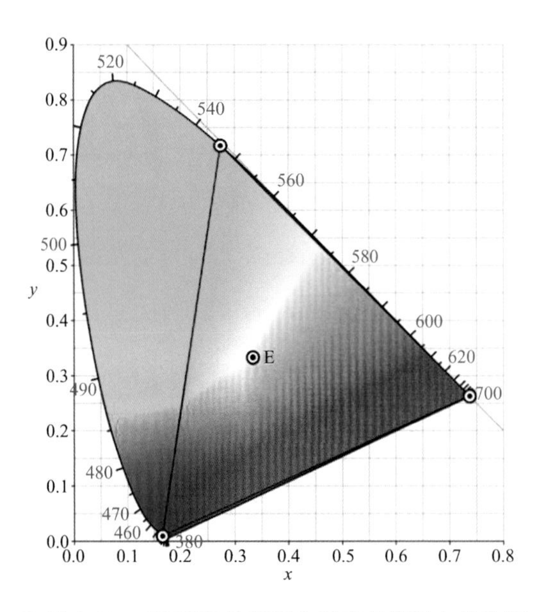

◎ 图6-11 CIE定义的等能白光在色度图上的位置

6.2.4 色温的含义

色温是一个描述光源的颜色特性（或光谱成分的组成）的概念。色温的物理定义是加热一个理想的绝对黑体，随着温度的升高，黑体不断向外辐射电磁波，这种辐射会表现为某种颜色的可见光，当辐射的颜色与某种光源的颜色一致时，光源的颜色特性就用黑体被加热到的温度来表示。

色温以绝对温度为单位，以开尔文表示，符号为K。色温超过5000 K称为冷色（蓝白色），而较低的色温（2700～3000 K）则称为暖色（黄白色至红色）。日光具有与相关色温为6500 K（D65白光标准）或5500 K（日光平衡照相胶片标准）的黑体相似的光谱（图6-12）。

◎ 图6-12 色温随黑体加热温度变化而体现在颜色上的变化

实际上，色温只对黑体辐射能够产生的颜色有意义，比如从红、黄经过少量的白色到蓝色，但色温没有反映出光源中有多少绿色或品红色。谈论绿色或紫色光源的色温是没有意义的，通过色温评价光源的颜色不再适用。

我们统称为“白光”光源的光谱成分并不相同。有些白光偏冷，比如日光灯发出的光；有些白光偏暖，比如钨丝灯发出的光。这些“白光”照射在同样的物体上，所呈现的色彩也并不相同。通过引入色温的概念，可以对各种白光进行比较。色温是一个有用的工具，但它并不能反映有关光源颜色的所有事实。

在拍摄时，为了避免与日常经验的冲突，白色的物体都应该被还原为正常的白色。比如一张白纸，不论是在正午的日光下，还是在钨丝灯或者荧光灯照射下，都还是一张白纸，而不应变成一张看上去是黄色的或者蓝色的白纸。我们的大脑知道这是一张白纸，尽管在不同类型的光源照射下，但白色仍是白色——大脑只会这么解释。当然，在极端色彩条件下比如纯红或纯蓝这类场合，色彩感知也会相应地调整，将白色理解为与环境有关的颜色。

摄影机不是人的大脑和眼睛，不会以人类视觉感知的方式根据周围环境自动理解和转换。摄影机对于光线的捕捉是原样如实获取的，白纸反射的光是什么成分，感光材料记录下来的就是什么颜色，这就是为什么传统的摄像机和照相机中有白平衡的功能。传统的高清摄像机对白平衡的调整是“烘焙式”地记录在视频中的，现在的数字摄影机拍摄Raw格式可以将色温记录在元数据中，后期制作时还可以再进行调整。

6.3　色彩空间

色彩空间是现代视频设备中很常见的一个概念，有时也叫作色域。顾名思义，色彩空间是一个关于颜色表示的空间范围，也是一种用数值方式对颜色进行精确度量的方法。色彩空间最直观的解释就是在色度图中由3个点围成的三角形（图6-13）。三角形区域代表拍摄系统能捕捉到的以及显示系统能够重现的颜色范围，在一个坐标系内，每个坐标点的数字可以表示一种颜色。

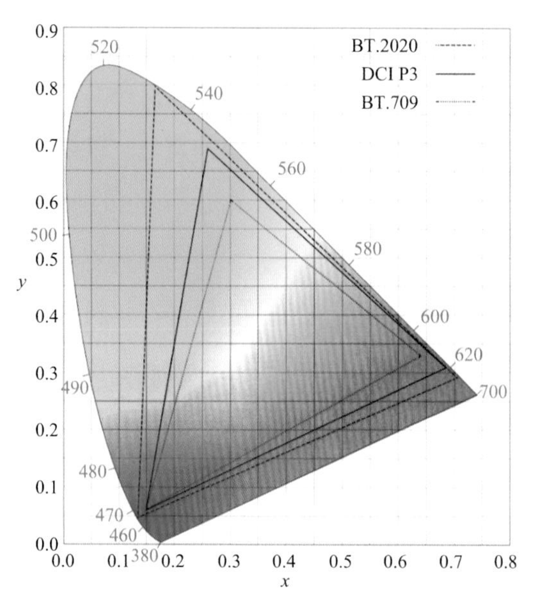

◎ 图6–13　色彩空间在平面上是一个三角形围成的区域

6.3.1 色彩模型

对人类而言，色彩感知是一种主观的体验，通过语言描述颜色存在着模糊性，即使用文字也很难精确描述。在科学和工程领域，描述颜色需要用客观和统一的方式，这种描述在不同系统之间是可以精确传递的。通过建立一种更加客观的坐标系和抽象的数学模型的形式，阐释颜色的形成机制和表示不同颜色组成的方法，就叫作色彩模型。

色彩模型通常是一种抽象的数学模型或颜色解释系统，用不同的映射函数或数值组合的方式阐释颜色形成的规则。因为这些函数和规则是固定的，所以色彩模型可以精确地表示和重现颜色。色彩模型与映射函数的特定组合经常被称作为色彩空间。不是所有色彩模型都有特定的映射函数来表示颜色与数值之间的对应关系。类比来讲，色彩模型可以看作是某种语言，色彩空间则是具体的语法，或者是语言的变种。就像同样是英语语系，也分英式英语和美式英语等，两者来自同一种语言模型，但又有所改变。

将颜色表示为数学模型可以有很多种方式，所以在实际使用时，我们能见到各种各样的色彩空间。不同的色彩空间适用于不同的用途，比如有些色彩空间适合表示摄影机对颜色的获取，有些色彩空间适合于监视器显示，还有些色彩空间更擅长在放映设备重现色彩时使用。

比如，用数值表示人类视觉刺激和感知作用的红色（R）、绿色（G）、蓝色（B），可以在一个三维坐标系里，将x轴表示为R的数值，y轴表示为G的数值，z轴表示为B的数值，这样就形成一个基于RGB的色彩模型。我们所用的计算机显示器就是基于RGB色彩模型创建颜色的。再比如，在一个坐标系内用3个标准轴分别表示描述颜色属性的色调、饱和度和明度值，此时形成的色彩表示方法称为HSV或HSL色彩模型（图6–14）。

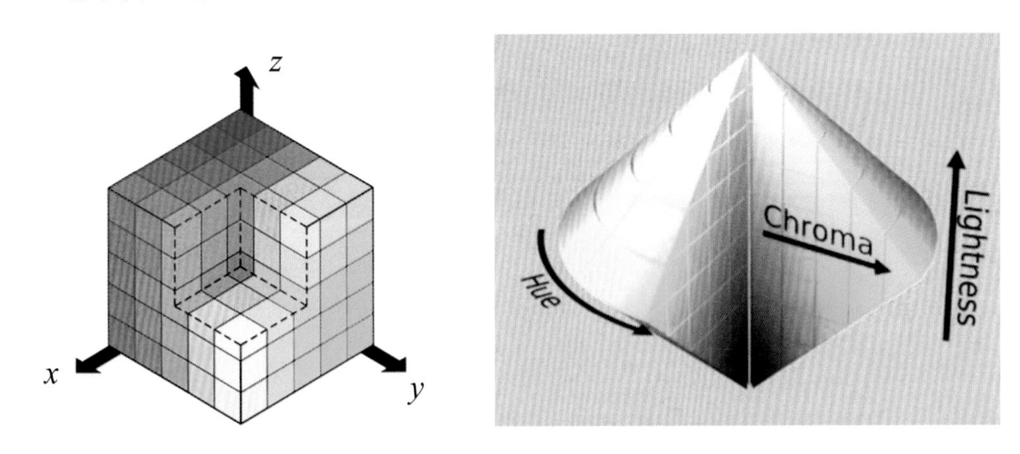

◎ 图6–14　不同描述颜色方式的色彩模型

在电影制作和视频技术领域，有非常多的色彩模型。比如，YUV、YCbCr等色彩空间是将亮度和色度进行分离的色彩模型，CIE的L*a*b*色彩空间是基于抽象的XYZ颜色模型，还有用于打印和印刷系统的CMYK颜色模型。这些颜色模型都阐释了一种表示颜色的方式。

6.3.2 CIE 1931 XYZ色彩模型

CIE成立于1913年，一直致力于利用最新的色彩科学制定色彩度量方面的标准。1931年，其发布了正式的CIE 1931 RGB和CIE 1931 XYZ色彩模型，并且定义了标准照明光源A、B和C，后来增加了D 6500光源。1960年和1976年，CIE更新了该标准。1976年，CIE定义了两种近似视觉均匀的色彩系统——CIE LUV和CIE LAB。

CIE 1931 XYZ是第一个基于对人类视觉感知测量所建立的色彩空间，将电磁波中可见光谱和人类视觉感知之间做了定量的关联（图6–15）。CIE色度图是目前构建数字影像色彩系统的基础，在定义其他色彩空间时，通常所用的参考标准就是CIE XYZ色彩空间，它包含了人类视觉可以感知到的所有颜色。与CIE XYZ相关的其他衍生色彩空间包括CIE LUV（1976年）、CIE UVW、CIE L*a*b*等。

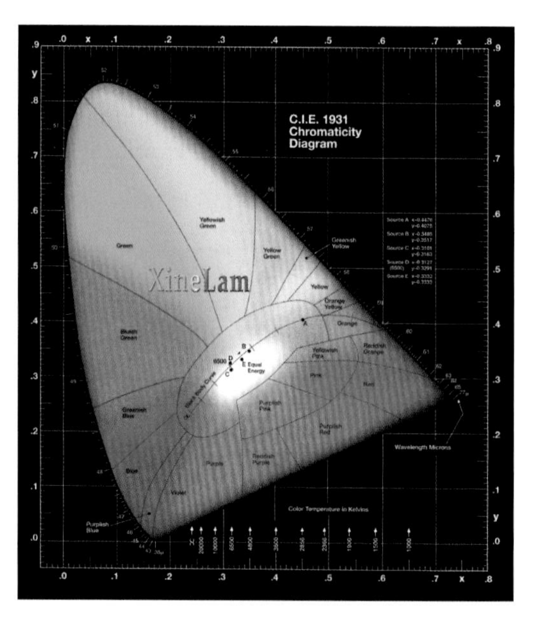

◎ 图6-15　CIE 1931 XYZ色度图

CIE L*a*b*色彩空间也被称为CIE Lab，通常也简称为Lab色彩模型（图6-16）。Lab色彩模型有3个维度：L*表示亮度，a*和b*分别表示的是两个色彩分量的维度。这种颜色空间是基于非线性压缩的CIE XYZ颜色空间坐标，在视觉感知上比XYZ色彩空间更加均匀，即在色度图上距离相同的两个点的颜色变化，在Lab上引起的视觉感受的变化差得不是那么大。Lab色彩空间的范围要远超过人类的色彩感知色域。Lab色彩空间是与设备无关的，是一个纯粹的理论上的色彩空间。

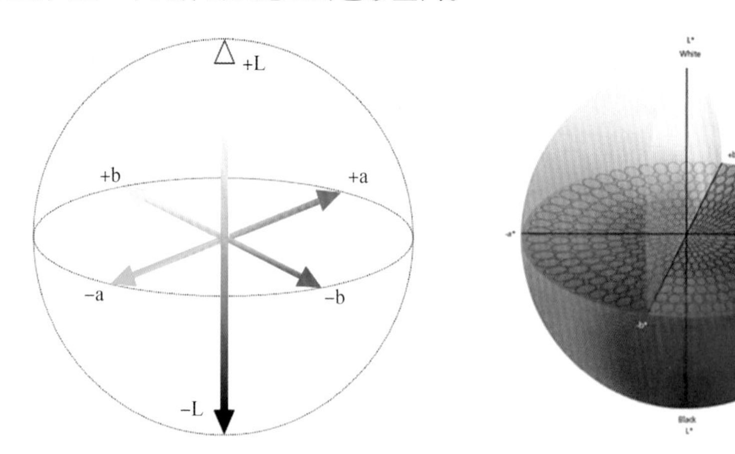

◎ 图6-16　CIE Lab色彩空间

CIE XYZ色彩空间中，XYZ表示的是色彩感知过程的三刺激值。XYZ不是RGB，与LMS（长中短波长）类似，但也不太相同。其中，Y表示的是色彩整体的亮度刺激，X和Z表示锥状细胞的色彩刺激，即对于给定的Y值，XZ平面将包含该亮度下的所有可能的色度。

一个完整的CIE XYZ色彩空间是三维的，我们经常见到的CIE色度图是绘制在二维平面上，所以将XYZ色彩空间分为亮度和色度两部分。Y代表的亮度不在平面色度图上体现，而使用小写的x和y代表所有的色度度量，表示为CIE xyY色彩空间。另外，当CIE XYZ色彩空间涉及亮度gamma时，经常被表示为X′ Y′Z′。

6.3.3 对CIE色度图的具体解释

光谱轨迹

CIE色度图在二维平面上的投影是马蹄形，轮廓边缘的曲线对应着可见光谱上不同的色调（以nm为单位的单色光波），这条外部轮廓线称为光谱轨迹（图6-17）。光谱轨迹是由纯色调在最大饱和度下的光谱所围成的曲线。需要注意的是，不是所有的色调都能达到同一级别的最大饱和度。

光谱轨迹所包围的区域是人眼在自然界可以感知到的所有颜色。色彩科学的一个基本事实是，不能被人眼看见的颜色对人是没有意义的，不在我们的关注范围内。在色度图内任意选择两个点，通过混合这两个点所代表的颜色，可以形成这两个点所连成直线上的所有颜色。选择和定义3个点，通过混合这3个点的颜色，可以生成所围成的三角形内的任何颜色，这也就是色域的概念（图6-18）。

紫色线

马蹄形色度图底部边缘的直线是非光谱成分的紫色的，通常称为紫色线。紫色线上的颜色在可见光谱中是不存在的，也就是说在紫色线上的颜色都不是单色光，只能通过其他色光混合来实现。

白点

在色度图上，越靠近中心区域的颜色的饱和度越低。中心的白色区域是由多种不同色调的颜色相混合形成的。白色不是单独的一个固定点，CIE色彩标准中包含多个白点的定义，称为光源E。如图6-19所示，白点是D65，该点与日光平衡型灯具照亮的场景大致相同，色温是6500 K。日光平衡的色温在不同国家和地区也不相同，有的地区是5600 K，也有的地区是6500 K，因为每个地区都有不同的环境颜色。CIE其他的光源包括光源A——钨丝灯、F2——冷白荧光灯、D55——5500 K。

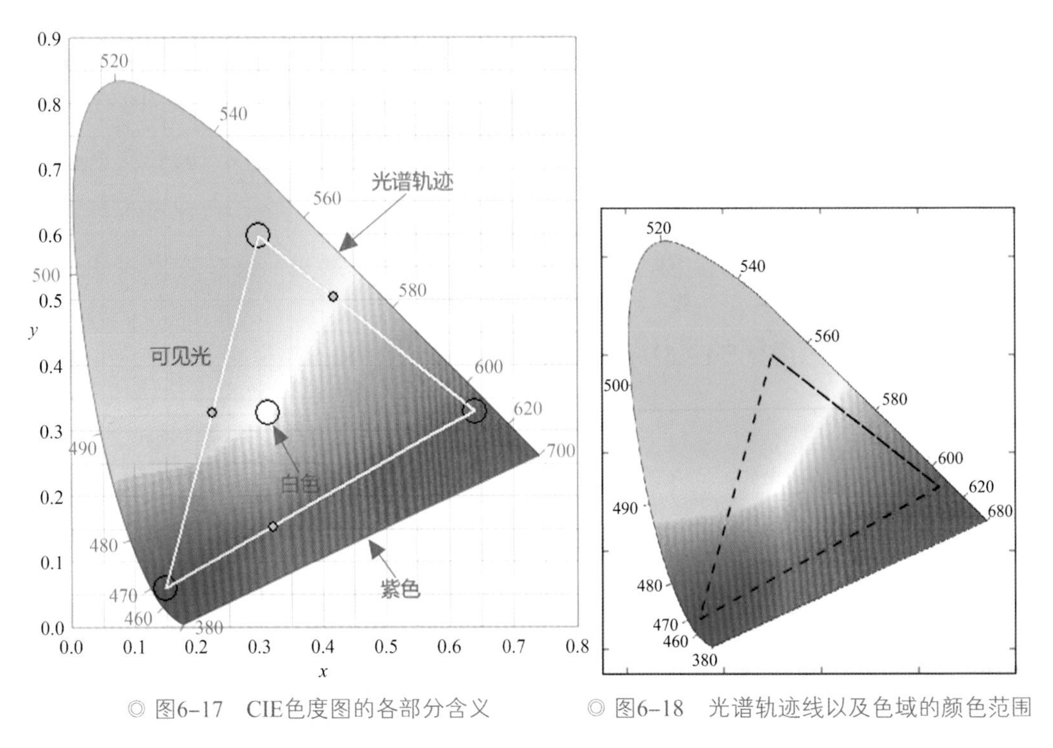

◎ 图6-17　CIE色度图的各部分含义　　◎ 图6-18　光谱轨迹线以及色域的颜色范围

虽然没有官方标准，但D65是显示器最常用的白点标准。

黑体轨迹

靠近CIE色度图中心的一条连续曲线被称为黑体轨迹（图6-20），有时也称为普朗克轨迹。这条曲线轨迹代表的是随着绝对黑体逐渐加热向外辐射热量，以开尔文为单位的色温变化。在黑体轨迹的某一点开始发红，之后分别是橙色、淡黄色，再是白色，最后是蓝色。

6.3.4 色域

CIE色度图能够容纳人类视觉可感知到的所有颜色，但目前还没有一种电子或数字的方法可以重现所有的颜色，大多数视频设备能够重现的颜色都只是CIE色度图的一个子集。在CIE马蹄形色度图内，我们可以放置摄影机、监视器、放映机和色彩软件所能重现的不同的颜色范围。一种色彩模型在CIE色度图内能够重现的所有颜色的集合，也就是我们通常所说的色域（gamut）。

色彩会受到亮度的影响，色彩空间的实际范围应该是三维的，包含亮度以及色相、饱和度共同围成的空间。在平面图上，色域在CIE色度图上很容易可视化，通

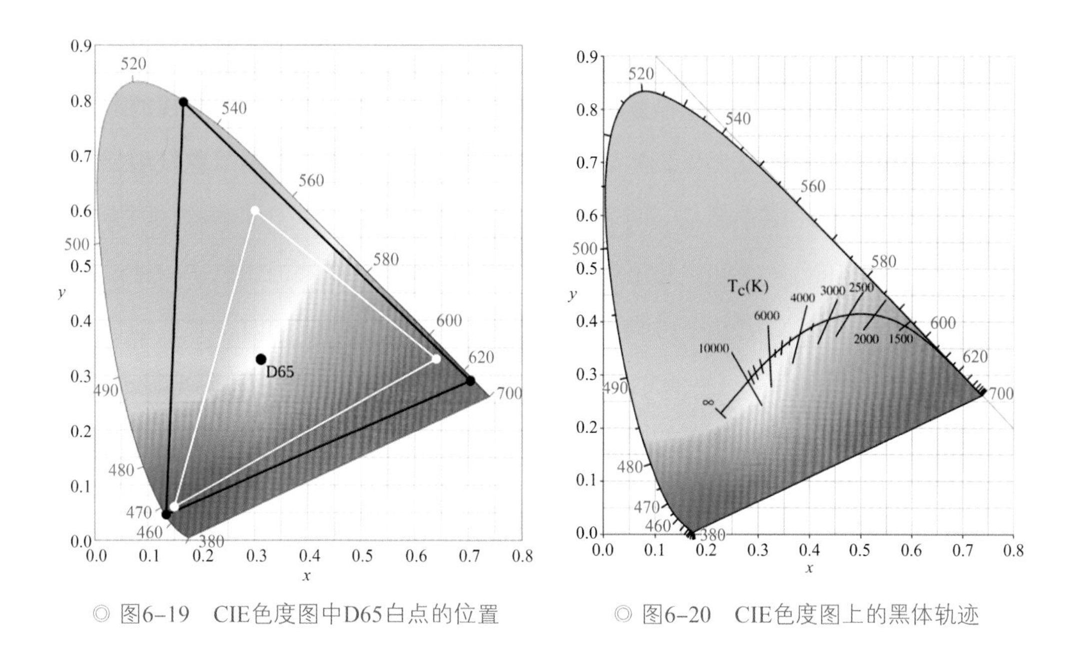

◎ 图6–19　CIE色度图中D65白点的位置　　◎ 图6–20　CIE色度图上的黑体轨迹

常是用红、绿、蓝以及白点在CIE色度图上的坐标来表示。如图6–21所示是Rec.709的色域和几个关键点的坐标值。

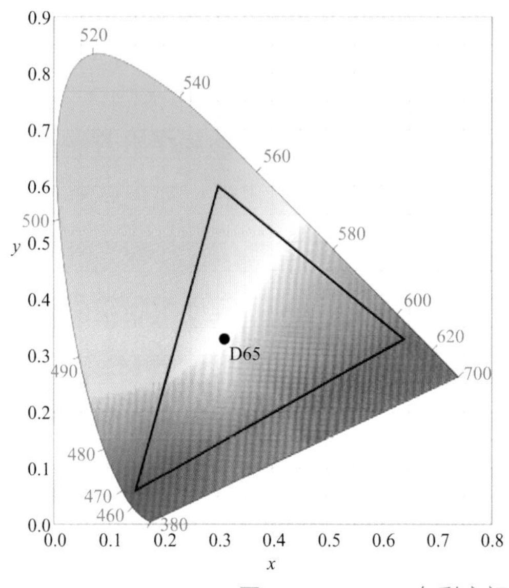

BT.709	白	红	绿	蓝
x	0.312	0.64	0.3	0.15
y	0.329	0.33	0.6	0.06
Y	0.358	0.03	0.1	0.79

◎ 图6–21　Rec.709色彩空间的3个原点和一个白点的坐标

在色度图坐标系内确定R、G、B 3个原色的坐标点，以及CIE标准白色的位置，如此就定义了一个三角形的区域，这个三角形所围成的区域就代表一种色彩空间可以表示和重现的所有颜色。根据某种颜色的数值是否落在三角形内，就可以判断这种颜色是否能够被正常地表示和还原。

在色彩科学中，色域可以描述某种拍摄或显示设备在技术上可以重现的颜色的集合。当特定的色彩模型无法表达某些颜色时，说明这些颜色超出了色域的标准。例如，纯红色可以用RGB颜色空间表示，但不能用CMYK颜色空间表示，因为饱和的纯红色在CMYK色彩空间中超出了该色彩模型的色域范围。当颜色从一种设备传递给另一个设备时，或者从一种颜色空间转换到另一种颜色空间时，某些颜色很可能会超出色域，一旦超出了色域的范围，意味着这些颜色将不能被正确地显示。

数字摄影机可以拍摄彩色的画面，但实际上传感器是没有色域的概念的。对于数字摄影机来说，感光器件CCD和CMOS几乎对所有可见光的光谱敏感，传感器只是负责捕捉光线，也就是说只能分辨光线的强度，并不能分别颜色，因此色彩空间也就无从谈起了。但在对获取的感光数据进行亮度和色彩编码时，就需要用到色彩空间了，此时才有色彩空间的选择。比如RED摄影机，从Raw原始感光数据编码转换为数字影像时，需要选择gamma曲线对亮度进行编码，需要选择某种色彩空间对颜色进行编码，如此才能得到正常的影像画面。

色彩模型、色彩空间、色域，这几个术语在名称和含义上很接近，但实际内涵并不完全相同。

色彩模型侧重于对颜色构成机制的阐释，是一种描述颜色如何起作用的模型和原理。比如，RGB是针对人眼视觉感知颜色的生理机制而构建的一种色彩模型，CMYK是应用于印刷出版和墨汁染料形成颜色的色彩模型，YUV是基于对当时电视视频信号的亮度和色度分离的需求而设计的一种颜色模型，CIE色度图则完全是基于数学公式抽象的颜色模型，等等。

色彩空间则取决于在某种色彩模型下，使用何种具体的数值表示所有的颜色。比如在RGB模型下使用哪种红、哪种绿、哪种蓝，三原色具体的坐标数值是多少，等等。色彩空间代表的是一种色彩模型能够被客观表示和重现的颜色范围。同一种色彩模型允许有多种不同的色彩空间。例如，sRGB色彩空间是基于RGB色彩模型的，通常用于描述显示器能够重现的颜色范围；Adobe RGB同样是基于RGB色彩模型，但具体的颜色范围则与sRGB有所不同。

色彩空间是在色彩模型对颜色形成的机制下，加上一些具体的条件和定义，比如三原色和白点的位置、亮度gamma曲线，或者能够将色彩和视觉联系起来的一些数学计算方法等。色彩空间需要有明确的参考白点，比如Rec.709色彩空间以D65为标准白点，数字影院放映的DCI P3色彩空间以D63作为标准白点。

色域的概念与色彩空间相近，指的也是一种颜色的范围，但更多的是指某种具体设备可实际重现的颜色范围。例如，所有的显示器都是基于sRGB色彩空间的，但是由于显示器是物理发光，不同物理材料的色彩还原特性不同，所以显示器实际能够显示的色彩范围也各不相同，实际的色域是不同的。色域可以看作是一种色彩空间可能允许颜色的子集。对于Rec.709同样如此，Rec.709视频标准有自己定义的色彩空间，不同的摄影机和监视器都可以使用Rec.709的色彩空间，也可以在Rec.709的基础上定义自己的色彩空间。同时，由于不同设备的显示特性是不同的，所以能够实际支持的色域肯定也是不同的。

6.3.5 常见视频标准的色彩空间

对电影制作者来说，不论是摄影师、剪辑师、调色师、视觉特效人员，还是参与数字电影发行和放映的人员，充分理解色彩空间的含义，以及不同色彩空间的标准和限制是非常重要的。下面介绍几种在影视制作过程中常使用的色彩空间（图6–22）。

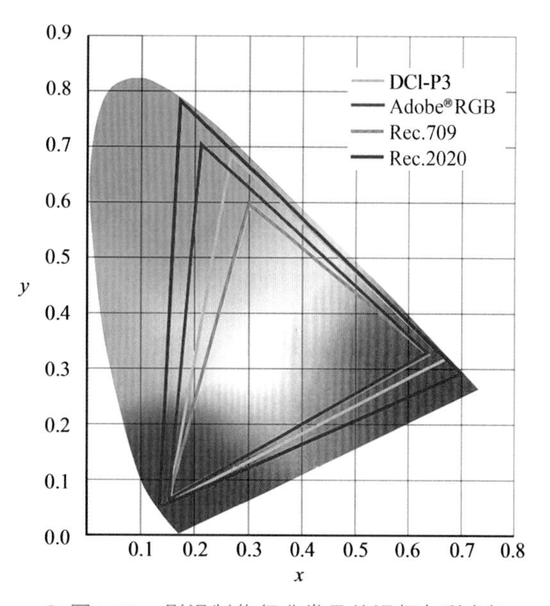

◎ 图6–22　影视制作行业常见的视频色彩空间

REC.709

Rec.709是高清视频显示的标准。高清视频显示使用Rec.709标准已经很多年了。Rec.709标准定义了一系列与高清视频编码和显示有关的技术内容：高清视频的分辨率需要达到60fps/1080p，采用8 bit和10 bit位深进行量化；亮度编码定义了一条特定的gamma曲线，这条gamma曲线的对比度符合人眼观看的视觉特性；还定义了颜色显示的色域标准，包括在CIE色度图上3个RGB原色的坐标和白点的位置；等等。

Rec.709主要针对显示设备，而不是针对摄影机的标准，但在使用摄影机拍摄高清视频时，摄影机在分辨率、动态范围和色域上都会受到Rec.709的限制。目前，高清电视和网络视频仍遵循Rec.709的标准，大多数摄影机都会提供Rec.709格式的视频输出。如果没有直接提供Rec.709的输出，也可以通过其他方式实现，比如通过使用LUT将摄影机的原始信号进行转换，使之符合Rec.709的标准，然后才能正常观看。

Rec.2020

目前，数字摄影机的各项技术指标提升很快，不仅表现在高分辨率、高动态范围和高感光度方面，而且表现在更宽广的色域。通常来说，具有比Rec.709更宽广颜色范围的色彩空间称为宽色域（wide gamut）。

ITU-R BT.2020（简称Rec.2020）是新一代影视制作和超高清电视显示的标准。针对目前正在快速发展的4K和8K UHD视频以及宽色域和高动态影像，Rec.2020定义了帧速率、像素、位深、gamma曲线、色域等有关UHD的全部规格。Rec.2020采用更大的位深（12 bit）对亮度和颜色进行量化编码。如图6-23，对比Rec.2020和Rec.709的色域可以看出，两者的参考白点都是D65，Rec.2020的颜色范围更宽广，三基色的坐标点接近光谱轨迹，尤其是绿色的坐标比Rec.709有了大幅扩展，这意味着Rec.2020画面的色彩可以达到更高的饱和度。

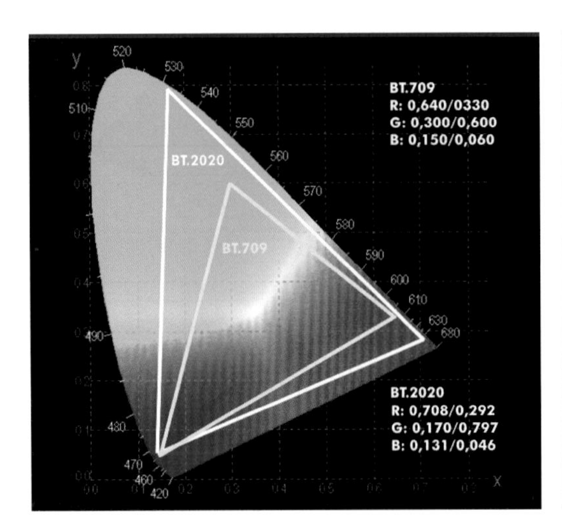

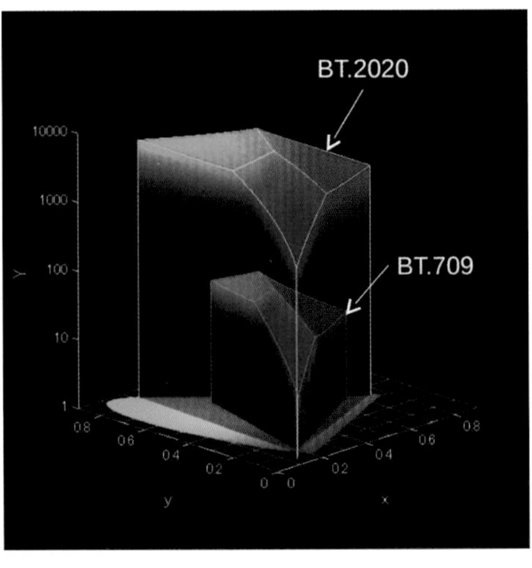

◎ 图6-23 Rec.2020和Rec.709的色彩空间对比

DCI P3

数字影院倡导联盟（Digital Cinema Initiatives，DCI）是2002年由好莱坞七大制片公司组成的，致力于数字电影发行和数字影院建设方面的标准化工作。DCI发布的标准包括数字影院发行包（digital cinema package，DCP）和数字影院发行母版文件（digital cinema distribution master，DCDM）等，颜色方面主要定义了DCI P3的色彩空间，用于确保在数字电影放映机上还原颜色的准确和统一。

DCI P3为数字放映机准确重现颜色定义了标准的色域（图6–24）。DCI P3的色彩空间比Rec.709的色彩空间更能表现一些极端的颜色。目前，DCI工作组决定在现有色域标准的基础上提供更广泛的色域，以适应近年来传感器、数字摄影机和数字放映方面取得的快速发展。

其他色彩空间

除了Rec.709、Rec.2020和DCI P3等常用的色彩空间外，根据应用场景的不同还有很多色彩空间，如sRGB、Adobe RGB、ProPhoto RGB、CMYK等（图6–25）。

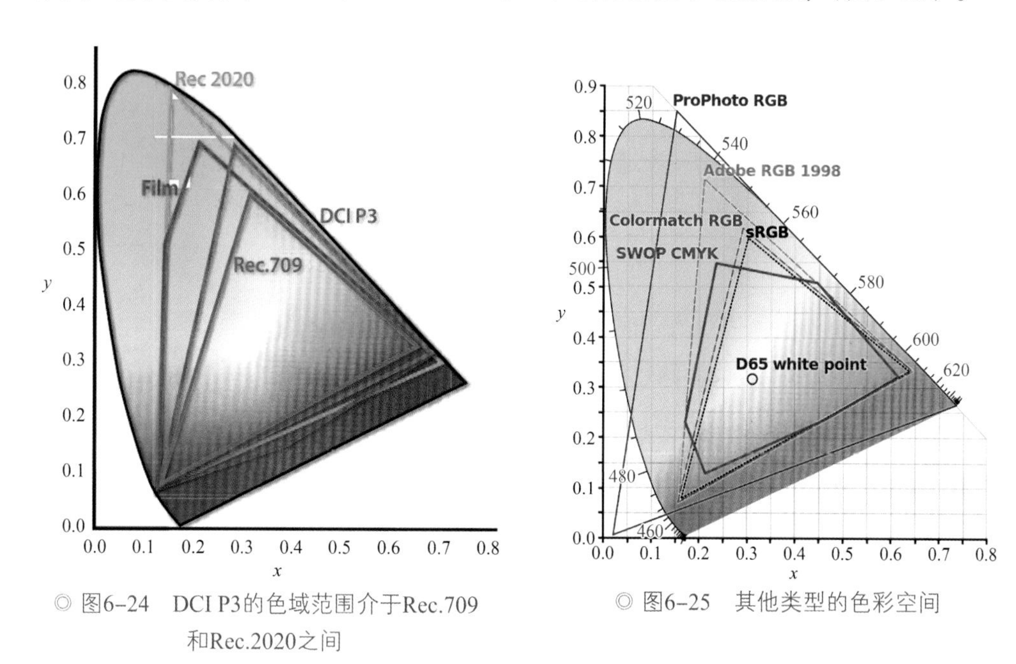

◎ 图6–24　DCI P3的色域范围介于Rec.709和Rec.2020之间

◎ 图6–25　其他类型的色彩空间

sRGB主要用于计算机显示和网络视频传输的色彩表示。sRGB与Rec.709的色彩范围近似，三原色与白点的坐标与Rec.709是相同的，gamma值是2.2。sRGB可以为不同类型的显示器提供一致的目标颜色空间，也就是说，两个不同类型但都经过校准的sRGB显示器，对同一画面的显示应该是非常相似的。Adobe RGB 1998主要用于静态图片和印刷出版图像的颜色表示。Adobe RGB比sRGB的颜色范围大，颜色更深，绿色更饱和。

上面讲过，数字摄影机的传感器本身只负责捕获和记录感光数据，通常不直接进行亮度和色彩编码，特别是对于Raw原始数据来说，在后期使用素材时可以再选定gamma曲线和色彩空间。数字摄影机厂商也会定义各自的亮度编码曲线和色彩空间，比如REDWideGamutRGB、ARRI Wide Gamut和SONY S-Gamut等。

在电影制作过程中，色彩一直是需要重点关注的因素。特别是在将一种色彩空间转换为另一种色彩空间时，一定要小心。因为不同色彩空间所能涵盖的颜色范围是不同的，从一种较大范围的色彩空间转换到另外一种较小的色彩空间时，在两种色彩空间不重叠的区域可能会存在某些颜色映射的错误，体现在画面上就是颜色的偏差和损失。

6.4 颜色查找表

在电影数字制作时代，颜色查找表（look up table，LUT）已经无处不在，用途和应用场景非常广泛。从摄影机、监视器、视频转换设备到很多用于现场拍摄和后期制作软件，许多功能都是借助LUT来调整电影画面的。尤其对于拍摄Raw和log格式来说，LUT更是一个重要的色彩转换工具。

6.4.1 LUT的含义

LUT的含义很简单：对于每个给定的输入值，LUT通过查找给出另一个输出值。LUT可以看作是一种对应关系，将一个数值与另一个数值进行关联和对应，可以实现快速的查找和替换。LUT只是数值的简单替换，并不涉及复杂的数学计算，就像词典一样只是固定的对应关系，只需要查找到某个词条，便可以知道该词条对应的含义。

LUT通常是以一个很简单的文本文件的形式保存的一些相互对应的数字。在加载LUT时，系统会自动进行查找和替换。LUT对于画面颜色的改变是整体性的，就像滤色片一样。给一个画面加上LUT，画面整体就会按照LUT的规则变为另一种颜色的效果。

6.4.2 LUT的作用

LUT的主要用途是对画面的亮度和颜色进行整体转换。LUT在色彩管理中可以作为连接不同色彩空间的桥梁，将一种色彩空间中的画面颜色转换为另一种色彩空间中的相应颜色。

如图6-26，左边画面上某个像素的RGB颜色为（36，33，35）。LUT中的对应转换关系为R：36→41；G：33→31；B：35→43。当加载LUT后，原像素的颜色将变为（41，31，43），画面上其他颜色也都会相应改变。

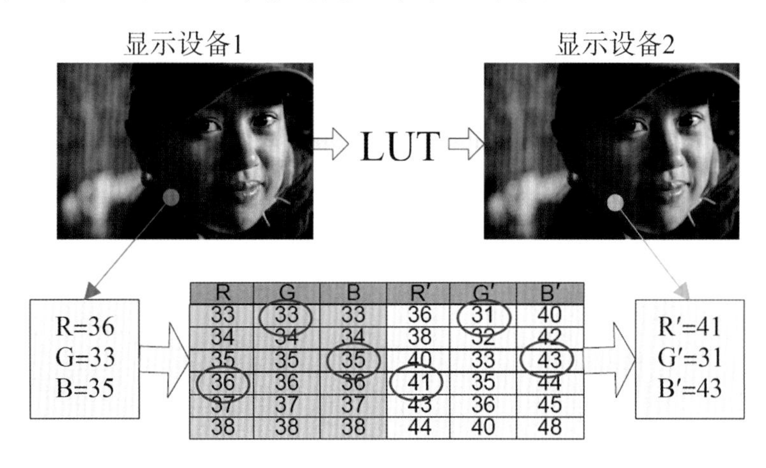

◎ 图6-26　LUT可以实现两种显示设备之间颜色的转换

LUT可以在不改变原始画面的情况下，对画面的亮度和颜色进行转换，不会给原始素材带来任何损失。与转码的方式相比，不需要耗时的编码转换可以节省大量的时间。除了色彩空间转换和转码以外，LUT在色彩管理中的应用还有很多，比如监视器校准、白平衡调整、色彩校正、影像风格化等。

LUT对画面的改变非常直观和方便，尤其对于拍摄Raw和log这种不能直接观看的格式来说，通过简单地加载一个LUT，瞬间便可得到一个正常的画面。但要注意的是，LUT不是万能的。不要误解LUT的本质特点，LUT不能替代色彩校正和更具创造性的调色工作。

对于log编码的素材来说，加载LUT相当于对log画面进行一次gamma校正，即将一个对比度和饱和度不适合直接观看的画面，校正为一个在监视器上可以正常观看的画面。但要注意的是，LUT并不能解决曝光方面的问题，反而会使曝光的缺陷放大。如果原始画面本身是一个曝光不足的画面，加载LUT将会使暗部变得更没有层次；如果原始画面的高光部分有曝光过度的危险，应用LUT后高光部分可能会被切割得更厉害。由此可见，不应该将LUT作为色彩管理的起点，而应该先对原始画面的曝光进行调整，正常曝光以后再加载LUT。

如果两个镜头间的亮度不平衡，加载LUT后画面的亮度仍然会是不平衡的，仍然需要进行统一的色彩和影调调整。另外，LUT对画面进行的只是整体的改变，画面局部色彩和亮度的调整仍然需要通过专门的调色处理来完成。所以LUT并不等同于色彩校正，或者说LUT不是一种色彩创作的工具。LUT不能代替常规的后期调色流程，它只是一种快速的色彩转换工具。

6.4.3 LUT的两种形式：1D LUT和3D LUT

LUT从形式上有两种类型，一种是1D LUT，另一种是3D LUT，即俗称的一维查找表和三维查找表。两者在结构上有着本质的区别，应用的领域也不同。

1D LUT（一维查找表）

1D LUT的意思是对于每个输入值，只有一个对应的输出值。1D LUT的输入与输出关系如下：R_{out}=LUT（R_{input}），G_{out}=LUT（G_{input}），B_{out}=LUT（B_{input}）。一种1D LUT的对应关系如表6-1所示。

表6-1　一种1D LUT的对应关系

输入	输出
1	3
2	5
3	9

当使用此1D LUT时，输入值=1，将会得到一个输出值=3；输入值=2，得到输出值=5；输入值=3，得到输出值为9。对于数字影像来说，每个像素点由Red、Green、Blue 3个颜色通道的数值组成，1D LUT对视频来说并不太有用，因为每个1D LUT只会影响一个色彩通道，不同色彩通道之间是相互独立的。

3个颜色分量的输出值仅与自身分量的输入值有关，每个通道都是单独的转换，与另外两个颜色分量的输入无关，互不影响，这种颜色分量之间一一对应的关系就是1D LUT。

如图6–27，从这个1D LUT来看，Red和Green保持输入和输出不变，Blue通道的数值逐步减少，相当于给Blue通道加了一个gamma。当把这个1D LUT加载到一个画面上时，某种颜色的Red和Green通道的数值保持不变，而Blue的数值则按对应的关系转换为新的值。比如图6–28所示的色板，在加载了上述1D LUT后，Red和Green色块没有变化，仍保持原来的颜色，而含有Blue通道的色彩都相应地发生了改变。

Red		Green		Blue	
输入	输出	输入	输出	输入	输出
1	1	1	1	1	0.3
2	2	2	2	2	0.6
3	3	3	3	3	1.1
4	4	4	4	4	1.6
5	5	5	5	5	2.5
6	6	6	6	6	3.3
7	7	7	7	7	4.5
8	8	8	8	8	6.1
9	9	9	9	9	7.8
10	10	10	10	10	10

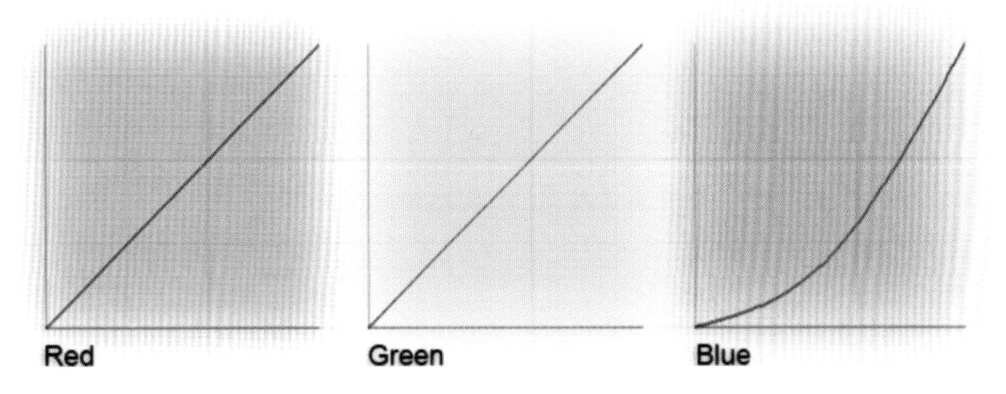

◎ 图6–27 1D LUT每次只改变一个颜色通道

◎ 图6–28 1D LUT只改变Blue通道而保持另外通道不变

1D LUT具有数据量小、查找速度快的特点，经常用于一些对比度的调整和技术gamma转换的场合。对于10 bit位深的系统来说，一个1D LUT包含有1024 × 3个10 bit数据，总的数据量为1024 × 3 × 10=30 Kb，可见一个1D LUT的文件量是相当小的。技术类LUT通常都是1D LUT的形式。1D LUT文件的扩展名通常为lut（图6–29），也有少数1D LUT是以xml格式保存的。

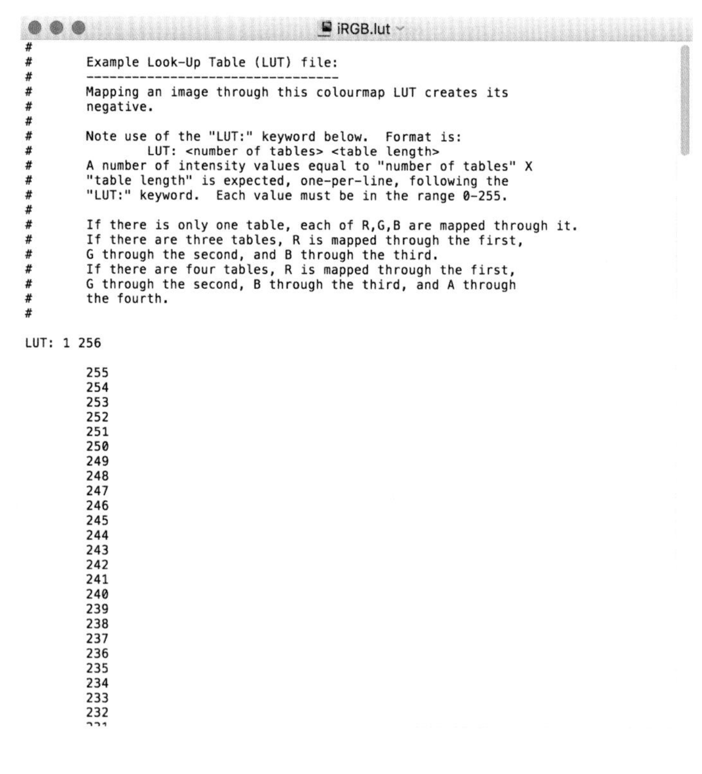

iRGB.lut

```
#
#       Example Look-Up Table (LUT) file:
#       ---------------------------------
#       Mapping an image through this colourmap LUT creates its
#       negative.
#
#       Note use of the "LUT:" keyword below.  Format is:
#               LUT: <number of tables> <table length>
#       A number of intensity values equal to "number of tables" X
#       "table length" is expected, one-per-line, following the
#       "LUT:" keyword.  Each value must be in the range 0-255.
#
#       If there is only one table, each of R,G,B are mapped through it.
#       If there are three tables, R is mapped through the first,
#       G through the second, and B through the third.
#       If there are four tables, R is mapped through the first,
#       G through the second, B through the third, and A through
#       the fourth.
#

LUT: 1 256

        255
        254
        253
        252
        251
        250
        249
        248
        247
        246
        245
        244
        243
        242
        241
        240
        239
        238
        237
        236
        235
        234
        233
        232
```

◎ 图6–29 一种1D LUT文件保存的格式

3D LUT（三维查找表）

3D LUT比1D LUT复杂一些，允许对画面的亮度和颜色进行更复杂的转换。3D LUT基于一个三维色彩立方体，将每个像素的3个颜色通道当作一个整体进行变换。与1D LUT相比，3D LUT是从3个维度对像素的颜色进行转换。

比如说，输入一组（R_{in}，G_{in}，B_{in}）数值，通过3D LUT可以输出一组新的（R_{out}，G_{out}，B_{out}）数值。3D LUT输入与输出关系如下：R_{out}=LUT（R_{in}，G_{in}，B_{in}），G_{out}=LUT（R_{in}，G_{in}，B_{in}），B_{out}=LUT（R_{in}，G_{in}，B_{in}）。

3D LUT颜色通道之间是互相影响的。如图6–30所示，3个色彩通道平面的交点（代表某个LUT输入值相对应的输出值）颜色输入值的改变会对3个颜色通道的输出值均产生影响，也就是说，任何一个颜色的改变都会使另外两个通道的颜色发生改变。3D LUT提供了对任意颜色空间进行转换的能力，要比1D LUT功能更多样和灵活。由于色彩空间本身就是三维的，所以3D LUT在从一个色彩空间转换到另一个色彩空间时非常有用。

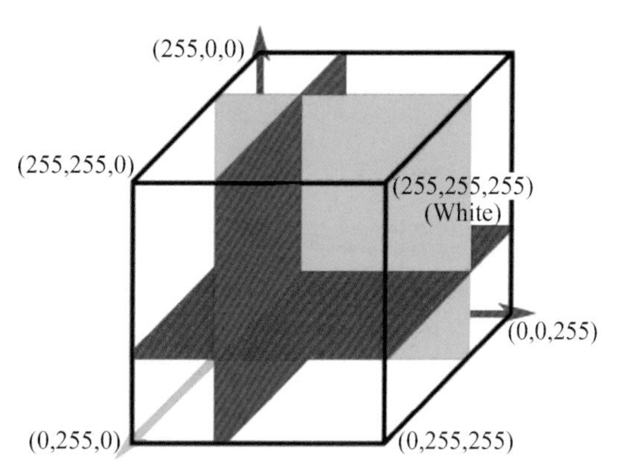

◎ 图6–30　3D LUT是一个立体的颜色对应关系

在一种色彩空间内可表示的颜色数量是非常多的。比如一个10 bit系统可表示的颜色有1024 × 1024 × 1024≈10亿种。如果将所有的颜色都进行输入与输出的转换对应，那么LUT文件将非常大，接近4 GB，这是难以存储和传输的。

实际上，LUT是基于采样的思想减少颜色的数量。3D LUT只是一系列有限离散数值的集合，不可能包含每个色彩通道所有可能的颜色（图6–31）。LUT在色彩空间三维坐标轴上取一些间隔的采样节点，节点的数量是有限的，大多数LUT选择使用17^3到64^3个节点。比如，最常用的节点数目是每个坐标轴17个，整个色彩空间分成17 × 17 × 17=4913个颜

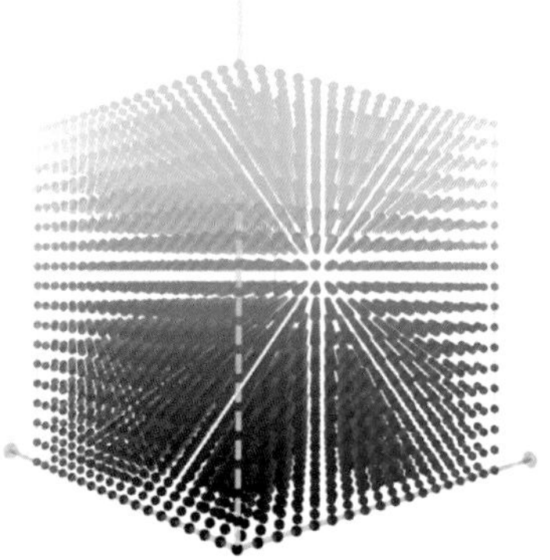
◎ 图6–31　LUT对色彩的转换通过一系列离散的采样点的映射实现

色数值，只需对这4913个颜色进行对应和转换即可，大大节省了LUT文件的存储容量。但是这存在的问题是只有节点位置的颜色才是精确的，节点之间的颜色都是通过插值的方式计算得到的近似值，这意味这部分颜色是不太精确的，这也是LUT不能用于进行精细的色彩校正的原因。

不论是1D LUT还是3D LUT，都是通过一系列数值的转换实现对画面亮度和颜色的修改。1D LUT只能影响单独的颜色通道；3D LUT的功能更加强大，可以在几个色彩通道之间转换，改变画面整体的饱和度和色调。简单地说，通过3D LUT可以把任何一种颜色转换为另一种颜色，只是存在LUT的规模和精度问题，比如可以将一个红色画面转换成绿色画面，但是1D LUT 不可能实现将一个红色画面变成绿色画面，而只能将红色的数值增加或减少一点。

3D LUT常见保存格式的扩展名有cube、3dl、look等（图6–32），不同的设备厂商和应用软件没有统一和标准的LUT格式的定义，也不是所有的设备和软件能支持同样的3D LUT。在应用3D LUT时，要确保3D LUT的文件格式、大小和深度与使用的软件和设备一致。

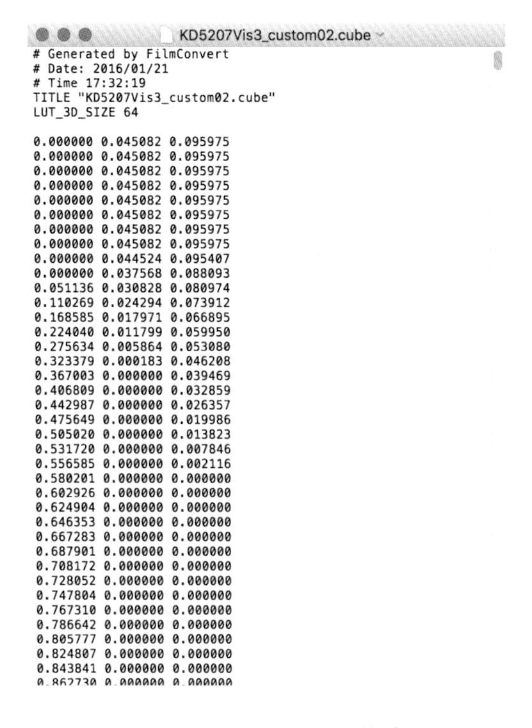

KD5207Vis3_custom02.cube

```
# Generated by FilmConvert
# Date: 2016/01/21
# Time 17:32:19
TITLE "KD5207Vis3_custom02.cube"
LUT_3D_SIZE 64

0.000000 0.045082 0.095975
0.000000 0.045082 0.095975
0.000000 0.045082 0.095975
0.000000 0.045082 0.095975
0.000000 0.045082 0.095975
0.000000 0.045082 0.095975
0.000000 0.045082 0.095975
0.000000 0.045082 0.095975
0.000000 0.044524 0.095407
0.000000 0.037568 0.088093
0.051136 0.030828 0.080974
0.110269 0.024294 0.073912
0.168585 0.017971 0.066895
0.224040 0.011799 0.059950
0.275634 0.005864 0.053080
0.323379 0.000183 0.046208
0.367003 0.000000 0.039469
0.406809 0.000000 0.032859
0.442987 0.000000 0.026357
0.475649 0.000000 0.019986
0.505020 0.000000 0.013823
0.531720 0.000000 0.007846
0.556585 0.000000 0.002116
0.580201 0.000000 0.000000
0.602926 0.000000 0.000000
0.624904 0.000000 0.000000
0.646353 0.000000 0.000000
0.667283 0.000000 0.000000
0.687901 0.000000 0.000000
0.708172 0.000000 0.000000
0.728052 0.000000 0.000000
0.747804 0.000000 0.000000
0.767310 0.000000 0.000000
0.786642 0.000000 0.000000
0.805777 0.000000 0.000000
0.824807 0.000000 0.000000
0.843841 0.000000 0.000000
0.862730 0.000000 0.000000
```

◎ 图6–32　3D LUT的格式

6.4.4 LUT的用途和应用场景

技术类LUT（Technical LUT）

技术类LUT的主要作用是实现一种色彩空间到另一种色彩空间的转换，不对画面进行任何创造性的颜色改变。比如，AlexaLogC2Rec709是一个技术类LUT，可以将ARRI摄影机拍摄的Log C素材转换为可以正常观看的Rec.709画面。ARRI公司官网提供了一个LUT生成工具，可以根据需求生成各种技术类LUT（图6–33）。

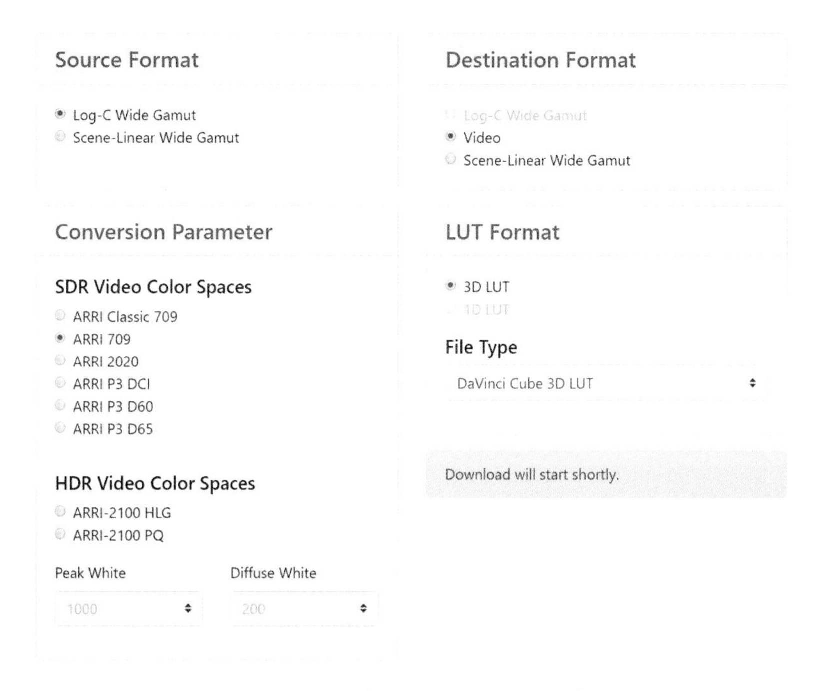

◎ 图6–33　ARRI LUT生成器可以根据需求生成各种LUT文件

目前，大多数视频监视器遵循的是Rec.709标准，只有符合Rec.709标准规定的gamma和色域的视频才可以正常观看。当一种不是Rec.709的视频信号输入监视器时，画面将不能正常显示。此时，可以使用LUT作为一种转换工具，将另一种色彩空间的画面转换为符合Rec.709的标准，从而在监视器上正确显示（图6–34）。

数字摄影机基本都可以拍摄对数编码，也就是log格式的画面。log画面在Rec.709标准的监视器上观看时，画面的颜色、亮度、对比度都是不正常的，原因是log格式和Rec.709的gamma和色域有差异。当加载一个将log转为Rec.709的LUT后，log画面就能在监视器上得到正常的对比度和颜色效果了（图6–35）。这种转换是临

◎ 图6–34　对log画面加载LUT可以转换为正常颜色和对比度的画面

时的，不会影响原始画面，因此说LUT是一种非破坏性的转换方式。

应用LUT将log转换为Rec.709画面，转换后的画面并不能完全代替原始画面。log编码格式可记录的亮度范围要远大于Rec.709的动态范围，在转换过程中可能会有亮度和颜色损失，特别是高光部分的细节，在曝光控制和影调关系的表现上，使用LUT可能会产生一些误导，使用时应注意。

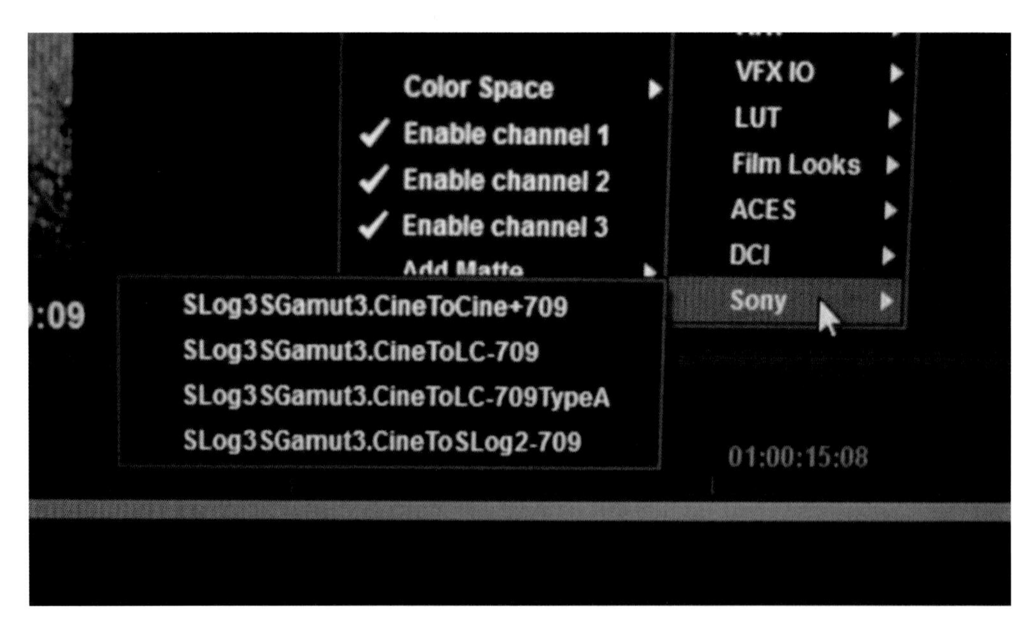

◎ 图6–35　在摄影机和监视器上可以选择用于色彩空间转换的LUT

校准LUT（Calibration LUT）

在色彩管理中，校准LUT主要用于视频硬件和显示设备如监视器的校准，使视频设备的色彩和亮度符合标准。在拍摄现场可能有多台监视器，为了使不同监视器的信号能够互相匹配，保持视觉的一致性，可以应用校准LUT（图6–36）。

风格化LUT（Creative LUT）

风格化LUT通常也被称为Looks LUT（样式LUT、创意类LUT），通常用于对画面的外观和样式进行快速的改变，而无须特别关注技术的准确性。需要形成某种特定的影像风格和美学调整，比如暖调、冷调、复古、漂白效果、增强肤色等，或者模拟传统胶片风格时，都可以通过一些风格化LUT实现（图6–37）。

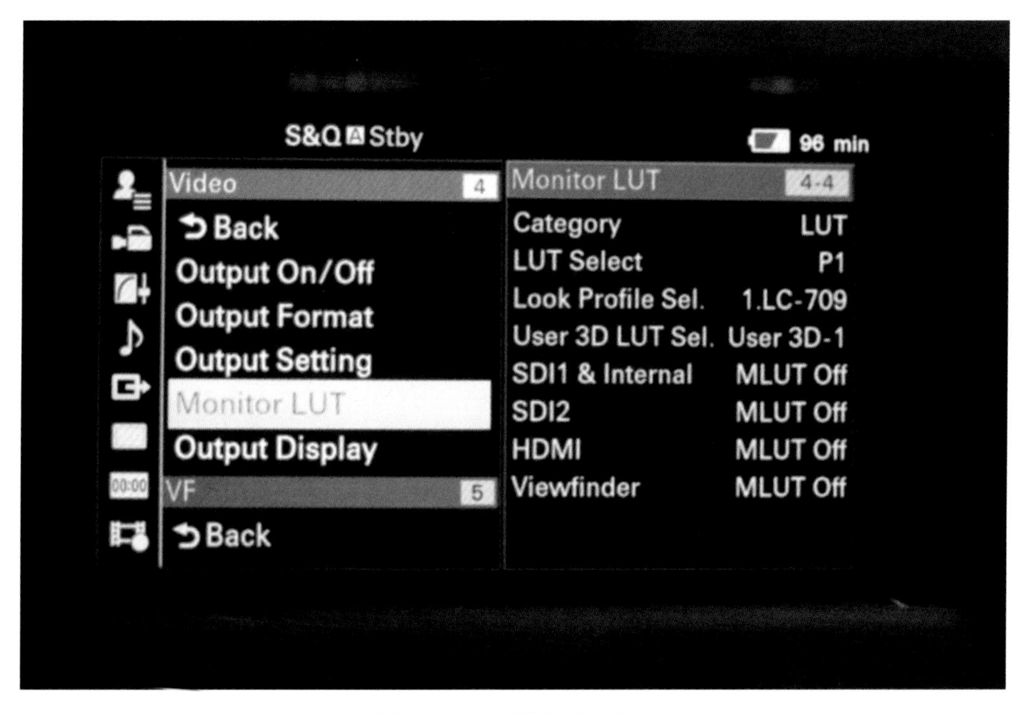

◎ 图6–36　监视器校准用的LUT

◎ 图6-37　通过风格化LUT实现传统胶片风格的不同影像

6.5　色彩决策表

在电影制作中，除了LUT之外，色彩决策表（color decision list，CDL）也是一种常用的色彩管理手段。CDL是由美国电影摄影师协会（ASC）与一些电影制作设备和软件厂商及色彩科学家共同创建的，一种用于对颜色进行初级调整的标准化交换列表。CDL是根据可扩展标记语言（XML）规范构建和编码的，文件扩展名可以是cc、cdl、ccc等。

CDL通过调整4个参数对画面进行色彩校正：slope、offset、power、saturation（图6–38）。在实际应用时，可以使用调色软件中的CDL工具对拍摄画面进行色彩调整，这些调整将以cdl格式（或者是特效软件常用的cc格式）保存并导出（图6–39）。

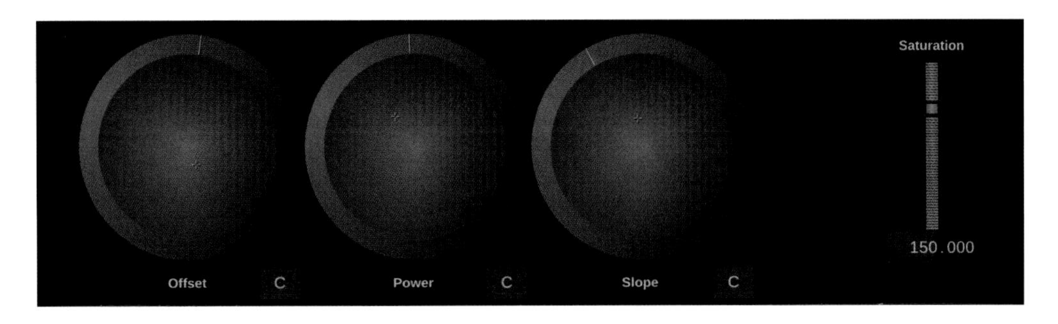

◎ 图6–38　CDL可调整的4个参数

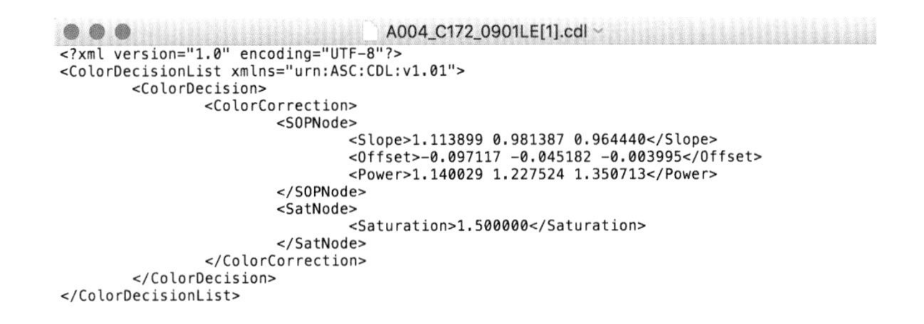
A004_C172_0901LE[1].cdl


```
<?xml version="1.0" encoding="UTF-8"?>
<ColorDecisionList xmlns="urn:ASC:CDL:v1.01">
	<ColorDecision>
		<ColorCorrection>
			<SOPNode>
				<Slope>1.113899 0.981387 0.964440</Slope>
				<Offset>-0.097117 -0.045182 -0.003995</Offset>
				<Power>1.140029 1.227524 1.350713</Power>
			</SOPNode>
			<SatNode>
				<Saturation>1.500000</Saturation>
			</SatNode>
		</ColorCorrection>
	</ColorDecision>
</ColorDecisionList>
```


◎ 图6–39　CDL的保存格式

CDL不依赖于某个具体的软件和设备运行，任何支持CDL的软件和设备都可以创建和导出CDL文件，在不同系统间进行色彩调整的交换。在拍摄现场，摄影指导与现场调色人员可以对画面的颜色进行即时调整，调整满意后创建一个CDL保存现场调色的决策信息。CDL可以传递给后期调色人员，这样摄影指导对于现场色彩的创造性决定便得以保留。

在生成样片或者后期调色环节，将现场创建的CDL导入调色软件时，调色软件会按照CDL中记录下的色彩调整方式，重现在现场所做的色彩调整的效果，可以此作为后期调色的起点。比如，现场实时调色将一段素材的饱和度从100调整到了150，在导入该CDL文件的调色软件中，这段素材的饱和度会按CDL记录下的数值调整到150，可以在此基础上继续调整，前期与后期的创意得以贯通。

LUT对色彩的转换是固定的，而CDL的调整更为自由。CDL在不同软件之间传递更方便，CDL文件维护起来也更容易，经常用于特效、剪辑、调色和放映之间的文件交换。

6.6 色彩管理

色彩管理主要指的是在电影整个制作流程中，为保持颜色的一致所采取的各种管理方式。色彩可能是目前电影制作中最复杂和最难把控的环节了。进入数字时代后，电影制作流程变得愈加复杂，可选的拍摄设备、编码格式、显示器类型、后期制作软件也很多样。确保颜色在不同的环节保持一致，将原始场景的视觉感受有效地传递给观众，是电影创作者一直在追求的目标（图6-40）。

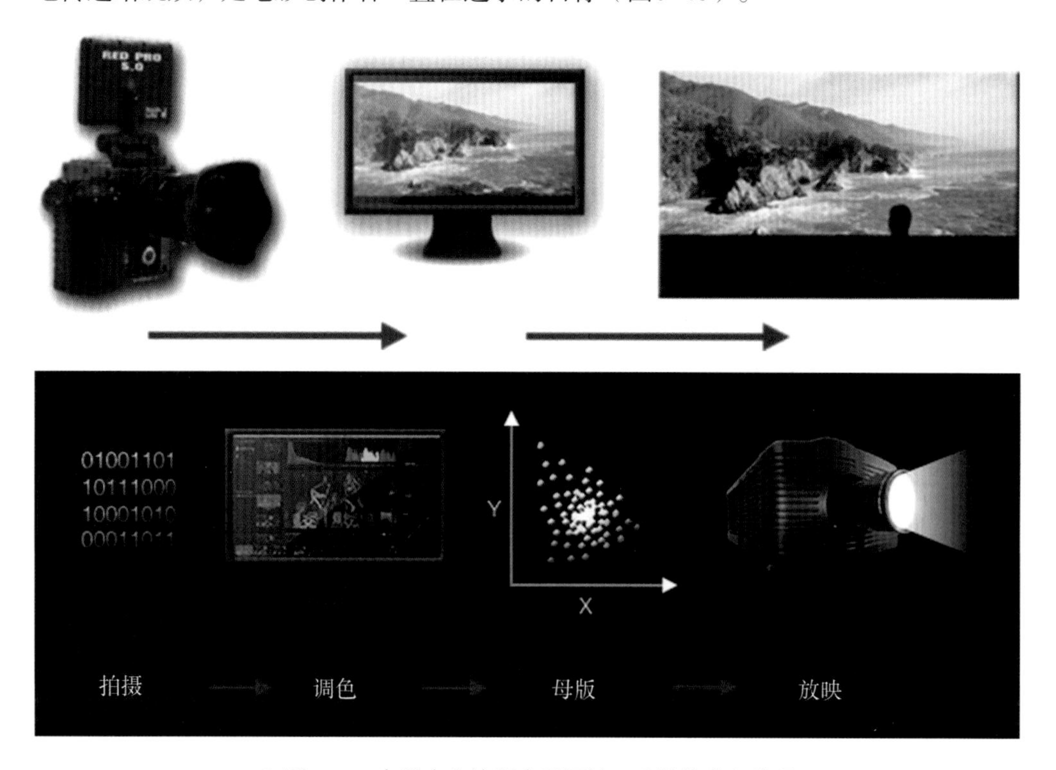

◎ 图6-40　色彩在全流程中需要被正确地传递和管理

色彩管理可以使色彩在整个生产工作流程更加可控和可预测，从前期拍摄到最终放映可以按照原初创作的意图正确地重现。在电影制作过程中，与颜色的获取和显示有密切关系的设备主要有摄影机、监视器以及最终影院放映用的放映机，在内部主要是视频编码和色彩空间的转换。在整个工作流程中，来自不同色彩空间的画面经过不同设备和软件，以不同的方式被转换和处理，很难保持颜色从开始到最后完全一致。

不同的设备能够表示和重现的色彩范围是不同的。色彩管理的关键是理解在影像生产的整个链条上所有影响画面色彩的设备的范围和局限，然后相应地调整其输出，确保整个色彩传递的准确性和一致性。

在影像获取阶段，现在摄影机基本都可以拍摄Raw格式。Raw记录的是传感器原始的感光数据，对Raw进行亮度和颜色编码时，需要选定合适的色彩空间。以RED摄影机为例，可选的色彩空间有DRAGONcolor、REDcolor、REDlogfilm等。

在调色阶段，通过调色软件，配合经过校正的监视器，对获取的影像进行创造性的色彩调整。调色时需要考虑最终的放映形式，确保调整后的颜色处于放映终端的色域范围内。比如，在数字影院放映的色彩空间要符合DCI P3的标准；在高清电视和网络平台播放，满足Rec.709标准的色彩空间即可。

如果是在数字影院上映，最后一个步骤是数字母版的制作。这一环节使用的色彩空间是CIE XYZ，将已完成的调色后画面编码转换为与设备无关的XYZ色彩空间，用于DCDM和DCP的制作。在放映时，放映机将数字影像自动转换为符合放映机特性的颜色显示。对于任何不能重现的色彩，放映机都将进行自动的映射转换。

当数字母版中有颜色超出放映机允许的色彩范围时，画面的颜色将发生变化。一些高端的监视器比DCI P3的色域范围大，可以显示更饱和的颜色，在调色时可能超出放映机允许的范围，放映机不会显示如此高饱和的颜色。此时只能进行色域映射，将处于色域外的颜色转换为放映机允许的色彩，比如对一些极端的色彩进行选择性的去饱和，或者采用色调偏移的方式，等等。

6.7 学院色彩编码系统

6.7.1 学院色彩编码系统的含义

学院色彩编码系统，即academy color encoding system（ACES）。首先要注意的是，ACES不只是一种色彩空间（图6-41），也不单是一种颜色编码格式，而是一套完整的色彩编码规范和活动影像的色彩工作流程。ACES在2004年开始启动创建，1.0版本于2014年12月发布，已经用于多个电影和电视剧项目，该版本中部分内容已由SMPTE做了更详细的标准化工作。

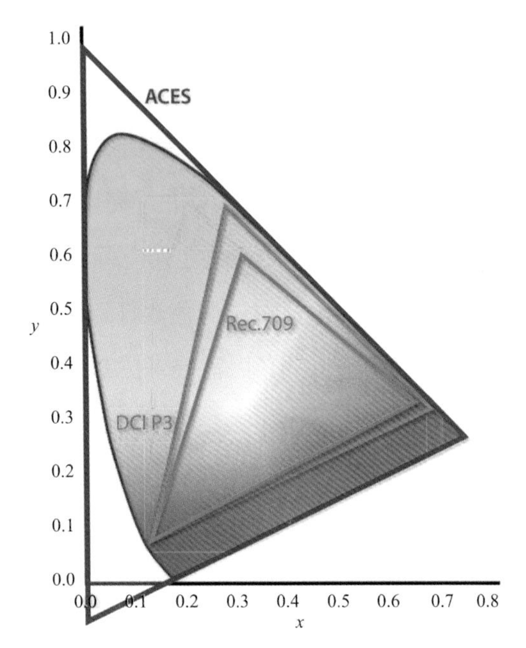

◎ 图6-41　ACES定义的色彩空间范围非常大

ACES是由电影艺术与科学学院（Academy of Motion Picture Arts and Sciences，AMPAS）赞助发起，由行业内数百名专业人士（包括很多摄影机厂商和设备厂商等，比如Technicolor、ARRI、RED等）共同研发和创建的一套开放的色彩管理和交换系统，包括色彩空间的定义、工作流程、编码方式、文件格式、元数据交换等一系列标准。

ACES的目的是通过创造一套标准和统一的色彩处理工作流程，使不论何种来源的活动影像素材，在ACES体系下都可以确保无缝且高效地进行交换，以应对现代数字制作的复杂性，为电影制作人提供“免费的、开放的、独立的色彩管理及交换系统”。该系统适用于目前及未来大部分的工作流程。

ACES的发起主要还是为了应对电影数字化技术的变革。传统电影制作流程是基于胶片，数字技术介入以后，产生了胶片扫描和胶片的数字化，以及完全的数字化拍摄和影像获取等。市面已有非常多不同型号的摄影机和编码格式、大量不同的监视器和显示设备等，整个行业缺乏一种应对多样化和不同来源画面的色彩管理方案。

ACES旨在控制当前电影制作流程中存在的多种文件格式、图像编码、元数据传递、色彩再现和图像交换固有的复杂性和不兼容问题。ACES通过创建一种单一的、标准化的工作流程来解决这些问题，适用于前期拍摄、后期制作、特效制作、发行放映和归档保存的整个制作过程，使影像在整个过程中都保持最高质量。

6.7.2 ACES的技术特点

ACES能够适应新型数字摄影机更大的动态范围和位深。不同的摄影机不论是RED、ALEXA还是SONY同时捕捉同一场景，得到的ACES值都是一样的。这也是ACES最主要的一个技术特点。AECS是场景相关的（线性的）编码方式，摄影机通过自带的转换函数（IDT）来支持ACES的逆向转换，这种方式消除了不同摄影机捕获画面时的偏差。

ACES支持高动态范围和宽色域。ACES的色彩空间非常大，可表示的颜色范围比人眼可见光范围还要宽广。ACES色彩空间是与设备无关的，在任何设备上都会不受影响地表现为相同颜色。因为ACES的色彩空间非常大，在整个制作流程所有环节间传递时，不会存在色彩空间转换造成的颜色损失问题。

ACES定义了自己的原色，并且完全包含CIE xyY色彩规范定义的可见光光谱轨迹，其白点近似于CIE D60标准光源。ACES采用16 bit半浮点数编码，OpenEXR文件可以对超过25档亮度范围的场景数据进行编码。OpenEXR可看作是保存ACES数据的容器文件，可以包含摄影机和镜头的各种元数据。

在色彩空间方面，ACES共包含6种色彩空间，覆盖ACES规范下静态影像和活动影像从获取、传输、处理和归档存储各个环节。这些色彩空间有一些共性：都是基于RGB加色模型；色彩编码的方式都是“场景相关的”，即颜色的编码值与实际场景对象的光反射和折射等传输特性是一致的，全0编码代表的就是全黑、没有任何光线反射的物体，理论上来说编码值没有上限（因为总是有非常高亮的高光），负数码值也是可以存在（对应于在色域外的三色刺激值）；参考光源接近CIE D60标准光源。

这6种色彩空间中有两种以RGB作为原生的替代色彩空间，称为AP0和AP1（ACES Primaries #0和#1）（图6-42）。

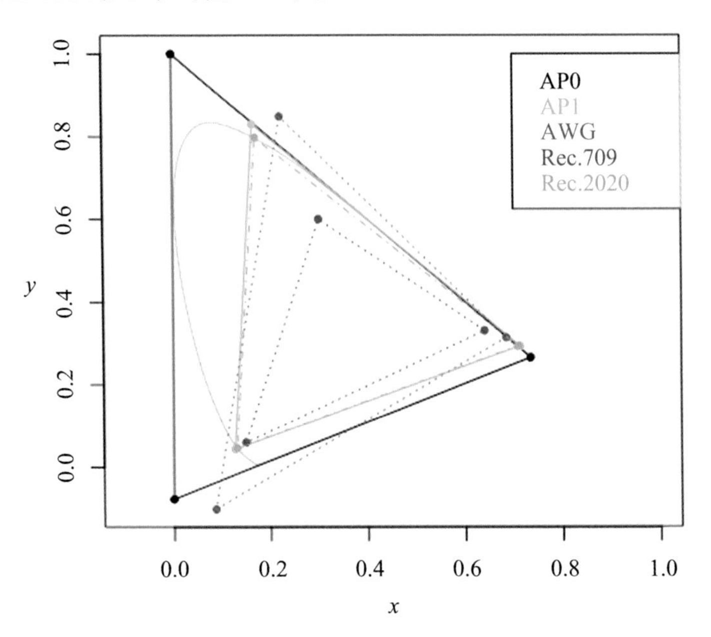

	AP0 Red	AP0 Green	AP0 Blue	AP1 Red	AP1 Green	AP1 Blue
x	0.7347	0.0000	0.0001	0.713	0.165	0.128
y	0.2653	1.0000	-0.0770	0.293	0.830	0.044

◎ 图6-42 ACES规范中不同色彩空间的坐标范围

AP0色彩空间在理论上超过了人眼能够感受到的颜色刺激。如图6-42所示，AP0使用了一些不可实现和虚构的基色坐标值。AP1比AP0小一些。AP1色域的范围基本在CIE标准色度图范围之内，与Rec.2020相近。

ACES2065-1是ACES标准的色彩空间，其色彩编码方式也是线性方式，即将一个完美纯白高光的编码值映射在（1，1，1），一个18%灰度的编码值对应于（0.18，0.18，0.18）。

6.7.3 ACES的工作流程

传统电影制作流程和色彩管理都会对影像数据有破坏性损失，在不同色彩空间转换时，可能会造成亮度范围和色彩还原不可逆的损失，而正确实施的ACES流程可以将对图像的破坏性操作降低和在流程上尽量向后推迟。ACES能够为调色环节提供更多的保障。ACES工作流程能够在色彩管理过程中，从始至终维持色彩的保真度，从拍摄现场的色彩和外观管理，到后期色彩校正过程，直至最终在不同显示设备和观看环境观看。

ACES的工作流通常包括以下4个环节：

（1）IDT（input device transform，输入设备转换）：将不同来源包括数字摄影机拍摄、胶片扫描或者是从录像机采集到的IAS（image acquisition source）图像源数据，经过IDT输入设备转换为符合ACES颜色空间和基于场景亮度的线性编码的过程。每一种数字摄影机都有各自的IDT，比如ALEXA只能用自己的IDT转换为ACES色彩空间，ACES只负责测试和验证。

（2）LMT（look modification transform，外观样式转换）：LMT的功能与LUT的类似，可以为一个拍摄画面应用一个外观样式。LMT是在ACES的色彩调整之后，不是所有的工具都支持LMT。

（3）RRT（reference rendering transform，参考渲染转换）：把每个数字摄影机或者图像输入设备提供的IDT转换成标准的、高精度的、高动态范围的图像数据。RRT可以看作是ACES的渲染引擎，相当于将场景的线性数据转换为一种用于显示的数据集。RRT做了类似S形曲线的影调压缩和饱和度控制。RRT是图片渲染完成的地方，RRT将图片转换为与输出和放映平台相关的过程，所有的ACES图像都应该通过RRT方式查看。

（4）ODT（output device transform，输出设备转换）：将ACES素材转换成任何其他设备所需的色彩空间，经优化后输出到最终的设备上。不同的ODT设置对应不同标准的监看和输出，比如在高清监视器上使用Rec.709，电脑上使用sRGB，数字投影机上使用DCI P3，等等。

利用ACES色彩空间和特定的IDT-ODT流程（图6–43），可以从任何采集设备获取图像，在校准过的视频监视器下调色，最后输出成任何格式。ACES能最大限度利用输出媒介的色彩空间和动态范围，使“观感”最大化，最大限度地保留色彩的丰富性。

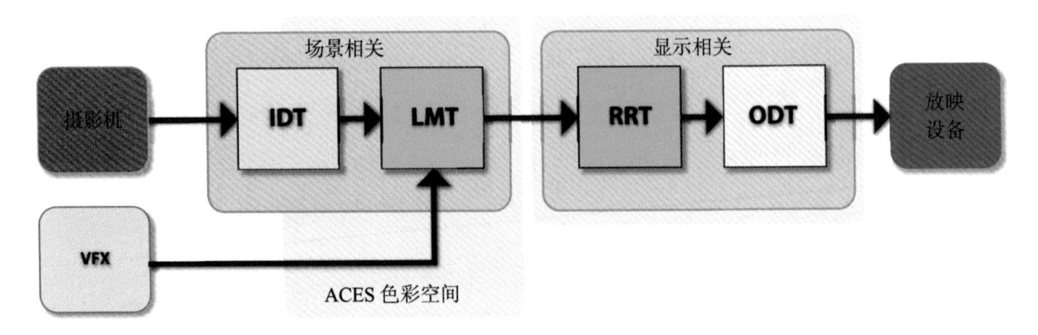

◎ 图6-43　ACES的工作流程图

ACES的几个子版本如下：

（1）ACEScc：主要用于进行色彩校正的ACES版本。ACEScc为调色师在ACES的色彩编码内提供了类似于log对数编码方式，部分避免了ACES色域中不同于监看色域导致色彩管理困难的问题。

（2）ACEScct：与ACEScc类似，但是在编码中添加了一个“toe”，在进行调色时更接近传统胶片扫描时的对数关系。

（3）ACEScg：采用线性编码方式，提供给CG制作及数字交互过程中基于线性场景的色彩空间。在使用ACEScc作为色彩空间时需要对ACEScg进行转换。

除了ACEScc、ACEScct和ACEScg外，还有几个名词可能会碰到：

（1）APD（academy printing density）：AMPAS提供的校准胶片扫描仪的参考密度。

（2）ADX（academy density exchange）：用于胶片扫描并转化为ACES，类似于曾经的Cineon系统。

（3）ACESProxy：ACES的简化版本。由于ACES采用16 bit浮点方式来记录色彩信息，而在拍摄现场用HD-SDI等来传输视频信号，HD-SDI、HDMI等都是基于整数编码进行传输，并不能传输浮点数据，所以ACESproxy实际上是一个用于前期监看的整数版本的ACES。

6.7.4 应用ACES的优势

ACES基于统一的色彩科学，摄影机从拍摄阶段捕获的画面就是基于场景的线性编码方式，不论有多少种类的拍摄设备和编码格式，整个制作流程颜色的起点是相同的，所有支持ACES的软件和应用程序都能处理。

ACES能为VFX和CGI工作流程提供便利，因为特效制作时可以线性编码的方式进行合成和工作，然后可以将线性数据渲染为需要的任何格式，或者直接保存为线性格式返回给调色师。

ACES可以应对未来宽色域和高动态影像的制作。ACES可以保留30档以上的动态范围以及很大的宽色域范围，所以非常适合高动态范围和宽色域的制作项目。

第七章

电影镜头

在电影拍摄时能够对影像质量产生影响的，除了摄影机和编码格式之外，最重要就是镜头的选择了。在前期准备阶段，确定摄影机、参数设置和编码格式等后，需要考虑镜头的品牌类型和测试镜头的光学表现。在对最终画面质量的影响方面，镜头的作用与摄影机的同样重要甚至更为重要，因为镜头是光线进入摄影机的第一道入口。镜头对场景中光线接收和传递的质量，将直接决定传感器接收到何种质量的光线，从而影响光电转换的效果。

随着现代数字摄影机的分辨率、动态范围、感光度、位深、色彩还原、噪点控制等技术指标的大幅提升，以及视频编码性能的高效化和多样化，在光线接收和处理质量方面，镜头的表现变得越来越重要。不是所有安装在摄影机前的镜头都叫电影镜头，电影镜头有其独特的特点。电影镜头不仅拥有顶级的光学性能，而且其机械结构和操作习惯的设计也都充分考虑了电影拍摄的专业需要。我们将在本章学习电影镜头的相关原理和光学特性。

7.1 镜头的光学原理

在光学原理方面，镜头的主要作用就是收集和会聚光线，从而清晰成像。如果不经过镜头的会聚作用，光线将是杂散的，画面将是模糊的。镜头的制造材料通常是透明的玻璃和塑料等（图7–1）。单个镜片可称为一个透镜元件。镜头通常都是由多个透镜元件组成的，以镜头组的形式组合和排列，透镜元件在同一条光轴上，共同对入射的光线起作用。

◎ 图7–1　大多镜头是玻璃材料的球面透镜

大多数镜头是球面透镜，就是说透镜的两个表面都是某个球体表面的一部分。球面透镜的表面可以是凸起的，也可以是凹入的，还可以是平面的。光线透过镜头组会发生折射，折射作用可以使光线会聚或发散。大部分镜头的原理是利用光线的折射作用，也有的镜头内部有反射透镜元件。

根据两个光学表面的曲率不同，透镜有不同的类型。两个表面都是凸面则为双凸类型（biconvex），两个表面都是凹入的称为双凹类型（biconcave）。双凸透镜可以会聚光线，双凹透镜可以让光线发散。摄影镜头透镜组的透镜单元就是由这些不同类型的透镜组合而成的（图7–2）。

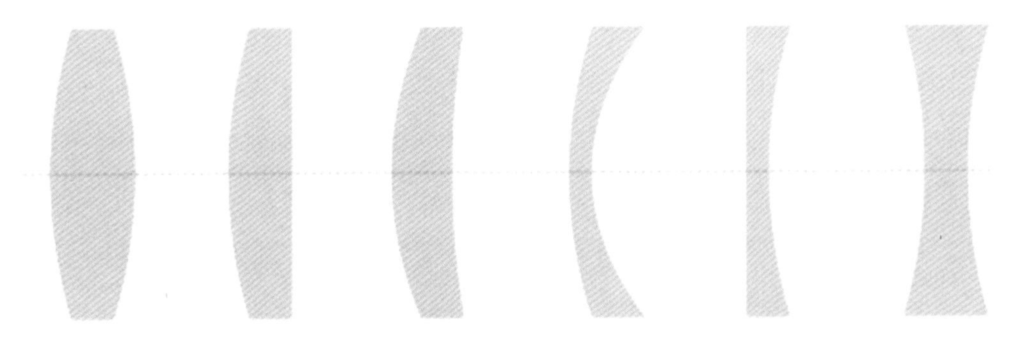

◎ 图7–2　透镜组的透镜单元可以有多种曲率和形状

透镜两个表面所在球体中心的连线，称为镜头的主光轴。镜头的主光轴通常会穿过镜头的物理中心。对于双凸透镜，一组无限远的平行光线透过镜头后，在镜头后方会聚在一个点，这个点就称为透镜的焦点。如果忽略透镜本身的厚度，即把透镜看作是理想的薄透镜，从焦点到透镜中心（光心）的距离即为该透镜的焦距。对于双凹透镜的焦点和焦距，则是将发散的光线进行反向延长，光线在镜头后方的会聚点就是焦点，从镜头到焦点的距离就是焦距。

透镜成像是一个倒立的虚像。我们假设S_1为被摄物体到透镜的距离，S_2为实际成像面到透镜的距离，f为焦距，薄透镜的光学成像基本规律符合以下公式：

$$\frac{1}{S_1}+\frac{1}{S_2}=\frac{1}{f} \tag{7–1}$$

实际上，镜头都是有一定厚度的，而且绝大多数镜头都是由多个透镜单元组成的，所以实际的镜头光学原理要更复杂一些，甚至可以说是很复杂的。例如，厚透镜通常有一对主点（物方主点与像方主点）、一对节点（物方节点和像方节点）、一对焦点（前焦点及后焦点），而非单纯的只是一个焦点和焦距就可代表镜头所有的光学特性。

单个透镜成像时容易产生像差和色散等问题，所以摄影镜头通常都是由多个透镜共同组成透镜组的形式。透镜组的作用是最小化成像的像差和色散，并形成一个没有明显缺陷的成像。早期镜头组的设计比较简单，镜片组的透镜单元一般不超过5片，这主要是由于当时的镀膜技术不发达，镜片过多的话会造成较多的光线损失

（假设每个镜片损失光量为5%，通过率为95%，如果连续通过6个镜片，光量只有原始光量的$95\%^6$=73.5%，光线损失还是很明显的）。

随着镜头光学材料与制造技术，包括高质量的玻璃材料、镀膜涂层以及机械组件设计的不断发展，目前的透镜组已经可容纳十几个甚至二十多个透镜元件，仍然可以得到高质量的成像，透镜组的设计也更加复杂多样，可以满足不同镜头类型和光学效果的创造（图7–3）。

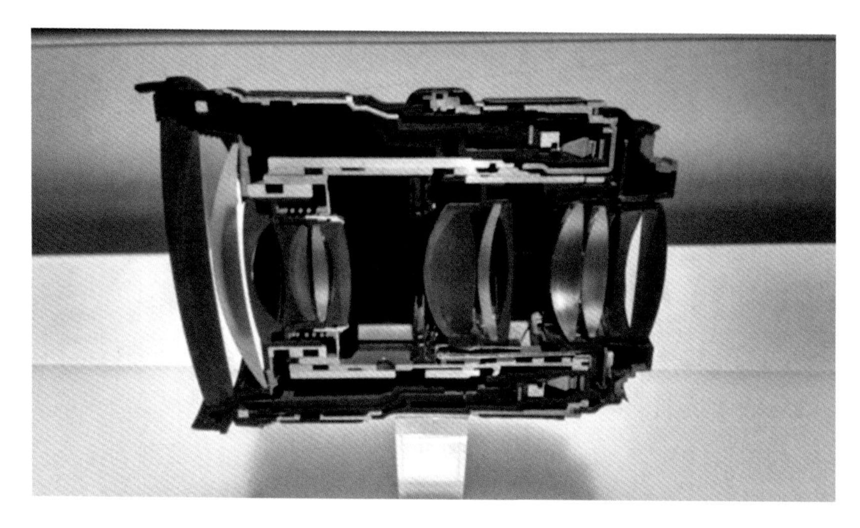

◎ 图7–3 现代镜头透镜组的设计愈加复杂

7.2 光圈系数

在描述镜头主要的使用特性时，最常用的两个指标是焦距和光圈系数。在镜头的光学结构中，能够调节和控制光线通过量的组件叫作光孔，光孔的直径简称为孔径，限制光线进入孔径的结构称作光阑。光阑可以是固定的，也可以是可变的。摄影镜头一般都是可变的孔径光阑，俗称光圈。

光圈通常由多个不同形状的叶片结构围成，比如常见的三角形、六角形、八角形、十二角形等形状（图7-4）。光圈的主要作用是可以比较精确地控制通过镜头到达胶片或感光器件的光量。在大多数镜头设计中，光圈位于物镜前表面和像平面之间的中间位置。

◎ 图7-4　镜头光圈的孔径光阑结构

除了控制通光量外，光圈也会影响画面的锐利度。通常来说，在一定范围内缩小光圈可以使成像画面变得清晰、锐利，因为光圈可以限制光线穿过透镜的角度。光圈变得越小，入射光线越准直、平行，成像会越锐利，聚焦清晰的距离越深远。缩小光圈的缺点是进光量变少，需要更多的光线才能达到所需的曝光量。

7.2.1 相对孔径和光圈系数

光圈是一个物理的机械实体，其本身也会在镜头的光学系统内成像，进而影响通过镜头进入摄影机的光束。我们将孔径光阑通过其前面的光学系统所成的像叫作入瞳。入瞳实际决定了通过镜头进入系统的光束的大小。孔径光阑通过它后面光学系统所成的像叫作出瞳。出瞳决定从系统射出的光束的多少。

通过光圈进入镜头内的光量，除了与光阑孔径（或者入瞳、出瞳）直接有关以外，还与镜头的整体尺寸（或简单理解为镜头的焦距）有关。因此，我们定义一个与孔径和镜头尺寸都有关的“相对孔径”的概念：相对孔径=入瞳/焦距。

相对孔径的大小可以综合反映被拍摄场景的平均曝光程度。相对孔径的倒数就是光圈系数，也就是我们在曝光控制时说的“档”。一档可以看作是一个光量单位，增加一档进光量的意思是进光量增加1倍，减少一档的意思是进光量减少了1/2。

光圈系数是通过一个简单的计算公式，得到在特定的焦距和光孔大小下，镜头在理论上的进光量的度量。光圈系数的档位是一系列固定的数值，如F1.4、2.0、2.8、4、5.6、8、11、16、22等（图7–5）。相邻两档光圈系数大小上差1.4倍，而通光量是相差1倍的关系。

◎ 图7–5　镜头上标有一系列固定的F光圈系数档位

7.2.2 T值光圈系数

在实际通光量方面，由于F值光圈系数只是通过一个公式计算得出的，并没有考虑镜片本身透光率和透镜组内反射或折射等因素对进光量造成的损耗，不同镜头的透光率也不完全相同，所以每个镜头都会产生或多或少的偏差，使用F值光圈系数总会与实际的进光量有些出入。

电影拍摄对曝光量的控制和要求更为严格，使用F值光圈系数会产生一定的偏差，所以电影镜头使用一种称作T值光圈系数的方式来描述（图7–6）。T的说法可能是来源于“transition（表示光线转换、传递等含义）”一词，代表着进入镜头的实际通光量。每个镜头都是在经过严格的实际通光量测试之后，才会标注相应的T值光圈系数。

◎ 图7–6　电影镜头的光圈以T值光圈系数形式描述

T值光圈系数是根据实际传输过来的光线测得的数值，考虑了反射、折射及吸收等因素对镜头透光率的影响。只要两个镜头的T值光圈系数一样，其实际的通光量就是相同的。T值光圈系数对使用不同焦距的镜头拍摄同一场景的影响比较重要。比如，24 mm/F5.6与50 mm/F5.6的相同光圈系数，在拍摄时的实际曝光量可能不完全相同，而如果是同样的T5.6光圈系数，不论在哪种焦距下的曝光量都是一样的。

F值光圈系数是计算出来的理论数值，没有考虑镜头透光率的影响，所以T值光圈系数比F值光圈系数在实际曝光量的控制上更精确。不过，目前镜头的镀膜技术已经可以做得很好，这在一定程度上弥补了镜头透光率的影响，T值与F值的差异已经没那么明显。对一般摄影来说，F值光圈系数可以满足需要，T值光圈系数多用在对曝光控制要求更严格的电影镜头上。

7.3　定焦镜头和变焦镜头

对镜头的描述可以有多种方式。根据镜头的焦距是否可调节，可将镜头分为定焦镜头和变焦镜头。定焦镜头指的是镜头只有一个固定的焦距（图7–7），焦距决定视角，所以可以说定焦镜头的视角大小是固定的。

◎ 图7–7　定焦镜头只有一个固定的焦距

定焦镜头只有一个对焦距离，因此镜头组的设计比较简单，这意味着光线没有过多的折射和损耗，这也是我们通常认为定焦镜头成像质量更好的原因。目前定焦镜头的光学质量已经可以做到非常优越，基本上接近物理优化的极限了。从横向比较来说，不同品牌和型号定焦镜头的质量，基本上与镜头本身的制造成本成正比。

变焦镜头指的是焦距可以在一定范围内连续变化的镜头（图7-8）。变焦镜头通过调整镜头组内不同透镜的相对位置来实现光线会聚点的改变。变焦镜头的结构比较复杂，制造成本要比定焦镜头高。一个好的变焦镜头必须具有在任何焦距下聚焦的能力。在电影拍摄中变焦镜头的焦距不管如何变化，光线的传递质量、聚焦、锐利度和色彩等应该都尽可能保持不变。

◎ 图7-8　变焦镜头的焦距可在某个范围内变化

变焦镜头与定焦镜头相比，最大的优势在于易用性方面，可以快速地改变拍摄的视角大小和视野范围。一只变焦镜头可以起到多只定焦镜头的作用，可以节省一些租赁成本和现场更换镜头的时间。

以前，变焦镜头在光学质量和性能方面不如定焦镜头，现在的变焦镜头在制造成本、光学性能以及功能多样化方面都已经和定焦镜头差不多了，而且也可以提供与定焦镜头差不多的画面质量。变焦镜头在某些方面的优势甚至要超过定焦镜头，比如有近乎微距的对焦距离，在短焦距段能更有效地减少对焦时的“呼吸效应”，等等。

变焦镜头的主要不足在重量和尺寸上。另外，变焦镜头的光圈可能做得不如定焦镜头大，在拍摄低照度场景时，这是需要考虑的因素之一。当然这些方面也都在不断改善。变焦镜头的结构设计要比定焦镜头的复杂。一个变焦镜头可以用作多个不同焦距的定焦镜头，所以变焦镜头的设计复杂度和制造成本要高于定焦镜头。

定焦镜头通常由多个不同焦距的镜头按一个系列组成，同系列定焦镜头之间的外形和性能匹配度很高，很容易互换。在实际拍摄时，定焦镜头和变焦镜头可以互相补充，按需要配合使用。大部分拍摄情况下，可以同一品牌和型号的电影定焦镜头为主，至少也会配置一个变焦镜头。

除了定焦镜头和变焦镜头外，影视拍摄还会用到一些特殊效果和用途的镜头，如鱼眼镜头、微距镜头、移轴镜头等。这些镜头主要是通过改变镜头组内部的透镜类型和结构设计，实现某些普通镜头无法实现的画面效果。例如，有些镜头可以实现更好的景深效果，有些镜头可以实现非常近距离的对焦，还有些镜头是专门用于微缩模型拍摄，在微缩模型内部移动操纵使用的。

7.4　视场角与标准焦距

7.4.1 焦距和视场角

由于光圈孔径的限制，从镜头进入、到达感光器件的光线是有限的。光线通过镜头后所形成的成像范围是一个圆形的区域，称为镜头的成像圈（image circle）（图7–9）。成像圈落在传感器上的部分就是我们实际看到的画面。人眼通过镜头可看到的范围称为视场，从镜头中心到视场边缘所形成的夹角就是视场角。

◎ 图7–9　光线通过镜头光圈形成的成像圈

从光学表现上来讲，镜头的成像质量从中心往边缘是逐渐降低的，因此成像圈中心区域的光线会聚最清晰，边缘部分则逐渐变暗。摄影机的传感器都是放置在成像圈的中心位置的，接收成像圈中成像质量最好的部分。摄影机传感器前面的矩形遮罩也会对成像圈的光线起到裁剪和限制的作用（图7-10）。

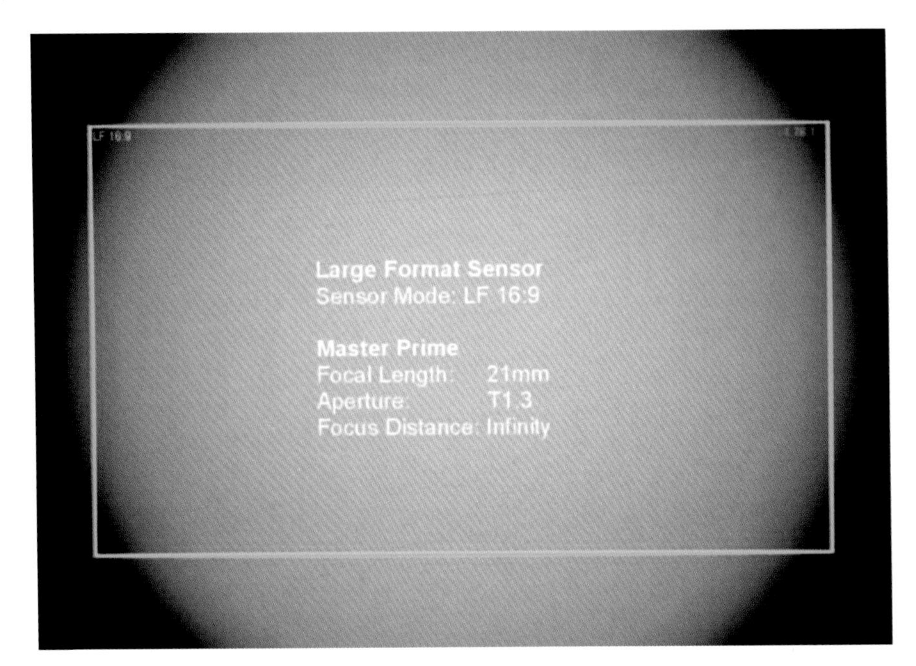

◎ 图7-10　传感器矩形遮罩发挥对成像圈的裁切作用

数字摄影机的传感器尺寸没有统一的标准，有的传感器尺寸大一些，有的小一些。不同传感器尺寸覆盖成像圈的面积也各不相同，但都要保证镜头的成像圈覆盖传感器感光部分的面积，并且在整个覆盖区域的成像清晰度和亮度应尽量一致。如果镜头的整个成像圈都不足以覆盖全部的传感器区域，图像边缘可能会逐渐变暗，出现“画面暗角”的现象。另外，对于同样的镜头焦距和视场范围，传感器的尺寸不同也会引起的视场角的差异（图7–11）。

◎ 图7–11　传感器尺寸不同占据镜头视场的范围是不同的

主流传感器尺寸覆盖的成像圈直径如表7-1所示。

表7-1　主流传感器尺寸覆盖的成像圈直径

画幅格式	传感器尺寸	成像圈直径
Academy 35 mm	21.95 mm × 16 mm	27.2 mm
Super 35 mm	24.89 mm × 18.67 mm	31.1 mm
全画幅	36 mm × 24 mm	43.3 mm
65 mm	52.48 mm × 23.01 mm	57.3 mm

在镜头的成像圈能够完全覆盖传感器尺寸的情况下，镜头的焦距、画面的视场角与传感器尺寸之间存在着多种可以探讨的关系。

焦距决定镜头本身的视场角大小，也就是说，焦距在根本上决定着画面的相对视角（景别）。在相同传感器尺寸的情况下，使用不同焦距的镜头拍摄，短焦距镜头覆盖的视野范围较为宽广，可得到大景别的画面；更长的焦距则意味着更窄的视角，表现为中近景画面甚至特写的景别，这种情况是比较容易理解的。

在相同焦距的情况下，使用不同传感器大小的摄影机进行拍摄，虽然视场角相同，但由于传感器不同尺寸的裁切作用，所获得画面的景别肯定是不同的。不同尺寸的传感器所覆盖的成像圈的实际面积是不相同的，从而产生了一种视场角发生改变的类似效果，这就是为什么我们说除了焦距以外，传感器本身的尺寸也会影响视场角。

但要注意的是，不论传感器的尺寸有多大，相同焦距的镜头所形成的视角大小和成像圈都是固定的。10 mm焦距的镜头始终是10 mm焦距镜头所能形成的视角和像场，200 mm焦距的镜头始终是200 mm焦距镜头所能形成的视角和像场。换一个角度思考，在不同尺寸的传感器下，为了获得同样视角，需要更换不同焦距的镜头。当在同样大小的银幕上观看拍摄画面时，先不考虑分辨率对画面质量的影响。虽然画面的视角是一样的，画面的放大率和景深看上去却是不同的。

实际上，与变换镜头焦距引起的视场角的改变不同，传感器尺寸所引起的视场角的改变只是一种局部放大的效果，这种局部放大会同时导致景深和透视关系的改变，但这些改变同样也只是由画面放大引起的，这是需要注意区分的。现在数字摄影机的传感器尺寸越来越大，在同样的视角下，大尺寸传感器的景深看上去比小尺寸传感器的要小。想要获得与传统35 mm画幅尺寸相同的视角和景深效果，该怎么办呢？一种方法是通过缩小光圈并提供更多的进光量实现差不多的景深效果；另外一种方法是通过使用柔焦镜或柔光镜来增加景深，不过这会损失一定的画面锐度。

7.4.2 标准焦距

根据镜头的视场角不同，可将镜头分为广角镜头、标准镜头和长焦镜头。不同焦距的镜头有不同的特点和造型作用。

长焦镜头的视角比人眼正常的视角要窄，这种比较窄的视野产生了一种空间压缩的效果，使前后物体看上去比现实中的彼此离得更近。尽管从技术上讲，产生这种空间挤压的效果并不是由于焦距的作用，而实际上是由拍摄距离导致这种空间透视上的压缩，但广角镜头可以提供一种更为宽广的视角，使前后景在空间上给人感觉距离比现实更远。

上面讲过，由于镜头焦距和传感器尺寸都能影响相对的视场角，所以在通过视角划分镜头焦距的时候，也要考虑不同的传感器大小，特别是关于标准焦距镜头的定义。标准镜头通常以人眼在观看拍摄所得到的画面时的感受来衡量。人眼在看拍摄到的画面时，与人眼直接观看现实中场景时自然形成的视觉感受相接近的镜头焦距，叫作标准焦距，这种“自然”的视角也与观看时屏幕的大小和观看距离有关。

一直以来，关于标准焦距有很多不同的说法，主要集中在两点：标准焦距的视角与人眼的正常视角应该是匹配的；画面的透视与人眼视觉的透视感接近。实际上，这两点都不是很准确。人眼的视角可以达到160°以上，而通常用于35 mm胶片的50 mm标准镜头的视角只有40°。另外，透视关系实际上只与拍摄的距离有关，与焦距和视角都没有关系。

标准焦距的定义并不是绝对和固定的，有一定的主观性和模糊性。通常来说，对于35 mm画幅尺寸的感光底片来说，10～35 mm可定义为广角镜头，35～55 mm通常可看作是标准焦距，50～100 mm为中等焦距镜头，100～1000 mm甚至更长的焦距称为长焦镜头。这种关于镜头的分类方法不是唯一的，除了与拍摄所得画面的观看视角有关以外，与大多数镜头内部设计所采用的镜头组结构也有关系。

从视角的角度描述标准镜头，需要考虑传感器尺寸的影响。例如，在APS–C画幅底片上30 mm镜头得到的视角，等效于在35 mm全画幅上使用50 mm镜头得到的视角，30 mm和50 mm就分别是这两种画幅大小底片所相应的标准镜头。

关于标准镜头的焦距，还有一个简单、常用的判断方法：利用传感器的对角线尺寸来定义。对于在电视或网络平台上观看的视频，标准焦距可以等于所用数字传感器对角线的长度。对于在影院大银幕上观看的电影，根据ASC的建议，标准焦距最好选用传感器对角线长度的两倍，这种焦距将为影院中央的观众提供自然的观看体验。

例如，35 mm全画幅尺寸传感器的对角线是43 mm，那么在电视和电脑等显示媒介上观看时，43 ~ 50 mm可以看作是标准镜头的焦距，而对于电影的观看体验来说，80 mm可能更正常。类似APS–C尺寸的传感器，其大小接近Super 35 mm胶片或传感器尺寸，对角线长度为26 mm。对小屏幕观看来说，26 mm可以算作标准镜头，而52 mm可以用作电影院放映的电影拍摄时的标准镜头焦距。

7.4.3 传感器尺寸对画面效果的影响

一只焦距为50 mm的镜头分别装在传感器尺寸为Super 35 mm大小的摄影机上和36 mm × 24 mm全画幅摄影机上，最终得到的画面表现肯定有明显的不同，画面的视角、景深和透视表现看上去都不一样，这是为什么呢?

上面讲过，镜头的作用是收集和会聚光线，并在镜头后投射成一个圆形的像场，像场的中心区域最亮，向四角逐渐变暗。从镜头中心到像场边缘形成的夹角，叫作视场角。焦距决定视角，50 mm镜头的焦距永远是50 mm，也就是说永远会有50 mm镜头相应的视场角，不论它投射在多大面积的传感器上。

数字传感器的形状通常是矩形的，镜头像场覆盖住传感器的区域就是我们看到的画面，所以摄影机拍摄的画面是矩形的。传感器的大小与镜头的像场要相适应，像场面积要能覆盖住传感器的面积。如果传感器的对角线大于像场的直径，画面的四角边缘会变暗；如果传感器尺寸远小于像场直径，相当于只使用了镜头的中心部分，这对镜头成像来说也是一种浪费。

摄影机内从镜头卡口上某个特定点处到传感器所在位置的距离叫作法兰焦距

（flange focal distance）。这个距离是固定的，并且要求很精确。在法兰焦距固定的情况下，对于同样焦距的镜头，不同大小的传感器会占据镜头像场的不同面积，从获得的最终画面看，相当于视场角发生了变化。这就是为什么不同传感器大小会给人带来不同视场角的感觉，这种变化实际上只是一种画面放大后视角变化的等效效果（图7-12）。

图7-12　全画幅（左）与APS-C画幅（右）的视野覆盖范围对比

相同焦距的镜头虽然视角一样，但在不同大小的传感器上投射的画面大小是不同的。同样50 mm焦距的镜头在2/3英寸CCD、Super 35 mm CMOS、全画幅传感器上的画面效果肯定是不一样的。我们可以做个简单的类比：成像传感器好比是窗户，观看时距离窗户的距离是镜头的焦距，我们站得离窗户越近，会看到视野范围越大的景色，这相当于使用广角镜头拍摄；而在观看距离保持不变的情况下，窗户越大，能够看到窗外的景色也越多，视野越宽广。

为了获得同样的视场角，更大画幅的传感器通常需要配合使用更长焦距的镜头。更大的画幅尺寸需要镜头具有更大的投射像场，以覆盖传感器的面积，这基本也意味着镜头的设计和物理尺寸将会变得更大和更重。

在平面摄影中有“裁剪系数”和“等效焦距”的概念，分别用以描述相同焦距在不同尺寸传感器上视角不同的情况和一种等效的焦距转换关系。在电影摄影中，类似的概念好像并没有被明确提出过。现在不同品牌和型号的数字摄影机传感器尺寸如此之多，尤其是目前比Super 35 mm更大的全画幅传感器的快速发展，镜头焦距和视场角的差异应该引起注意。

传感器的尺寸除了影响视角外，也会对画面的景深表现带来影响。根据直接的观看体验，2/3英寸CCD比Super 35 mm传感器的景深更大，Super 35 mm比全画幅传感器的画面景深更大。所以简单来说，传感器尺寸越大，景深越小。这种关系通常是正确的，但并非绝对的。

对电影摄影来说，除了传感器的尺寸以外，影响景深的因素还有很多。在保持光圈、拍摄距离、焦距以及分辨率等因素不变的情况下，单纯将传感器换成一个更小尺寸的，这时景深的变化只是由于视野的变小，相当于放大画面的局部，使得景深改变更为明显而已。

在相同的等效视角下，与Super 35 mm画幅尺寸的传感器相比，稍大一点的画幅尺寸可以使画面焦点更小、景深更小。使用同样焦距的镜头，为了在全画幅尺寸传感器下获得与Super 35 mm同样的视角（或保持同样的景别），拍摄位置（也就是物距）需要移到更远的地方，或者是保持相同的位置，使用更长焦距的镜头。不论哪种方式，景深都会发生改变。

7.5　景深与超焦距

焦点是镜头射入的光线会聚的位置。从理论上来讲，焦点所在位置的成像是最清晰的。在焦点前后仍存在一定的区域，虽然成像没有焦点处清晰，但还没有超过人眼对于成像清晰感知的极限，这些区域在人眼中仍然是清晰的。我们将焦点前后可清晰成像的范围称为焦深（depth of focus）。焦深范围所对应的场景空间区域就叫作景深（depth of field）。

简单来说，景深可以看作是人眼可接受的成像清晰的范围，所对应的是场景中聚焦清晰的最近和最远之间的空间距离，在拍摄画面上看则是一帧画面中清晰成像的部分区域（图7–13）。

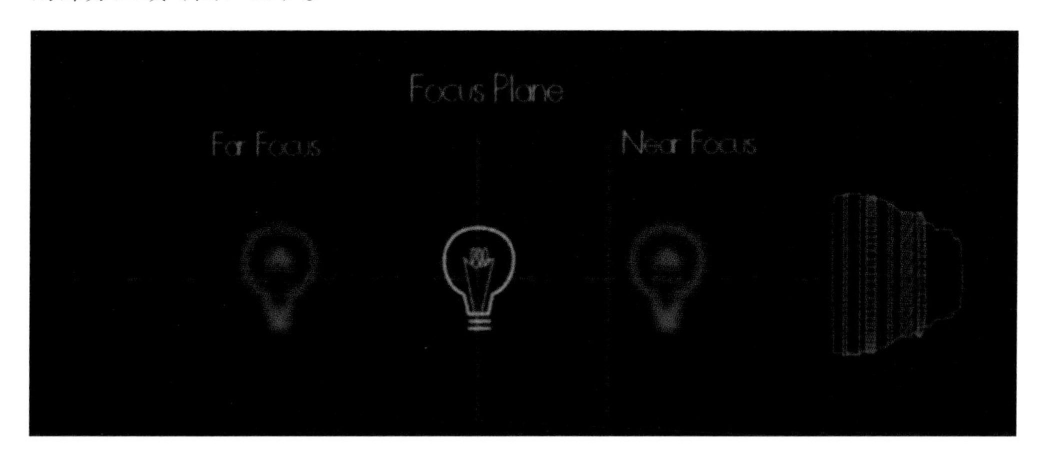

◎ 图7–13　景深是可清晰成像对应的一段空间范围

景深实际上是从弥散圆（circle of confusion）的角度进行定义的。在物点成像时，由于像差的存在，其成像光束不能精确地会聚于一点，在像平面上会形成一个扩散的圆点投影。当点光源经过镜头在像平面成像时，如果保持镜头与像平面距离不变，沿光轴方向前后移动点光源，则像平面上的像就会成为有一定直径的圆形，即弥散圆（图7–14）。

理论上，在空间中只有一个点是镜头射入光线精确的会聚点，也是成像最清晰和最锐利的点。当弥散圆的直径足够小时，人眼看上去的成像是足够清晰的，如果弥散圆再大些，成像就会显得模糊，在这个临界点所形成的弥散圆叫作可容许弥散圆或最小弥散圆。如果弥散圆足够小，小于可容许弥散圆，人眼看到的就会是清晰的点像，所对应的成像区域也就是景深的范围。

影响景深的因素主要包括焦距、光圈、拍摄距离、传感器的尺寸、画面锐化程度等。这些因素对景深的影响实际上都可以从与可容许弥散圆的大小比较的角度进行判断。以光圈大小的调节为例，当将光圈孔径变小时，成像所形成的弥散圆也

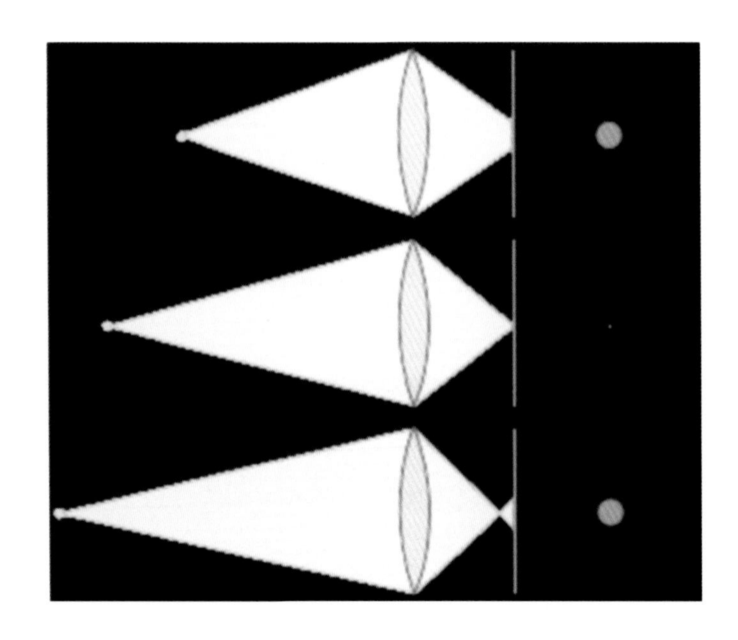

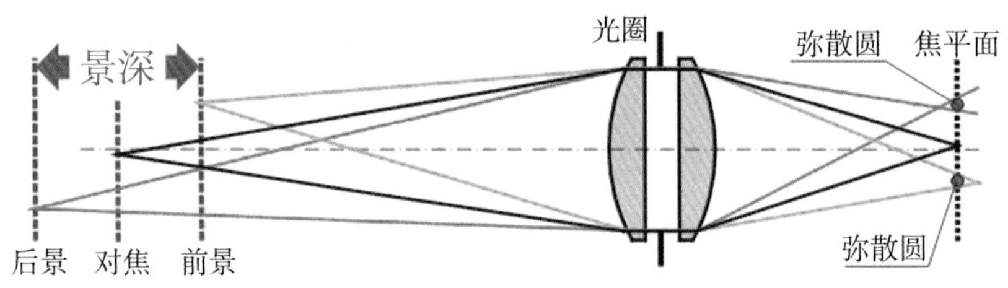

◎ 图7–14　从最小弥散圈的角度描述景深的范围

会相应变小，场景中会有较大范围的空间，其成像所形成的弥散圆小于可容许弥散圆，所以景深范围也将变大（图7–15）。

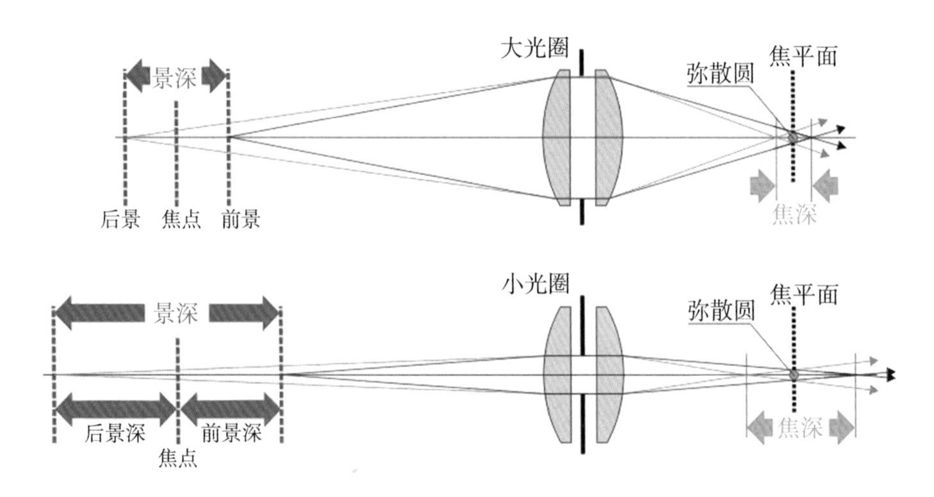

◎ 图7–15　光圈改变可容许弥散圆的大小，从而影响景深的范围

同样地，以上影响景深的诸多因素都会以某种方式改变可容许弥散圆的大小，从而影响整体景深的大小。但有一个问题：当同时调节多个因素，而且多个因素的作用互逆时，该怎么判断景深的变化呢？

判断这种情况下的景深，一种方法是从影像放大率的角度。当影像的放大率一致时，景深大小也基本相同。比如，一种情况是使用长焦镜头形成一种小景深效果，另一种情况是使用广角镜头同时缩近拍摄距离进行拍摄，那么在同样放大率（或同样景别大小）的情况下，两者的景深范围差别不大。

对于不同类型和大小的传感器来说，对景深表现造成影响的主要是传感器上感光单元的大小，感光单元的面积是可容许弥散圆的上限，超过感光单元大小的弥散圆的部分实际上没有参与最终画面像素的成像，所以感光单元越小，可容许弥散圆越小，从而更容易产生小景深的效果。由此可见，在其他影响景深因素都相同的情况下，传感器尺寸越小，弥散圆也将越小，景深范围也将越小。

关于景深，还有一种特殊情况称为超焦距。超焦距指的是从尽可能近处到无限远处都可清晰成像，即景深远点在无限远处。如果在超焦距处对焦，从超焦距距离的1/2到无限远处的成像都是清晰的。从弥散圆的角度来说，从超焦距距离的1/2到无限远处的光线会聚，所产生的弥散圆大小都在可容许弥散圆范围内，所以成像看上去都是清晰的。

超焦距的范围可以通过如下公式进行计算：

$$H=\frac{F^2}{f\times C_c} \quad (7\text{–}2)$$

其中，F代表镜头的焦距，f代表当前光圈系数，C_c代表可允许弥散圆大小。

7.6 镜头卡口

镜头卡口（lens mount）也是在选择镜头时需要考虑的因素之一。镜头卡口是将镜头与摄影机紧固连接的机械组件。其另一个重要作用是将镜头固定在距离传感器的某个恰当的位置上。这个距离有非常关键且严格的要求，如果没有达到特定的距离，镜头的对焦距离会变得不准确，甚至可能存在无法实现无限远处的对焦等问题。

镜头卡口的设计主要是根据镜头支持的法兰焦距和传感器尺寸而有所不同，法兰焦距决定镜头如何安装到或适配不同的摄影机和传感器。

7.6.1 常见的镜头卡口类型

经过多年的发展，影视行业内已有非常多不同的镜头卡口类型，但是一直没有形成一个统一的标准，镜头卡口大多都是由镜头厂商自己设计的，这在一定程度上造成了很多麻烦。即使同一个镜头厂商的镜头卡口也会有不同的类型，比如Leica有SL、M和S卡口，SONY有E卡口和A卡口，佳能有M和EF卡口，ARRI有PL、XPL（ALEXA65）卡口，PANAVISION有PV、PANAVISION SP 70、PANAVISION System 65等卡口（图7-16）。

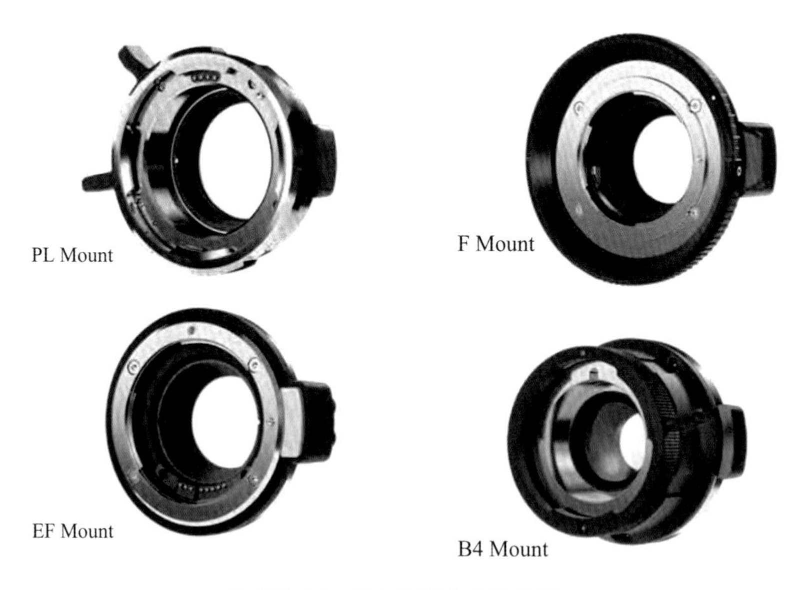

◎ 图7-16 常见的镜头卡口类型

PL卡口

PL（positive lock）卡口可以看作是电影镜头的专用卡口。电影镜头的体积和重量通常比较大，所以PL卡口在设计时采用了正相旋转锁紧式的结构（图7–17），保证了无旷量锁紧。PL卡口诞生于1982年，由ARRI公司生产设计，采用了耐用的法兰结构，将机身与镜头稳固地连接起来，可以承受相当重量的镜头，安装一些重量级的长焦镜头也不用担心卡口损坏。PL镜头卡口的法兰焦距为52 mm，卡口直径为54 mm。PL卡口是为35 mm胶片摄影机设计的，对于Super 35 mm画幅尺寸的数字摄影机同样适用。

◎ 图7–17　电影镜头最常用的PL镜头采用正向锁紧结构

B4卡口

B4卡口主要是面向广播级高清摄像机的镜头卡口，法兰焦距为48 mm。这一卡口是专门为3片2/3英寸传感器结构的高清摄像机而设计。高清摄像机的镜头通常都是变焦比率比较大的镜头，而且往往带有电动伺服机构，成像的像场可覆盖2/3英寸CCD大小。

佳能EF口

佳能EF（electro–focus）卡口诞生于1987年，在消费级市场上逐渐成为一种通用的卡口。EF卡口的法兰焦距为44 mm，卡口直径为54 mm，可以覆盖35 mm全画幅尺寸。EF卡口的主要特点是便于电动对焦，对焦过程是由镜头内部的电子微动马达完成的。EF卡口的一个优势是拥有数量庞大的第三方厂商的镜头群，如ZEISS、施耐德、腾龙、适马、图丽、森养等电影镜头厂商。

SONY A卡口和E卡口

SONY公司推出的镜头卡口类型比较多，其中A卡口是由索尼收购的美能达在1985年开发的标准卡口，现在广泛应用在α系列微单相机中，如A7S和A7R Ⅱ（需要转接环）。在α系列之后，SONY新开发了NEX系列机型，带来了全新的E卡口镜头，法兰焦距为18 mm，卡口直径为46 mm，用在FS100、FS5、FS7和FS700等摄影机中。SONY CineAlta产品线机型采用的是FZ和PL卡口。

Micro 4/3卡口

Micro 4/3（micro four-thirds，MFT）卡口由奥林巴斯和松下在2008年推出。这种接口只能配合4/3英寸传感器使用，优势与劣势并存。优势在于镜头可以做得又轻又小，同时法兰焦距也能做得相当短（法兰焦距为19.25 mm，卡口直径为38 mm），价格比其他镜头便宜，卡口超短的法兰焦距也提供了极其强大的镜头转接能力。MFT卡口的劣势在于其配合的传感器尺寸仅为4/3英寸，相比全画幅尺寸小了75%，在景深表现上与全画幅相差甚远。

尼康F卡口

尼康F卡口是尼康公司在1959年开发的，主要适用于35 mm单反相机镜头，法兰焦距为46.5 mm，卡口直径为44 mm。如同EF卡口和PL卡口一样，尼康F卡口也有庞大的第三方厂商为其开发生产镜头，著名的厂商如尼克尔、ZEISS、施耐德、森养、适马和图丽。

7.6.2 全画幅传感器的镜头卡口

最近，随着越来越多的厂商推出更大尺寸的传感器的摄影机，比如ARRI ALEXA LF、PANAVISION Millenium SXL、RED 8K Monster VV和SONY Venice等全画幅数字摄影机，未来可能会有更多大画幅数字摄影机出现。相应地，镜头厂商也纷纷推出支持全画幅传感器的镜头和卡口进行适配。

以ARRI ALEXA LF大画幅摄影机为例，与ALEXA LF同时发布的还有一套共16个大画幅Signature Prime定焦镜头，焦距范围覆盖12～280 mm，除200 mm和250 mm焦距以外，其他焦距段均为T1.8大光孔。Signature Prime是业界首个采用镁合金作为镜筒材质的电影镜头，更加轻便与坚固。Signature Prime镜头配备ARRI全新设计的LPL镜头卡口。通过ARRI特制的转接环，Signature Prime可以兼容ARRI其他PL卡口摄影机，并支持LDS或者/i镜头数据记录系统。

LPL卡口直径由PL卡口的54 mm增加到了62 mm，法兰焦距由PL卡口的52 mm减小到44 mm。PL卡口为35 mm画幅大小而设计。LPL卡口减小了镜头卡口的法兰焦距和增大了口径之后，相对来说可以为体积更小、重量更轻、光孔更大的全画幅镜头提供便利。

对于ARRI全画幅数字摄影机来说，虽然更新或重新设计了全新的镜头卡口，但新的LPL卡口仍然可以与传统PL标准卡口互相兼容，现有的PL卡口镜头可以通过ARRI的PL–LPL转接环轻松地使用在ALEXA LF上（图7–18）。由于LPL卡口的法兰焦距为44 mm，ARRI特制的ALEXA LPL卡口和ALEXA Mini LPL卡口使得Signature镜头也能兼容ALEXA Classic、XT、SXT、ALEXA Mini和AMIRA等机型。这一点完全突破了原来的只能短法兰焦距摄影机兼容长法兰焦距镜头的情况。

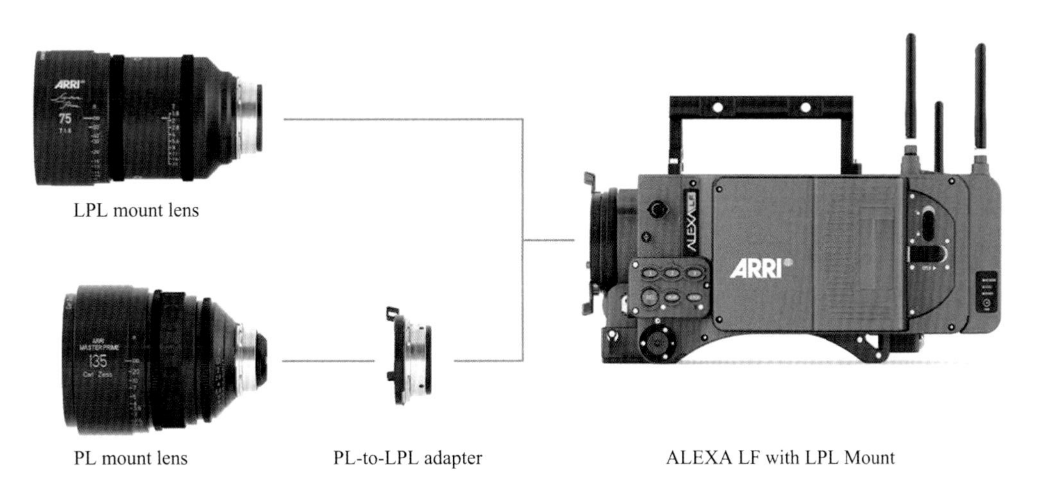

◎ 图7–18　ARRI全画幅摄影机全新的镜头及适配卡口

7.7 镜头数据记录系统

镜头数据记录系统指的是在镜头上有一组电子触点，能够记录镜头拍摄时的各个参数，比如焦距、焦点、光圈、景深、超焦距、镜头序列号、用户数据等重要信息。这些信息可以作为元数据传输给摄影机，在拍摄的同时记录在每一帧画面的元数据信息中。镜头数据和摄影机拍摄画面均与时码同步，便于后期制作工作流程使用。目前，常用的两种镜头数据系统是Cooke公司的/i系统和ARRI公司的LDS系统。

Cooke /i是Cooke电影镜头的数据记录系统（图7–19），在Cooke 5/i、S4/i、mini S4/i等系列镜头中均集成了/i技术。/i的电子数据传输系统基于公开的RS–232串行端口通信协议，通过简单的串行数据传输镜头的各种拍摄参数。

◎ 图7–19　Cook/i镜头数据系统

ARRI LDS（lens data system）是ARRI的镜头数据记录系统（图7–20），广泛应用于ARRI的各种镜头中，比如ARRI ZEISS的16个Master Prime定焦镜头都支持LDS。LDS可将镜头的实时参数及景深等元数据传输给摄影机。元数据通过镜头和摄影机的电子触点记录。从摄影助理到后期制作各个部门都可以使用这些数据。另外，在使用摇臂或者摄影机稳定器（斯坦尼康）等不方便操作镜头数据的场合，LDS还可以提供额外的辅助功能。

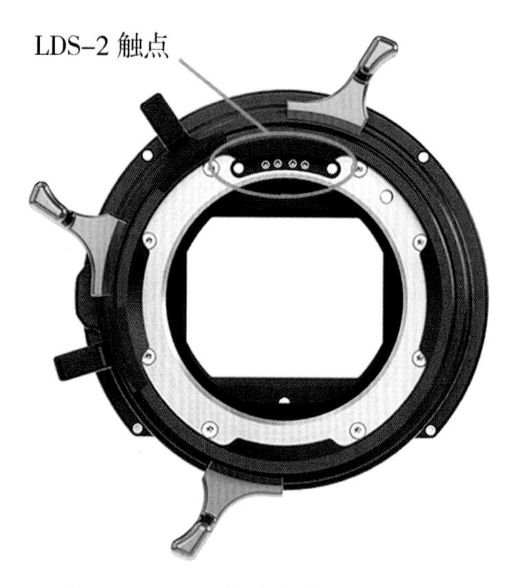

◎ 图7-20　ARRI镜头的数据记录系统

7.8　镜头的光学性能

没有两个镜头是完全相同的，每个镜头都有其独特的光学性能和画面效果。作为一种精密的光学设备，由于不同的玻璃、透镜组设计以及镀膜涂层，不同镜头的光学性能和风格可能差异很大，比如有些镜头拍摄的画面清晰锐利，有些则柔和一些，有些画面偏暖，有些偏冷。

镜头本身并没有绝对的好坏之分。关于镜头的选择，除了关注镜头的光学性能和技术指标以外，更重要的是要根据所拍摄的场景和故事内容而定。电影摄影师更多情况下要根据自己希望最终画面呈现出的感觉以及导演对影像风格的预期和要求选择镜头。镜头客观的技术指标可以作为选择时的参考如果尽可能全面地了解镜头的技术特性，我们在选择镜头时就会有更多可靠的依据。

7.8.1 分辨率

分辨率是衡量光学系统成像清晰程度的重要指标之一。镜头的分辨率也叫解析度，指的是镜头还原被摄物体细节的能力。镜头的分辨率评价可以用黑白线对表示（线对/毫米），通过分辨率测试板可以对镜头的分辨率进行测量（图7–21）。

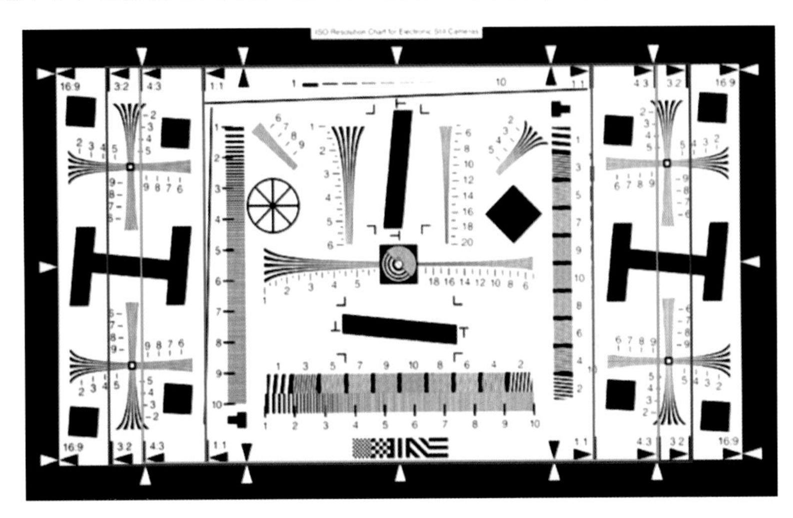

◎ 图7–21 分辨率板可以对镜头的分辨率进行测试

拍摄系统还原场景细节清晰程度是多种因素共同作用的结果。除了镜头的光学性能外，还有传感器的特性以及摄影机的参数选择、编码格式、压缩方式等，这些都会对最终画面的清晰程度产生影响。现在数字摄影机的分辨率越来越高，这要求镜头的光学性能也需要相应提升，以适应传感器分辨率的提高。镜头的玻璃质量、光学设计、机械结构和镀膜涂层等都会对画面整体的清晰程度产生影响。

另外，镜头的分辨率性能还会受光圈的影响，不同光圈系数下镜头拍摄的清晰度会有所不同，因此有“最佳分辨率光圈”的说法。大多数镜头的最佳分辨率光圈在T2.8和T5.6之间。在T16和T22小光圈下，镜头的光学衍射现象可能发生，从而导致镜头的分辨率和还原细节能力下降。

7.8.2 对比度

镜头还原被摄场景细节的清晰程度，可以通过分辨率来量化描述。但是仅仅靠一个分辨率难以说明镜头的全部特性，比如镜头的中心分辨率与边缘分辨率肯定不同，还有不同光圈下的分辨率也是不同的。除了分辨率以外，对比度和反差也是评价画面清晰程度的一个重要因素。对比度表现是镜头和摄影机共同作用的结果。就镜头对场景的对比度还原性能来说，除主观评价以外，调制传递函数（modulation transfer function，MTF）是一种更为客观和科学的描述。

关于MTF的基本原理可以这样理解：光线可以看作是一系列不同频率的电磁波，镜头的作用是接收这些电磁波，并尽量保持原始质量将其传递给感光材料。镜头对光线的传递是通过一系列折射完成的。镜头由玻璃材料制成，在传递过程中必然会产生电磁波的损失。不存在100%传递光线而没有任何损失的完美镜头，只是有一些镜头会比另一些表现得更好。在经过镜头的传递后，光线波谱前后的对比可通过一些数学函数和曲线来描述，从曲线就可以看出镜头传递光线的质量如何，这种判断会更加客观（图7–22）。

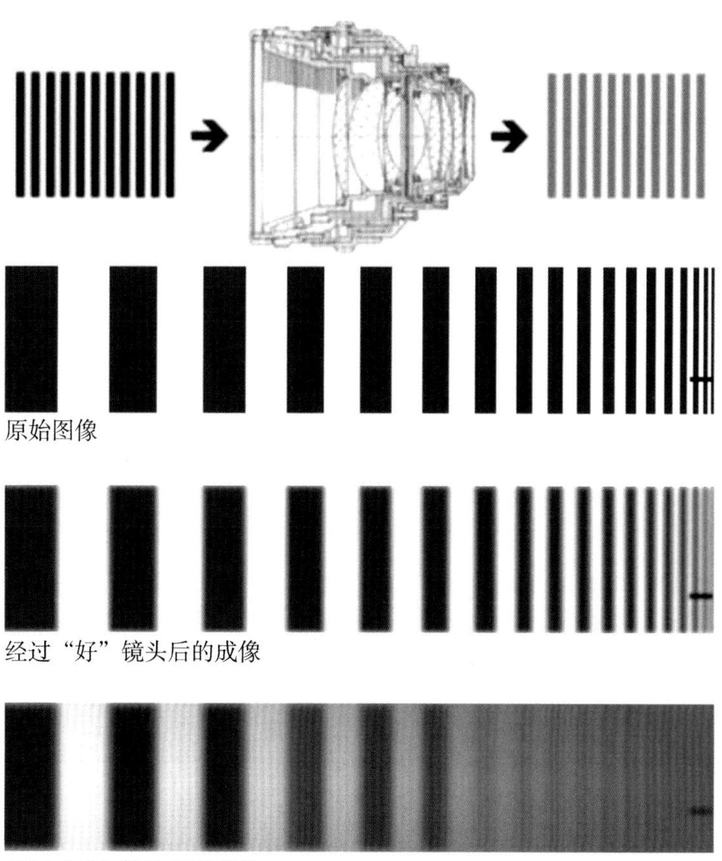

◎ 图7–22　可以从光波经过镜头前后的质量对比客观评价镜头的性能

MTF是一种对镜头锐度、反差和分辨率进行综合评价的方法，以曲线图的形式客观反映镜头光线传递等光学性能。对MTF曲线的分析常用到一些结论：曲线的位置越高，说明镜头的对比度还原性能越好；曲线的下降趋势越慢，说明镜头在中心位置和边缘位置的性能差异变化越小；虚线与实线接近，焦外成像越柔和。如图7–23所示，这是一个镜头MTF测试的曲线图，横坐标代表从镜头中心到镜头边缘的距离（mm），纵坐标表示画面清晰程度的百分比（从0%到100%），红色曲线代表最优光圈下的镜头表现，蓝色曲线代表在最大光圈时的表现，MTF曲线整体反映的就是该镜头在不同情况下的对比度或反差表现。

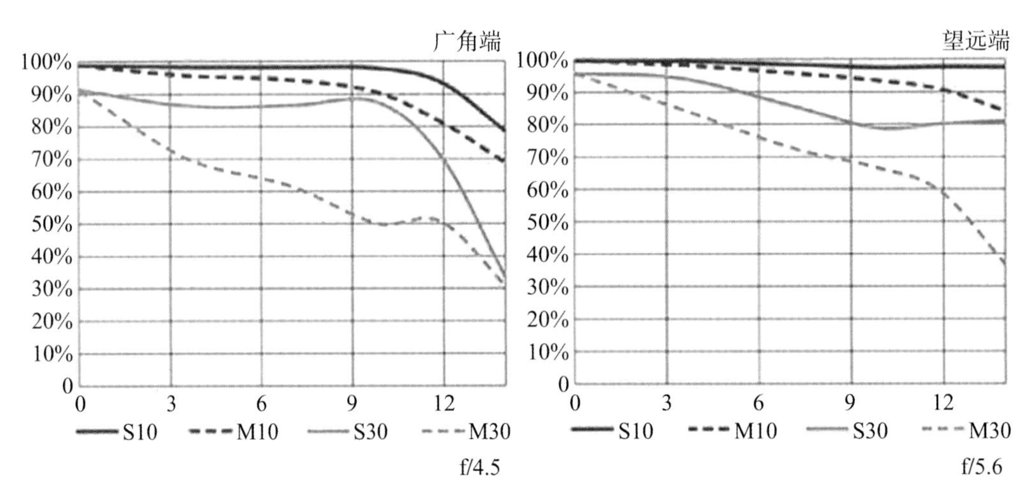

◎ 图7–23　MTF曲线可以反映镜头的很多光学性能指标

MTF是一种从物理角度客观评测镜头性能的方式，在镜头的光学评价、设计制造和镜头维护等方面应用更多，在拍摄和摄影实践方面也具有一定的参考价值。MTF的主要优点是客观，只能通过仪器测量和计算得出，不存在“假分辨率现象”等人为主观评价的偏好。当然，MTF不仅能反映镜头的分辨率，还可以反映镜头对反差的传递能力、镜头不同部分的光学特点等表现。摄影师可以通过MTF曲线了解镜头准确的光学指标。不同厂商和不同品牌系列的镜头的MTF曲线可能有所不同，但同品牌、同系列的镜头通常有基本一致的MTF曲线。除了实际的拍摄测试外，摄影师也可以根据MTF曲线判断不同品牌的镜头是否可以混用。

7.8.3 镜头速度

镜头速度指的是镜头在单位时间内进光量的多少，从另一个角度来说是镜头捕捉光线的快慢。镜头速度主要与镜头光圈大小、镜头组的设计、镜片光学素质以及镜头的整体尺寸等因素有关。

光线在通过镜头组玻璃片时会发生折射和反射等现象，这会影响镜头聚焦光线的速度，尤其是镜头的镜片比较厚或者镜头组内透镜太多时，需要更多的光线几何校正，光线每多走一步，意味着镜头速度变得“更慢了”。在镜头尺寸方面，镜头速度可以看作是光线聚焦的位置，即焦距对进光量快慢的影响。焦距越长，光线到达感光器件前需要经过的路径越长，所以镜头速度会越慢。

光圈越大，进光速度越快，进光量越多，感光器件只需要用较短的时间即可获得需要的曝光量（图7–24）。光圈大小与镜头焦距对镜头进光速度的影响可以用光圈系数定义。光圈系数可以看作是描述镜头速度的一个指标。电影镜头使用T值表示镜头光圈系数和实际测量得到的进光量。镜头速度通常用最大可实现的光圈系数描述。

◎ 图7–24　光圈大小是影响镜头速度的关键因素

7.8.4 近距离对焦

近距离对焦是指镜头的最小有效对焦距离。当小于该距离时，镜头可能无法对焦或者无法准确对焦。因为镜头组设计的不同，不同镜头的最小对焦距离也各不相同。镜头在焦点处的成像质量最优，随着球面曲率和像差的增加，光学性能会下降，所以镜头在设计时会限制特写和近距离对焦，以达到更好的整体表现。

另外，当镜头对着被摄物体近距离对焦时，进入镜头的被摄物体反射的光线会有所减少，此时需要考虑进行相应的曝光补偿。在近距离对焦时是否有曝光补偿，以及曝光补偿的数值，不同镜头也会有所不同，这也是在进行近距离拍摄曝光时需要注意的问题。

7.8.5 呼吸效应

呼吸效应指的是镜头在选定的景别内调整焦点时，画面的边缘会发生明显变化的现象。因为镜头对焦时，内部的光学透镜元件会前后移动，以便将来自对应距离的光线会聚在焦点位置，透镜内部的移动会稍微改变镜头的放大率，产生轻微变焦效果，从而产生画面景别和视角的变化，即镜头的呼吸效应。

呼吸效应是活动影像拍摄特有的一种现象。平面摄影只拍摄单张画面，不存在连续画面之间大小的变化。改变焦点事实上是在让对焦组件推近或远离传感器，距离的改变导致画面视角的改变，如果视角改变明显的话，就产生了类似于推拉变焦的效果，镜头看起来就像是人的呼吸一样一起一伏。镜头的呼吸效应是一个非常扰人的光学现象，尤其对于短焦距镜头，因为大景深会使得呼吸效应看上去更加明显。

呼吸效应可能会造成画面边缘处的被摄物体出画。呼吸效应在大多数情况是不受欢迎的，在变换焦点时发生的画面变化很容易分散观众的注意力。没有或者只有很弱的呼吸效应是优秀电影镜头的标准之一。为了尽可能抑制镜头的呼吸效应，现代电影镜头已经通过内部复杂的调焦设置将呼吸效应尽可能减弱。

7.8.6 几何特性

镜头的几何特性反映的是镜头对被摄物体几何线条的还原情况。大部分镜头由球面透镜组成，镜头对被摄物体各部分的成像比例或放大率是不同的，因此会造成一定的几何变形，这种几何变形也称为像差或畸变。常见的畸变有桶形畸变和枕形畸变（图7–25）。

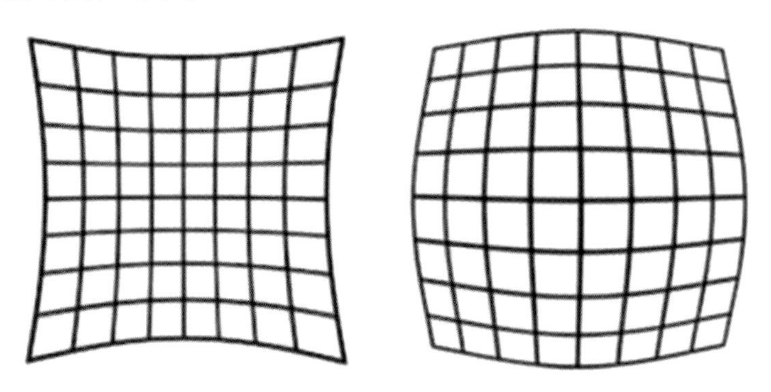

◎ 图7–25　镜头的枕形畸变和桶形畸变

广角镜头容易产生桶形畸变，比如鱼眼镜头的几何变形更为夸张（图7–26）。

◎ 图7–26　ZEISS 8 mm鱼眼镜头的几何畸变

直线型镜头拍摄的画面特点是直线特性的被摄物体仍然表现为直线，比如拍摄挺直的墙壁，画面仍显示为直线，而不是曲线。直线型镜头通常表现出更弱的桶形或枕形畸变。直线型广角镜头在画面边缘位置的被摄物体容易出现几何变形，可以通过使用非球面透镜元件进行直线校正来改善（图7–27）。

在数字特效合成镜头的制作时，镜头的几何特性比较重要，因此在拍摄时就需要对镜头的几何特性进行精确的测量，以便将光学镜头的特性和特效软件中虚拟摄

◎ 图7–27　经过几何校正的蔡司8 mm直线型镜头

影机的镜头进行正确的匹配和映射，使得由计算机生成的虚拟图像与实际拍摄的画面合成在一起时看上去更真实。

7.8.7 像场均一度

像场均一度描述的是镜头像场从画面中心到边缘的亮度过渡是否自然，也就是说，透过镜头落在中心位置和边缘位置的光线是否一样多。镜头制造商在设计镜头时就考虑到要尽可能减少镜头在不同位置不均匀的亮度表现，因为大多数镜头为球面透镜，透镜中心位置对光的透射和折射率相较于边缘位置明显不同，边缘位置的曝光量通常会低于中心位置，镜头在某种程度上都会存在着暗角（图7–28）。

电影镜头要避免明显的暗角出现，因为镜头的推拉摇移会使得暗角很容易被注意到，如果暗角过于明显会干扰和破坏画面正常的氛围。暗角的成因有多种，其中广角镜头主要受反射及折射定律影响。广角镜头的构造使得它可以接收宽广视角内所有的入射光。从透镜周边进入的光线并不是垂直于镜头中心，此时的入射角会变成钝角。当光线以这种角度照射在前端镜片的时候会产生更多的反射光线，真正穿透镜片的光量会减少。随着入射和反射角度偏离垂直状态，反射光量会相应增加，这就是广角镜头更容易产生暗角的原因之一。

◎ 图7-28　镜头的像场均一度从中心到边缘降低

7.8.8 色彩表现

色彩还原可能是镜头设计中最复杂的因素，因为每一种颜色都有它独特的波长，镜头生产时的制造工艺不完全一样，不同的玻璃材料、不同的镀膜技术以及不同的机械装置等因素都会影响到镜头的色彩表现。可见光是由不同波长和频率的电磁波组成的，不同波长的电磁波在透镜中的折射率是不同的，当不同波长的光线透过镜头时，如果不能准确地聚焦在同一位置，就会产生色差或色散的现象（图7-29）。

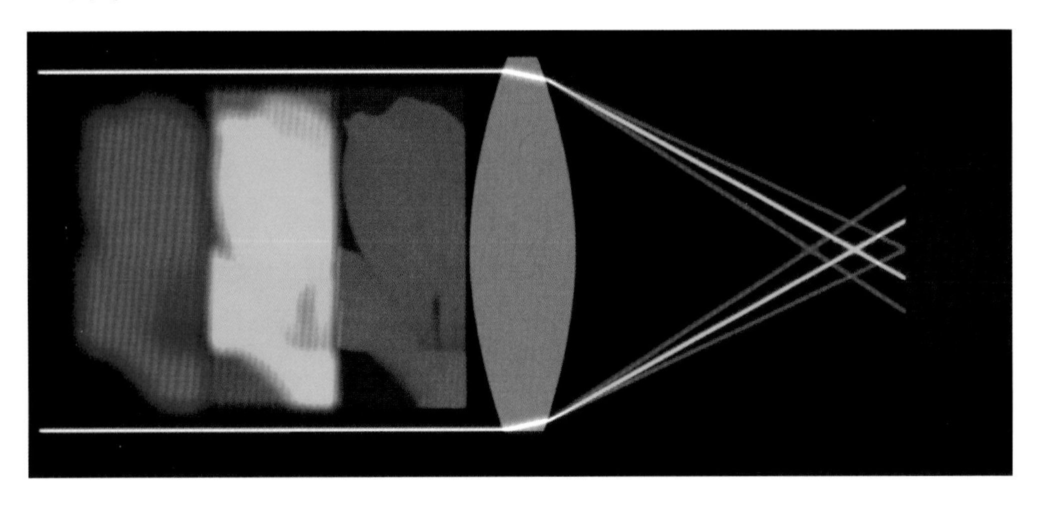

◎ 图7-29　镜头对光谱折射率的不同是色差产生的原因

色差的产生在高对比度场景的高光边缘处更为明显，有些镜头呈现出来的是红紫色镶边，有些镜头的色差表现为橙蓝色镶边。色差的具体表现就是这种细细的彩条，颜色会根据镜片散射的波长频率改变（图7–30）。

◎ 图7–30　被摄场景和物体在高光边缘部分出现色差

镜头在设计时需要对色差进行修正，尤其是广角镜头更应注意，广角镜头需要对一些入射角度更为陡峭的光线进行弯曲折射，更容易产生色彩的偏差。通过缩小光圈可以在一定程度上减少边缘的色差。有些镜头在设计上采用了特殊材质的镜片或者补偿镜片组来降低色差。

电影拍摄通常不会只使用一只镜头，多只镜头之间的色彩匹配也是摄影师需要注意的问题。尤其不是同一品牌或同一系列的镜头混用时，需要对色彩的一致性方面进行测试。如果拍摄时镜头之间的色彩匹配有差异，那么在后期调色时就需要花费更多的时间和精力，完成场景和镜头间的色彩匹配工作。

7.8.9 眩光表现

眩光指的是当镜头对着光源拍摄时高光部分的表现。当光源比较强烈时，光线会在镜头内部产生多次反射和散射，从而发生光线的堆积和满溢，形成所谓的眩光（图7–31）。比如，在一个低照度拍摄场景下，将镜头对准一个明亮的强光源拍摄，尤其是在镜头的光圈开至最大时，在光源周围的高光部分就会以眩光的形式散开，表现出不同的画面效果。不同的镜头可能会有不同的眩光表现。

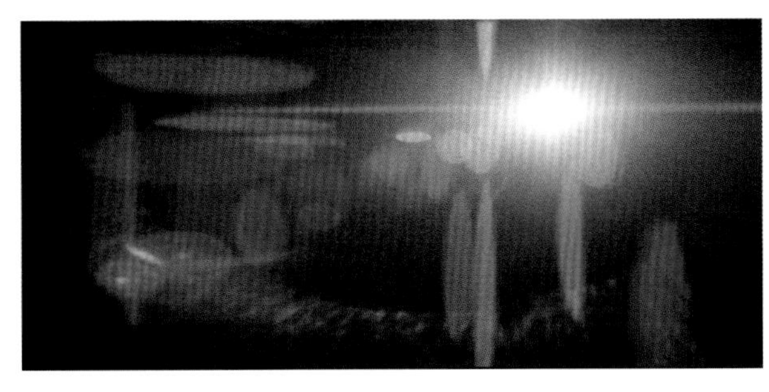

◎ 图7–31　强光源进入镜头后的画面表现

眩光是一种非成像光，通常认为对影像质量有干扰，但有时也可以为创作者用来增强画面的效果。眩光表现也与内部镜头组的设计及镀膜涂层有关，有较多透镜元件的镜头更易受到眩光的影响。镜头的镀膜涂层可以减少镜头的眩光，同时可以增强画面的对比度和颜色再现。如果想避免眩光，可以使用遮光斗以减少散射的光线，或者调整摄影机与光源的角度，阻挡强光进入镜头。

7.8.10 焦外表现

上面讲过，镜头在焦点前后能够清晰成像的区域叫作景深。在景深范围之内被摄物体的成像都是清晰的；景深以外被拍摄物体的成像会显得模糊，这个模糊的区域被称为焦外。在高对比度场景下的点状高光，不同镜头有不同的表现。这种高光点在焦外的表现可以称为“Bokeh”（图7–32）。

◎ 图7–32　Bokeh是高光点在镜头焦外的成像表现

“Bokeh”一词来自日语，意思是“模糊的、混沌的”，指的是镜头在焦外对高光点的成像，也是一种对画面在焦外部分模糊程度的美学评价。Bokeh经常被认为是光圈在焦外高光点的形状（图7–33）。镜头像差和光圈形状的差异，使得镜头在焦外成像的模糊程度和表现各不相同。Bokeh不只是高光点的散景表现，焦外整个模糊区域的表现都算是Bokeh。对Bokeh的模糊情况难以客观量化，更多的是一种主观评价。有的Bokeh令人感觉更为愉悦和舒服。良好的散景表现对微距和长焦镜头比较重要，因为景深比较小，有更多的区域处在焦外。

◎ 图7–33 《月光男孩》中镜头焦外高光点的散景效果

7.9 变形宽银幕镜头

7.9.1 变形宽银幕镜头的原理

在电影摄影方面，通常有两种可选择的镜头类型：球面镜头和变形宽银幕镜头。球面镜头对被摄物体的还原是力求真实的，被摄物体的几何线条、形状和体积感是正常的；而变形宽银幕镜头拍摄的画面却是变形的、非真实还原的。这是由于变形镜头在设计时采用了一些特殊的镜片结构，主要是通过一组棱镜和柱形的光学元件使拍摄场景产生横向的挤压，从而在相同尺寸感光底片的情况下，保持垂直视角不变的同时，在水平方向获得比同焦距球面镜头更为宽广的视角（图7–34）。

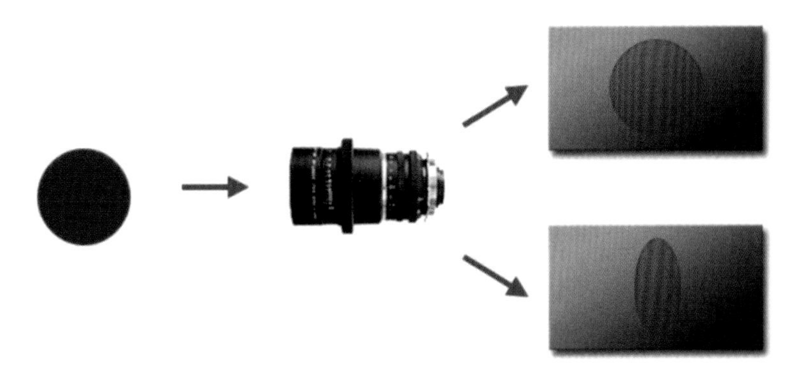

◎ 图7–34　变形镜头拍摄时对被摄场景做横向挤压

变形镜头对水平视角的挤压程度，通常用变形倍率（变形比）来表示。最常见的变形倍率是两倍，在变形镜头的镜筒上刻有“2×”的标识（图7–35）。除了最常见的两倍变形比外，也有其他多种不同的变形比，比如Vantage Hawk V–Lite 1.3×变形比、Ultra Panavision 70的1.25×变形比等。

◎ 图7–35　变形镜头在镜筒上标有变形倍数的标识

使用变形镜头拍摄的胶片画面，在放映时通过一个反向还原的镜头，将横向挤压的画面在水平方向上进行拉伸，由此便得到了一个重新恢复为正常比例的宽画幅画面。对于使用变形镜头拍摄的数字影像，在后期制作阶段需要先进行反向的拉伸，将像素按变形比重新转换为正常像素尺寸，以便画面正常显示（图7–36、图7–37）。

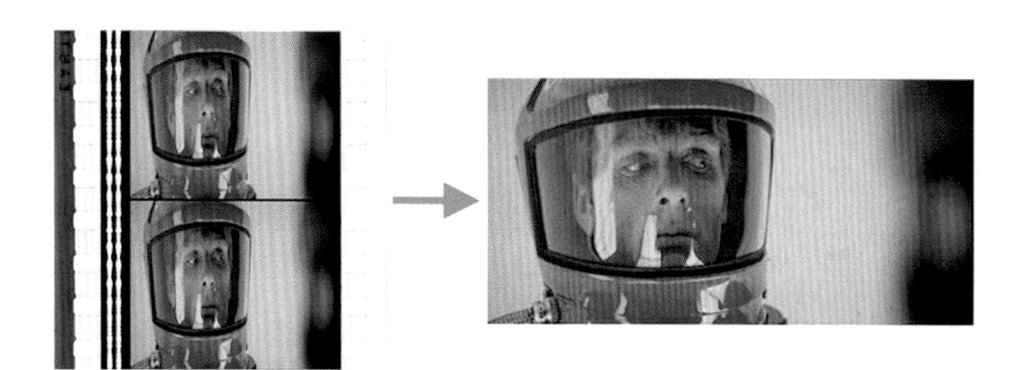

变形镜头对画面横向挤压

“拉伸”后恢复正常画面

◎ 图7-36　变形镜头拍摄的画面需要镜头后期的重新拉伸

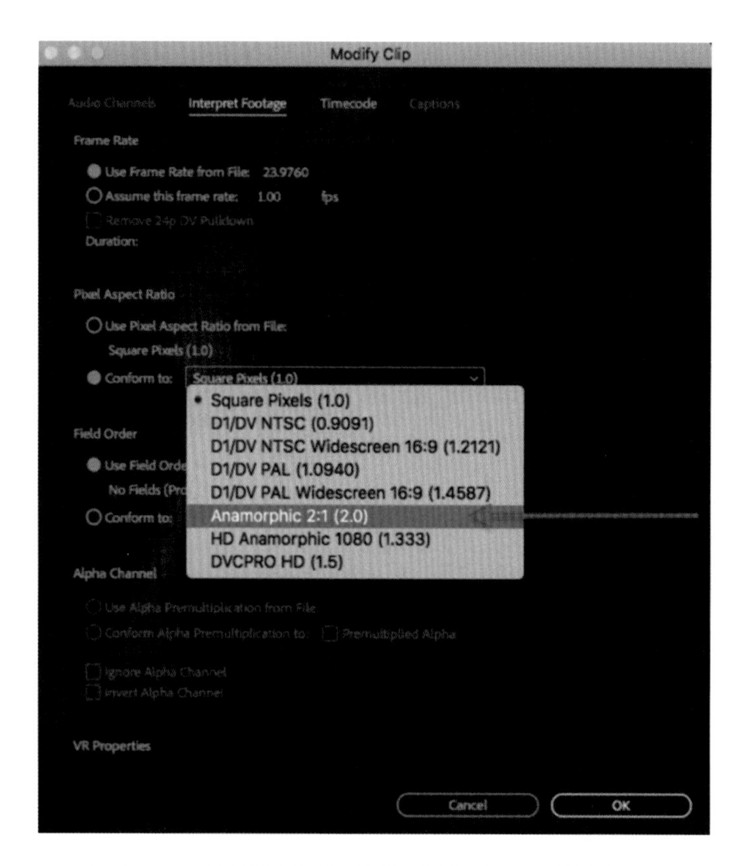

◎ 图7-37　后期数字制作时根据变形比恢复正常像素比例

7.9.2 变形宽银幕镜头的历史

变形宽银幕镜头是好莱坞早期为了实现宽银幕格式而发明的一种特殊的镜头技术，因此得名。变形宽银幕镜头又叫作变形镜头。变形镜头的最初目的是在普通的4片孔35 mm胶片底片上获得更宽大的成像宽高比，而不需要更换更大尺寸的底片，即使相比Super 35 mm格式，对胶片底片感光面积的利用率也更充分，提升了画面纵向分辨率，减少了可见噪点。

电影的宽银幕格式有多种实现方式，变形镜头是其中之一。宽银幕格式电影可以提供视野更为广阔的画面，不仅可以增强观众观影时的临场感，而且有利于增强电影的艺术表现力。早期，人们通过多台放映机拼接在一起的方式呈现宽银幕画面（图7–38）。

◎ 图7–38　早期的Cinerama宽银幕系统格式

20世纪福克斯电影公司想采取更实用的方法实现宽银幕格式，当时的总裁斯皮罗斯·斯库拉斯（Spyros Skouras）和研发主管厄尔·斯波纳布尔（Earl Sponable）调研了法国镜头设计师亨利·克雷岑（Henri Chrétien）设计的一套特殊镜头系统。克雷岑设计的柱状镜头可以在拍摄时对水平视野进行两倍的压缩，从而获得一个更宽广的视角。在第一次世界大战中，这项技术首先被应用在坦克取景器中。之后他又设计了用于电影拍摄的Hypergonar变形镜头，并申请了专利。

法国导演克洛德·奥唐–拉腊（Claude Autant–Lara）在1930年的电影*Construirein*

Feu（画幅比为2.66：1）中就已经使用了该变形镜头技术进行拍摄，直到20世纪福克斯电影公司买下该技术专利并重新命名为CinemaScope，这项技术才开始流行。1953年，20世纪福克斯电影公司使用CinemaScope拍摄了第一部变形宽银幕格式电影*The Robe*，获得了巨大的成功，此后很长一段时间里CinemaScope就是宽银幕格式的代名词。

7.9.3 变形镜头的一些问题

变形镜头早期在技术上存在着一些不足和瑕疵，在拍摄人脸的近景和特写时容易发生面部的失真变形。这是由于变形镜头的光学系统在对像场进行压缩时，在不同部分的挤压程度是不均匀的，有些区域会比其他区域挤压得更明显。今天的变形镜头基本已经解决了这个问题，不过在实际拍摄时还是要注意避免一些明显的变形，特别是画面的边缘部分。

变形镜头还有个问题：会出现普通球面镜头不会出现的伪影，特别是暗背景下的高光部分，会出现一种扩张性的“光渗”现象，高光附近的光线会被拉伸成一条长的水平线，夜晚的汽车前灯就是个比较明显的例子。这本来是变形镜头一个未解决好的光学问题，但因具有一些独特的外观（通俗说的画面“拉丝”的效果，通常呈蓝色调），在一些使用变形镜头拍摄的电影中，摄影师有时会利用这种特性创造出一些具有独特视觉感受的画面（图7–39、图7–40）。

◎ 图7–39　变形镜头的拍摄测试画面

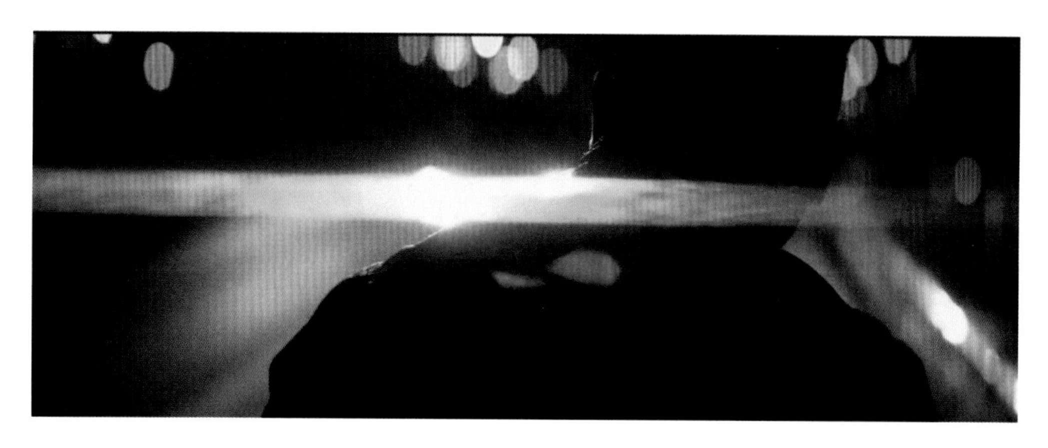

◎ 图7–40　电影《老炮儿》中使用变形镜头拍摄的画面

不久之前，在数字摄影机上使用变形镜头还是有缺陷的，主要原因在于数字传感器的画幅比通常比35 mm胶片大，普通球面镜头没有问题，但变形镜头则可能存在裁切问题。比如，在16：9（即1.78：1）画幅比的传感器上，使用两倍压缩比率的变形镜头，会产生3.56：1宽高比的画面。但为了实现2.39：1宽高比的画面，传感器的两侧实际有部分感光区域是没有被使用的，就对感光单元的有效利用来说是一种浪费。

针对这些问题，数字摄影机厂商推出了一些解决方案，使变形镜头与传感器更加匹配。例如，ARRI Alexa摄影机推出了适用于4：3宽高比的传感器，这一传感器的高度为17.8 mm，设计上模仿了标准的35 mm胶片画幅，使Alexa数字摄影机与变形宽银幕镜头更加兼容，成像画面也接近于35 mm胶片的效果。镜头厂商也进行了一些革新，Vantage Film带来了Hawk变形镜头，将变形镜头的压缩倍率设定为1.3×，这是为了与16：9画幅比的传感器搭配使用而设计的，实际得到的画面只比2.39：1的宽画幅画面小一点。

7.9.4 2.35：1、2.39：1或2.40：1？

现在与变形宽银幕格式有关的描述通常写为CinemaScope，或者直接说成2.35：1画幅宽高比。关于变形宽银幕格式的宽高比，经常会看到有2.35：1、2.39：1、2.40：1等多种不同的写法，这是在变形宽银幕格式的不同发展阶段出现过多种画幅比所造成的混乱。

变形镜头将拍摄场景在水平方向挤压，然后将压缩的画面成像在学院标准宽高比1.37：1的胶片底片上。从计算上来看，两倍变形比的变形镜头在1.37：1胶片上能获得宽高比为2.74：1的画面，但是由于不同胶片摄影机的片门框以及放映机投影孔径的差异，真实的画面宽高比需要进行一些裁切和调整。

为了适用于CinemaScope格式，这一比例先被裁切成2.55：1，不久裁切标准又被定为2.35：1。在20世纪50年代到70年代，2.35：1的画幅比成为宽银幕的主流格式。1993年，SMPTE 195—1993文件将2.39：1确定为变形宽银幕格式的画幅宽高比标准。2006年，SMPTE发布数字电影发行母版影像特性标准（SMPTE ST 428-1），其中的数字变形宽银幕格式的宽高比仍然沿用此前的2.39：1。

7.9.5 变形镜头的光学特点

变形镜头能够在相同尺寸的感光底片上获得更宽广的视野范围，在横向空间内可以容纳更多的场景信息，观众接受的视觉内容变得更多，相当于变相地提高了成像的水平分辨率。变形镜头采用了非球面镜组（主要是柱形透镜结构），光学原理也更复杂，焦点距离并非等距变化，这种结构与球面镜头相比，反而会得到空间感和立体感更好的画面。

在获得更广视角的同时，变形镜头可以产生一种有别于球面镜头的独特视觉感受的画面，例如椭圆形的焦外光斑（图7-41）、溢散的高光和柔美的眩光等，特别是拍摄夜景时的焦外散景表现非常漂亮，且比相同焦距镜头有更小的景深（图7-42）。比如，75 mm焦距的变形镜头可以得到40 mm焦距球面镜头的画面视野，同时还能保留75 mm长焦镜头的小景深效果。变形镜头普遍被认为更适合拍摄演员的中近景表演。变形镜头对空间的扭曲和挤压可以将演员的面部表情和动作表现得更为突出，以一种非常独特的方式将这些表演从其他部分突显出来。

与普通的球面镜头相比，变形镜头也存在着一些其他方面的劣势，比如：变形镜头会产生比球面镜头更加明显的伪影和几何失真；变形镜头通常比球面镜头感光速度慢，在低照度场景拍摄时需要有更多的照明亮度；变形镜头通过横向挤压方式扩展画面的宽高比，在垂直方向上超过2.35：1画幅的部分画面可能不会被记录，这在转换为4：3和16：9等其他宽高比时可能是有损失的。另外，由于变形镜头的结构设计更为复杂，相比球面镜头需要附加一些镜片，这会使变形镜头变大，降低了透光率，增加额外的畸变，所以变形镜头比球面镜头也更昂贵、更重。

◎ 图7–41　变形镜头的光学结构是椭圆状光孔

◎ 图7–42　变形镜头具有其独特的浅景深和焦外散景表现

7.10 电影镜头和照相镜头的区别

根据应用场合、用途的不同，镜头也分多种不同的类型，在摄影中常用是电影镜头和用于图片拍摄的照相镜头。照相镜头的设计是为了捕捉某个特定瞬间的静态照片，而电影是运动的影像，是以时间为媒介的连续拍摄，这种差异也决定两种镜头类型在机械结构、光学性能、使用习惯等方面有诸多不同。电影镜头和照相镜头在基础的光学原理和结构方面都是类似的，对两者进行对比并不是为了区分孰优孰劣，而是为了更好地理解两类镜头的差异，在选择镜头时能够更加明确。

首先，从外形上看，电影镜头通常比照相镜头个头更大、更重。电影镜头需要考虑电影拍摄的专业需求，必须能够经受严酷环境的考验，所以电影镜头在做工上更扎实，通常使用高性能的材料和技术制造，以能够在各种极端条件下正常工作。另外，电影镜头的外形一致性更高，同一品牌、同一系列镜头的长度、重量、重心、前端口径等标准基本相同，对焦环和光圈环等调节装置的位置也都一样（图7–43）。统一的外形和尺寸可以在更换镜头时更快，不需要重新调整各种镜头附件的位置，如云台、跟焦器、遮光斗等，确保更换镜头迅速且安全，节省大量的现场时间。

例如，ARRI/ZEISS的MP（Master Prime）和UP（Ultra Prime）系列定焦镜头就是外形一致性非常高的镜头组之一，从16 mm至100 mm焦段的所有镜头都是143 mm长度、93 mm前端口径，对焦环和光圈环的位置也完全匹配，每只镜头的最大光圈都是T 1.9，24 mm至85 mm焦距段的镜头在重量上也都相同。

相比之下，照相镜头通常不是以某个统一系列的形式出现，即使是同一品牌的镜头，外观上也很不一样。照相镜头主要强调便携和快速，通常需要有自动对焦和自动光圈等功能，所以镜头内部往往会有较复杂的电子控制系统；而电影镜头注重实际使用过程中的稳定性，内部很少有复杂的电路系统，一般都是手动调节而极少

◎ 图7–43　电影镜头的外观一致性高

有自动调节的组件。

其次，电影镜头在镜筒结构、对焦技术、光圈设计等机械设计方面，也和照相镜头有一些明显的差异。电影镜头大多使用的是接触式的跟焦环、遮光斗和滤光镜等拍摄附件，所以现代电影镜头通常采用的都是内调焦技术，在调焦时只是内部透镜单元沿着光轴做短距离的相对位移，镜筒的总长度不会改变，重心也几乎保持不变。

照相镜头为了实现快速的自动对焦，镜筒通常设计为可伸缩式的，镜头的对焦行程也最大限度地缩减，这样在对焦时不用旋转太大的角度，对焦速度可以变得更快。许多照相镜头的对焦环行程只有15°～20°，这非常有利于自动对焦的设计，因为镜头内马达不需要转动太多就可以找到精确的焦点。但这么短的对焦行程使得镜筒上只能有很少的距离标尺，想通过手动方式来对焦基本不太可能。

与照相镜头不同的是，电影镜头极大地拓展了对焦环刻度和旋转角度。电影镜头的对焦环通常有300°以上的行程，这留出了充足的空间来进行对焦刻度的标记。对焦行程的增加以及调焦环上精确的刻度标记，使手动对焦变得更加容易，尤其是近距离的对焦，拍摄运动对象时跟焦也更为平滑和精准。

电影镜头更长的对焦行程，也是电影镜头普遍外形较大的原因之一。电影镜头的对焦距离刻度在镜头两侧分别以英尺（ft）和米制单位（m）进行标识。在一些高端的电影镜头上，每只镜头的对焦距离标记都是特别刻制的，以最大限度保证对焦的精确性，而且是在镜头两侧都有标识，方便焦点人员在任何一侧进行跟焦操作（图7-44）。

◎ 图7-44　电影镜头的对焦行程更长，刻度标记更精细

电影镜头的另一个优势是进光速度更快。镜头速度快意味着需要大的光圈孔径。我们知道，F值光圈系数等于镜头焦距除以光圈孔径的理论值。对于既定的焦距来说，光孔越大，镜头的尺寸也需要做得越大。比如，100 mm焦距镜头想获得F2.0的光圈系数，光圈孔径要求至少为50 mm；如果要将光圈系数变为F1.4，那么光圈孔径就至少需要72 mm，这要求镜头做得更大。为了镜头的便携、紧凑和轻量化，照相镜头一般不会做得太大。

许多照相镜头的光圈系数最大为F2.8。这对于静态摄影来说不是什么问题，因为通过调整快门时间或者配合闪光灯的使用，可以在瞬间提供合适的进光量。而电影拍摄时，由于调整快门时间会影响画面的运动模糊，所以不能任意调整快门速度，在曝光控制时更多的还是依赖大光孔的镜头，特别是低照度拍摄的场景，电影镜头需要具有更大的光孔，光圈系数通常都可以做到T1.4甚至更大。

照相镜头使用的是F值光圈系数，这是一系列固定档位的数值，在曝光时只能以固定档位调整光圈的大小，而无法对进光量进行更精细的调整。电影镜头使用的是T值光圈系数，T值光圈系数的调整是无级的，可以连续、平滑地调整，而非固定档位。T值光圈系数是根据实际曝光量测定的数值，相同的T值意味着相同的进光量，以保证不同镜头之间很容易对进光量精确匹配。

在光学性能方面，很多人认为电影拍摄主要用于大银幕放映，电影镜头的优势主要是分辨率高，因此使用分辨率高的照相镜头完全可以替代电影镜头。这种看法实际上是不正确的。按照目前的工艺水平，制造出一只成像足够清晰锐利的镜头不是什么难事。对电影镜头的光学素质来说，分辨率只是冰山一角。在评价镜头拍摄画面的表现时，还有很多其他的因素需要考虑，特别是对动态拍摄有明显影响的光学因素，例如像场均一度、几何畸变、近距离对焦、呼吸效应、色彩表现等，都会影响最终的影像质量。

例如，在镜头暗角方面，电影镜头和照相镜头都在努力消除不均匀的像场，尽量避免明显的画面暗角。比起照相镜头，电影镜头对暗角的控制更苛刻，活动影像的暗角比起静帧的照片更容易被观众注意到。与暗角一样，电影镜头对画面的几何畸变也有非常高的要求，活动影像的畸变比照片看起来更明显，枕形或桶形畸变会破坏画面的构图和叙事氛围，太过明显的畸变很可能导致观众的眩晕感。在色彩匹配方面，很多人都知道照相镜头的色彩匹配远不如电影镜头。电影镜头需要捕捉非常多的场景和镜头，并将其组接在一起形成一段连续的影像，所以不同镜头在色彩匹配上应该尽可能保持一致，这有利于后期调色时基调的统一。

经过上述的对比和分析，可以看出优秀的电影镜头在技术层面大都具备以下性能：良好的机械性能以及耐用性，统一位置的焦点环、光圈环和一致的前端口径，舒适的锐度和反差表现，良好的焦外成像，更弱的呼吸效应，更高的像场均一度，可调焦点及适当的曝光补偿，统一的镜头风格和互相匹配的色彩还原，悦人的肤色表现，等等。电影镜头良好的光学素质自然必不可少，相对于物理上的光学性能与技术标准而言，在实际拍摄时影像创作者的审美和品味可能更为重要。尤其是进入数字时代后可以对画面进行后期调色，一些摄影师会认为电影镜头所传达的“味道”比光学性能更加重要。尽管如此，一只光学性能优异、客观指标良好的镜头仍然无比重要。

7.11　滤光镜

除了电影镜头外，滤光镜也是电影拍摄常用的光学镜片。滤光镜是一种由玻璃或者其他透明材质制成的特殊镜片，作为镜头的辅助器件，通常用来改变场景的整体或局部光线的颜色、亮度或者画面效果。滤光镜的原理是通过镜片对光波的选择性吸收和改变，创造出多样的和有创造性的画面外观。滤光镜是拍摄现场非常有用的附件。

滤光镜依照不同的用途有很多种类型：

（1）拍摄时用来进行颜色校正的滤色片。这类滤色片可以影响日光和钨丝灯光的色彩平衡。最常见的是雷登85号滤色片，它可以把日光修正到钨丝灯光。

（2）用来进行曝光补偿的滤光镜。最常用的是中灰滤光镜，这类滤光镜可以在最小限度影响光线颜色和质量的同时，改变通过其光线的总量。

（3）实现各种特殊光学效果的滤光镜，如偏光镜、星光滤色镜、渐变镜、折射或选择性反射滤光镜等。

（4）其他类型的滤光镜，如各种型号的柔光镜、暖色镜等。

对电影摄影师来讲，了解不同滤光镜的特性很重要。在进行画面创作尤其是追求一定风格化的影像时，滤光镜可以提供很多帮助。滤光镜会有选择性地吸收部分来自场景的光线，这在一定程度上减少了镜头的进光量，在曝光控制时要注意进行相应的补偿，通常可以通过增大光圈的办法解决。

柔光镜也是一种常用的滤光镜，主要起到柔化画面的效果。柔光镜的作用是扩散光线，降低反差，减弱画面中过于锐利的部分，使画面看起来柔和、自然。在好莱坞Pro Mist是很常用的柔光雾镜之一。Pro Mist在国内被通俗地叫作“白柔”。Pro Mist可以实现光晕发散的效果，特别是高光部分（图7–45）。Black Pro Mist（黑雾柔光滤镜）简称“黑柔”。“白柔”通常会使画面看上去偏白；而“黑柔”会尽量保持画面的对比度，最大限度地保留画面颜色，高光的发散也不会污染肤色。Hollywood Black Magic是施耐德公司推出的滤镜，它将1/8的Black Frost和Classic Soft（经典柔）组合为一片滤镜，兼具柔光和柔焦的效果，可以把硬朗炽烈的高光柔化，又同时保留原来的暗部层次。

现在，大多数传统滤光镜的效果通过后期的数字调色也能实现，但也有少数例外，比如偏振镜消除强光反射的功能，因为偏振光是无法通过色彩校正消除的。偏光镜是利用光线偏振的特性，把被摄物体反射的方向性强光消除的一种滤光镜。偏光镜可以控制玻璃、水、抛光木器等表面的反射光（图7–46），降低刺眼的强光，比如降低天空亮度，还可以使天空看起来更蓝（或者使蓝天变暗），使某些颜色

（特别是绿色）变得更加饱和。摄影师可以根据现场拍摄的需要，结合后期制作的能力，综合考虑后加以选择。

◎ 图7–45　Tiffen公司的Pro Mist柔光镜效果

◎ 图7–46　通过偏振镜消除汽车挡风玻璃的强光反射

第八章

电影数字制作技术流程

美国的电影产业经常被人们称为“成熟的好莱坞电影工业”。现代影视制作行业早已告别小作坊式的生产模式，考虑到拍摄制作所投入的人力、时间和成本，电影明显已经具备了工业化产品的生产属性。工业化生产必然的要求就是非常注重流程的高效。流程是关于生产整体的全局考量，牵一发而动全身。合理的流程设计可以提升生产的效率和节省成本。电影的工业化也不例外，高效的流程是电影项目顺利完成的保证。本章节我们主要讲解当前电影数字制作过程中的主要技术流程和环节。

8.1 认识“流程”

“流程（workflow）”是现代社会工业化生产中的一个概念，指的是在工业产品的生产过程中，原材料和资源经过有组织的和系统性的加工，转换为最终制成品的一系列过程。工业化生产的流程通常涉及非常多的人员、工序、环节，需要对不同人员和工序进行合理的组织和管理，按照一定的程序和步骤完成各环节的工作，并做好各程序、各环节之间的衔接，确保最终产品高质量地完成（图8-1）。

◎ 图8-1　工业化生产的必然要求就是注重流程的管理和设计

工作流程是各种工序的组合，在这个过程中利用硬件设备、软件系统以及人力资源，协同工作达到最终目标。电影制作也有很多环节。我们可以把电影的制作流程描述如下：从实际拍摄甚至是更早的准备阶段开始，所进行的影像、声音以及各种元数据的获取，对获取素材和数据进行管理和备份，经过剪辑、调色及其他后期制作环节（特效、声音、字幕、片头片尾），生成数字发行母版或者其他发行格式，最终在影院大银幕上放映的过程，以及确保这整个过程有效运转的管理机制。

一个合理的工作流程应该是有序的、有规则的和有效率的，这也是确保电影制作过程顺利完成的关键。在传统胶片时代，不论是拍摄现场还是后期洗印环节，生产方式相对简单和固定，可选择和调控的余地不大，只要按既定的技术规范和工艺流程进行，就不会出现大的问题，流程相对可控。进入数字时代以后，电影拍摄和制作的技术发展迅猛，新设备、新技术和新格式层出不穷。现在电影拍摄可选择的摄影机类型、编码格式以及后期制作的软件和设备非常多，不同选择的组合也非常多样。不同的选择和组合意味着不同的生产流程，这也是现代电影制作环节繁复、流程变得越发不可控的重要原因。

在影视制作中，如果流程出现错误，将是十分麻烦的事情，轻者会造成制作周期延长，影像质量损失和制作成本增加，重者则会使整体的影片拍摄失败，无法取得预期效果。可以说，流程已经成为现代电影数字制作的核心，提前规划好工作流程将有助于实现最佳的电影效果。在启动一个电影项目前，应将生产流程中涉及的诸多环节梳理清楚。越早规划清楚项目的流程，越可以获得更多选择的自由和现实的保障。在实际拍摄时按照设计好的流程来规范和引导各个部门的工作，可以有效减少现场的混乱和不可见的风险，这对于整个项目的顺利完成是至关重要的。

8.2　电影制作通用流程与新特点

实际上，目前还没有一个流程可以适用于所有的电影项目。数字时代的电影制作流程经常被描述为“雪花流程（snowflake workflow）”，意思就是说如同没有两片雪花是完全一样的，每个电影制作项目也不会完全相同，每个电影项目的流程都是独特的，不同的拍摄项目会根据实际拍摄需求、资金预算、软硬件设备、周期和人员等有不同的流程设计，特别是数字时代可选的拍摄设备、编码格式和后期制作软件太多，有非常多种技术流程的组合。

8.2.1 通用流程制作阶段

虽然电影制作流程具有多样化的特点，但从宏观流程和制作阶段来看，仍有一个通用的阶段划分：前期准备、影像获取、后期制作和发行放映。不同阶段有各自主要的工作环节和内容。

准备阶段是依据电影项目的规模和类型，选择合适的拍摄设备和编码格式。所选用的摄影机类型和编码格式在很大程度上将决定整个电影制作的技术流程。同时，在此阶段要规划总体的工作方案，进行拍摄设备的测试和制作流程的闭环测试，确保在实际拍摄时不会出现技术方面的问题，后期制作各环节流程可以无缝衔接，最终画面的效果符合创作者的预期。

现场拍摄是电影实际制作的开始，拍摄阶段获取的素材和元数据将贯穿整个后续的制作流程。此阶段获取原始素材，是画面质量最高的阶段，后面每一步对原始素材的处理和转换，都存在着不可逆的质量递减和潜在的损失，所以在前期拍摄时应尽可能捕捉和保留更多的信息。素材和元数据是数字制作流程最宝贵的资产。摄影机拍摄的原始素材的数据量往往巨大，管理起来并不容易，因此需要遵循严格的数据管理程序和规则，确保素材和元数据得到安全的备份和有效的管理。

由于拍摄原始素材的数据量巨大，不宜直接使用，大多数电影的后期制作仍然是基于一种“离线-在线”的生产模式。离线和在线制作是依据不同制作阶段是否直接操作原始素材划分的。后期制作阶段通常由剪辑开始。数字拍摄的原始素材因采用高质量编码而数据量很大，不适合直接剪辑使用，最为常见的方法是对原始素材进行转码，转换为一种码率较低的工作样片或代理文件格式。这种类型的文件格式更容易处理，可以在普通的计算机上完成快速的剪辑工作。这个阶段不是直接操作原始素材，因此称为离线阶段。

剪辑工作完成后，输出一个供参考的视频样片和剪辑镜头的元数据列表，交给后续的调色部门作为调色时利用原始素材套对的依据。剪辑时使用的是低质量的代理文件，而画面调色需要使用高质量的原始素材，借助剪辑元数据列表中的卷号、文件名、时间码等元数据信息，就可以根据剪辑的镜头顺序从原始素材中挑选出想要的片段。这可以看作是一个用原始素材替换剪辑镜头的过程，这个过程叫作套对。套对是“离线–在线”工作流程的核心。在套对完成后，调色师就可以按剪辑时间线的镜头顺序对相应的原始素材进行创造性的画面配光调色、统一基调和风格化的色彩处理，提升影像的整体质量。

当所有的画面、声音、特效、字幕等制作完成，需要根据最终的播放平台（如数字影院、高清电视、网络流媒体、移动设备等）生成合适的发行格式。如果在数字影院发行放映，需要生成一个符合数字影院标准的DCP用于影院数字放映机的放映。

8.2.2 电影数字制作的新特点

与传统电影制作流程相比，现今的电影数字制作体现出了一些新的特点。

电影制作流程中前后期的界线变得不再那么明显，更多的后期工作在拍摄阶段就开始介入，“后期前置”的理念正逐渐被接纳和采用，前后期的衔接和连续性变得更强，从而使得整个电影制作流程更为可控和系统。

例如，剪辑在传统上属于后期制作环节，通常在现场的拍摄工作完成后才开始。进入数字制作时代，越来越多的电影项目会包含现场剪辑的工作，随拍随剪，甚至拍摄完成时已经完成了一个电影的初剪版。现场剪辑还可以帮助导演和制片人随时对项目的进度和拍摄质量进行审查，也可以为调色、声音、特效等部门的工作提供参考。同样地，现场调色也已成为拍摄现场必不可少的一项内容。通过现场的色彩管理和现场调色，既可以确保现场拍摄画面的创意实现，也可以有效地向后期制作人员传递现场的创作意图。

现场剪辑和数字调色的出现，可归因于数字技术为电影制作带来的灵活性。有效且快速的现场数据管理推动了前后期融合的实现。后期制作相关环节尽可能早地介入前期拍摄过程，快速融入和参与整体的制作流程，可以确保整个流程的衔接顺畅和制作效率的提升。

数字制作的另一个特点是数字影像工程师（DIT）作为一个新的职业角色，开始在整个电影制作流程中发挥重要的作用。除了常规的比如摄影机和编码格式的选择、素材备份管理、视频信号分配、监视器校准等技术性工作外，DIT还要能够对现场拍摄画面的曝光控制和色彩管理等进行质量检查，协助摄影师完成一些有关画面的创造性工作，获取符合预期的画面效果和外观样式，在技术方面确保影像从创意到实现的一致性和完整性。

对DIT更高的要求是能够根据项目的现状，规划和设计合适的制作方案，作为电影制作流程的全局掌控者、不同流程环节的衔接和数据交换与分发中心，为电影项目和创意实现提供技术保障服务。DIT的工作可以将电影数字制作流程变得更加系统化，不仅保证拍摄素材的质量和安全，而且使得各部门在数字环境下的工作衔接更为紧密和顺畅。

8.3 以套对为核心的技术流程

8.3.1 离线与在线

“离线-在线（offline-online）”工作流程可以追溯到曾经的胶片时代。在胶片拍摄时，拍摄的原始底片只有一份，非常宝贵，尽可能保护底片是一项非常重要的工作。整个胶片后期流程的众多环节，不会全都直接在原始底片上进行操作，而是对原始底片进行“复制”，即拷贝和洗印成工作样片，在工作样片上进行剪切和组接，当剪接完成后再按照剪辑的顺序编排原始底片。将使用非原始底片和工作样片等操作的过程称为离线阶段，而直接对原始底片进行操作的阶段称为在线阶段。

目前，电影制作基本都是基于数字化文件或视频格式的工作流程，数字文件不会因为多次复制而有所损伤，在素材的使用方面已经不是问题。但是原始素材通常都是高质量的编码格式，视频码率和数据量巨大，占用的存储空间也很大，需要高速的计算机处理器资源，原始素材很多也不能直接观看，所以直接剪辑原始素材就比较困难了。因此，今天的数字制作流程仍然有理由沿用传统的生产方式，继续采用离线和在线相结合的制作模式。

数字制作的“离线–在线”流程，首先是将高码率的原始素材转码为画面质量较低的工作样片。工作样片可以看作是原始素材的“代理（proxy）”，代理文件与原始素材的编码方式不同，但代表画面本质属性的元数据是完全一样的。代理文件的码率更低，更易于计算机处理，又不会占用大量的存储空间。在离线阶段，利用代理文件可以快速地完成剪辑工作，而在后续环节则根据需要切换到在线流程，直接操作高质量的原始素材。

通过离线和在线相结合的方式，可以很好地实现技术性工作和创造性工作的分离，提高了制作效率和质量。但是这种分成两步走的方式，需要对原始素材进行严格的管理，原始素材和代理文件的元数据必须能够一一对应。在整个制作过程中，需要将这种严格的对应关系在离线和在线阶段进行传递，这就需要非常重视元数据的作用。

8.3.2 几种主要的元数据

在电影制作过程中，素材通常指的是在拍摄现场获取的原始数据，主要包括画面素材和声音素材。例如，数字摄影机拍摄的Raw原始数据就是画面素材，现场录制的音频文件属于声音素材。电影画面不同于文字，作为一种连续的活动影像，每秒钟都有很多相似的画面。我们很难仅通过观看画面的内容，分辨不同画面的唯一性，区别画面帧的先后和不同。在“在线–离线”制作过程中，需要其他方式对画面进行唯一性的标识，实际上使用就是元数据。

元数据的含义

元数据的英文是metadata，它可分为“meta”和“data”两个单词。素材本身算是“data（数据）”，而“meta”的意思是“关于数据的数据”，所以在电影制作中元数据指的就是关于画面和声音数据的数据，或者说是用来描述画面和声音本身属性的一些信息。元数据通常是独立于原始数据而存在的。

元数据是数字制作流程中非常重要的概念。元数据可以提高电影制作的效率并简化后期制作的流程。元数据的主要特点如下：元数据往往是由简单的字母、数字组成，便于计算机读取；元数据的数据量比素材的数据量小得多，便于快速分析和检索；在一个电影项目中，每一帧画面都是唯一的，所以元数据不可重复，具有唯一性、客观性。

元数据的类型有很多，任何可以帮助我们了解原始素材信息的，都可以算作是元数据。以拍摄的视频格式为例，视频的分辨率、帧率、位深、编码、压缩算法，以及文件的名称、存储空间、保存位置、拍摄时间等，都可以看作是描述该视频的元数据。元数据可以帮助我们详细了解有关视频的各种属性信息，这些信息对后期制作来说有可能是非常关键和有价值的（图8–2）。

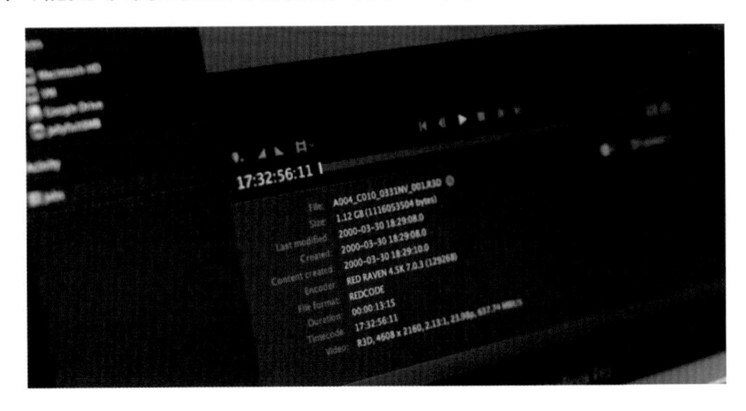

◎ 图8–2　描述视频属性的技术元数据

上面提到的帧率、分辨率、文件大小、编码格式、压缩算法等，主要是描述视频的技术参数，可以称这种类型的元数据为技术元数据，还有一些与镜头相关的参数（如光圈、焦距、快门速度等）也算是技术元数据。技术元数据主要涵盖摄影机拍摄时保留的信息，而与拍摄画面的内容无关。技术元数据通常由数字摄影机在拍摄时同步保存在素材文件中。

除了技术元数据外，还可以对素材的内容添加一些描述性的信息。这些手动添加的信息也可以作为元数据使用，称之为内容元数据。通过内容元数据，我们可以在不播放全部素材的情况下了解一些与画面内容有关的信息。这些信息不是固有的技术性数据，而是人为添加的一些有用的描述信息，方便制作者快速了解拍摄内容。内容元数据经常用于剪辑、调色和特效等后期制作环节，比如“一个特写镜头”“双人对话镜头”“在镜头中的演员是某某”等。内容元数据可长可短，在不同的制作环节可以修改内容元数据的文字内容。

在目前基于代理文件的“离线–在线”工作流程中，元数据是确保离线和在线阶段顺利衔接的关键。电影数字制作流程涉及的元数据实际上非常多，其中最重要的元数据是卷号、时间码和文件名。

卷号

“卷”的英文是Reel。卷号最早来自胶片时代，指的是在胶片上为确定胶片每一画格所在位置而编的一串数字（图8–3）。卷号具有唯一性，不允许出现重复，重复的卷号会对后期制作的套底工序造成混乱。胶片中“卷号”的概念在磁带和数字制作过程中得到了延续。在磁带制作流程中，卷号就是每一盒磁带的编号。在数字制作中，卷号则为每一张数字存储卡格式化时所取的名字或编号（图8–4）。

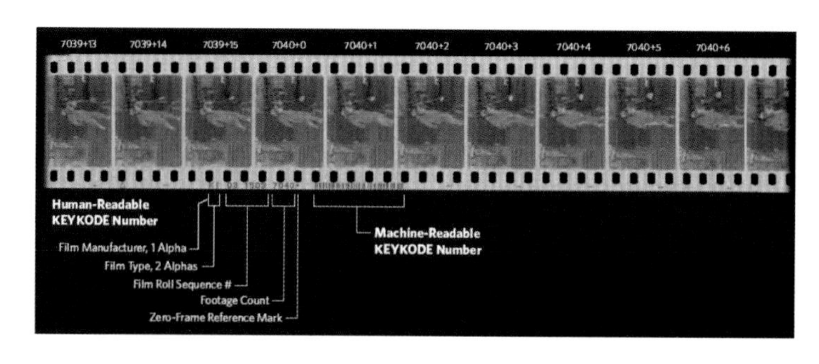

◎ 图8–3　传统的胶片片边码上带有卷号信息

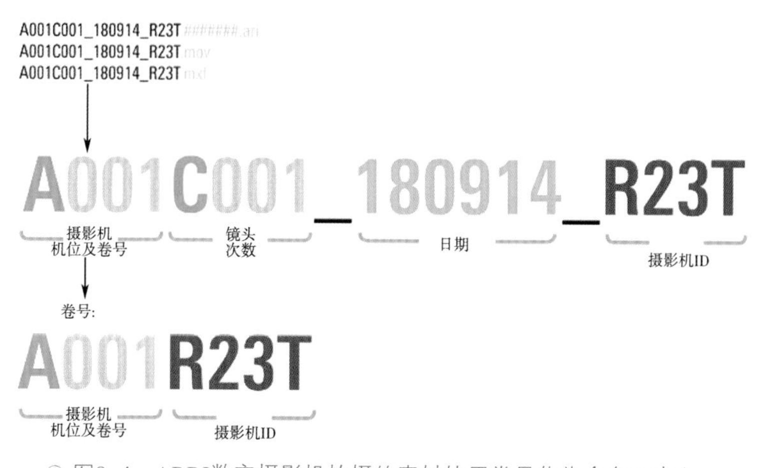

◎ 图8–4　ARRI数字摄影机拍摄的素材使用卷号作为命名元素之一

在数字摄影机中，拍摄素材使用的存储卡是重复使用的。为确保卷号的唯一性，存储卡再次使用时都要重新设置一个新的卷号，以示区分。例如，存储卡在第一次拍摄时的卷号为A001，在拍摄结束和完成备份后，将存储卡拿回摄影机进行格式化时，需要赋予存储卡一个新的卷号，如A002，而不可使用之前的卷号。这个过程通常摄影机会自动设置新的卷号，而不需要我们手动修改，除非是开始一个新的项目。

时间码

时间码的英文是Timecode，也简称为时码、TC码。时间码的作用是用来精确标记每一帧画面的一种方式，通过时间码可以识别每帧画面在连续活动影像序列中的位置（图8–5）。时间码可以看作是一种“时间戳”，精确记录不同拍摄画面发生在什么时间。在拍摄现场和后期制作时，通过时间码可以快速定位每一帧画面，可以准确地对画面和声音素材进行同步。时间码可以看作是目前离线和在线流程的黏合剂。

◎ 图8–5　时间码是标记拍摄画面的重要元数据之一

时间码的原理相当简单：通过一种具有唯一性的数字编码方式，形成一种自动变化的时间序列。时间码有多种不同的形式，在影视制作领域使用最为广泛的时间码格式是SMPTE标准。SMPTE时间码由8位数字组成，格式为HH：MM：SS：FF，每两位数字代表一个时间单位，中间用冒号隔开（图8–6）。其中，HH代表小时，取值范围为0～23；MM代表分钟，范围为0～59；SS代表秒，范围为0～59；FF代表画面当前的帧数，数字范围一般是为0～帧率减1。比如拍摄的帧率是24帧/秒，FF的取值范围就是0～23；如果帧率是30帧/秒，FF的取值范围就是0～29。在同一个卷号下，时间码一定不能重复。

Hours　Minutes　Seconds　Frames

18:53:20:06

◎ 图8-6　SMPTE 时间码的格式

根据不同拍摄场景的需求，时间码也有多种不同的运行模式。常用的模式是记录运行模式（record run）和自由运行模式（free run）（图8-7）。

自由运行模式的时间序列就是真实的现实时间。这种模式的时间码可以记录正在拍摄的场景活动实际发生的时间，在拍摄新闻、纪录片和体育活动节目时很有用。不论是否在录制，自由运行模式的时间码是一直在运行和变化的，前后分开录制的两条素材在时间码上可以是不连续的。

记录运行模式的时间码只在摄影机开启录制时运行。记录运行模式只计算实际拍摄录制的画面帧数，与现实发生的时间无关。记录运行模式的时间码序列数是连续的，时间码的总数可以反映素材画面的总量。大部分电影拍摄使用的时间码都是记录运行模式。

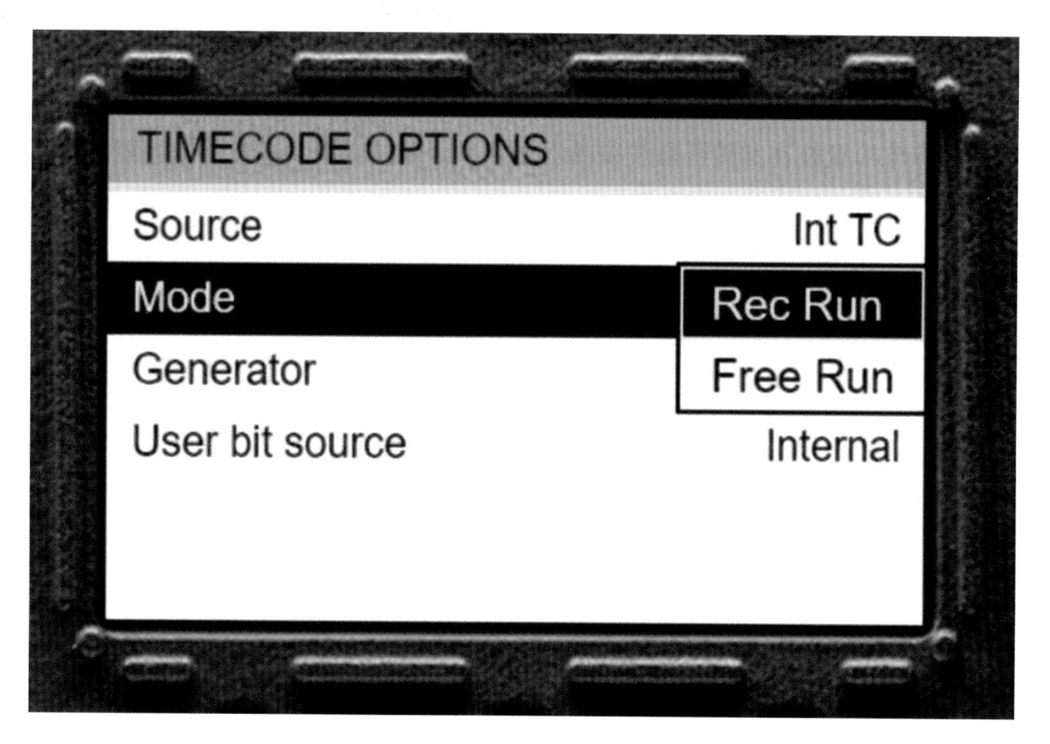

◎ 图8-7　ARRI摄影机的时间码选项

时间码是将离线和在线工作流程结合在一起的黏合剂。没有时间码，工作流程就无法顺利完成。在使用“离线–在线”工作流程时，需要知道所选择的视频格式是否包含时间码，这是关键的一点，因为有些视频格式是不包含时间码的。比如，MP4是H.264编码的一个常见封装格式，但它不能存储时间码。ProRes编码可以封装在MOV容器中，DNxHR编码可以封装在MOV和MXF容器中，这些容器都是包含时间码的，可以应用于离线流程，但要注意检查是否符合规范。

在同一电影项目中，卷号一定要是唯一的。在同一卷内，文件名和时间码要唯一。后期制作流程的多个环节都要以卷号、文件名和时间码等作为查找素材和定位每一帧画面的依据，因此对这些关键元数据的使用一定要慎重。

8.3.3 工作样片

工作样片也叫每日样片（英文叫法是dailies，也有叫法是rushes）。样片原本是指在胶片拍摄流程中，及时将当天拍摄完的底片冲洗和印制，得到一个可以正常放映的正片，通过观看当天洗印的正片检查拍摄画面质量的一个过程。工作样片的主要作用是及时检查质量，确认拍摄是否存在技术上的问题，比如焦点、曝光和色彩问题，以及演员的表演、场景道具以及画面是否有穿帮等问题。工作样片可以帮助制作团队掌握进度，了解拍摄效果，及时发现问题并制定补拍计划，弥补错误。

现在数字摄影机拍摄的原始素材，不论是Raw还是log格式，还是其他高质量编码的视频格式，数据量都很大，通常都不适合直接用于剪辑，甚至不能在普通计算机上直接显示和观看。因此，在数字制作流程中，同样需要即时生成工作样片。

将高码率的原始素材转换为另一种较低码率的视频编码格式，在编码转换过程中要保留原始素材中一些重要的元数据，这个过程称为转码。转码是将视频文件从一种编码格式转换为另一种编码格式的过程，通常都比较耗时，也对制作设备的软硬件性能有一定要求。

根据不同部门制作人员和生产环节的需要，工作样片通常需要转码为多种不同的编码格式。例如，为方便导演和制片人观看，或者需要将工作样片通过网络传输到某个地方，可以将原始素材转码成H.264编码格式。这种编码格式在保证视频质量的同时具有较大的压缩比，占用空间小，易于播放和传输。现在有些数字摄影机支持双格式录制，可以同时录制Raw原始素材和一种代理文件格式。代理文件可以作为工作样片，用于快速查看素材和直接剪辑使用。为便于剪辑人员的剪辑工作，需要将原始素材转码成适合剪辑的编码格式。如DNxHR、ProRes、Cineform这些编码格式都是专门为剪辑而设计的，可以非常流畅地用于非线性剪辑软件。调色人员需要使用高质量的原始素材，同时也需要剪辑环节输出的视频参考样片。特效制作人员可能希望得到的是DPX序列帧格式或者高质量的ProRes 4444编码格式。

在进行转码生成工作样片时，可以将有关原始素材的一些重要元数据以可见的形式“烧录（burn-in）”在工作样片上，以便于查找和定位原始素材。烧录的元数据可以包含素材文件名、存储位置、卷号、时间码、当前画面帧数等信息，这些信息可以帮助后期制作人员快速定位到素材中的任何一帧画面。

8.3.4 代理文件

上面讲过，原始素材的特点是画面质量高，包含的信息多，但是数据量巨大，不适宜直接播放和剪辑。实际上，剪辑环节对素材的画面质量没有太高要求，能够方便且快捷地完成画面的编排和组接即可。直接使用计算机剪辑高码率的原始素材会降低剪辑速度，特别是对于处理器性能一般的计算机。

目前，大多数视频，甚至是高预算的好莱坞大制作，在剪辑时通常都是使用码率较低的编码格式。通常将在离线流程中用于剪辑使用的低码率编码格式称为代理文件。与高质量的原始素材相比，代理文件所需要的存储空间更少，计算机处理起来更快，更容易剪辑。现在数字视频编码格式的质量都不错，基本都可以做到视觉无损，实际并没有为了降低码率而大幅牺牲画面的质量。

从原始素材转码为低码率的代理文件过程中，要保证原始素材的元数据得到正确的传递，确保代理文件与原始素材的元数据是完全一致的。

在剪辑时使用低分辨率画面和低码率的编码格式，也是离线和在线制作流程的主要区别。目前，用于剪辑的代理文件可以通过两种方式获得：一种是在后期制作时将原始素材转码为一种适于剪辑的编码格式；另一种方式是通过支持双格式录制的数字摄影机，在拍摄时选择同时记录一种低分辨率的编码格式。

比如，Red数字摄影机在拍摄Raw格式的同时，可以有多种不同的ProRes编码格式选择，随原始素材同时录制的ProRes 422、PreoRes 422（LT）、ProRes Proxy等均可作为代理文件和工作样片（图8–8）。Raw原始素材不受摄影机参数设置的影响，代理文件属于视频编码格式，摄影机设置的感光度、色温、gamma曲线和色彩空间等都会“烘焙”到代理文件中。

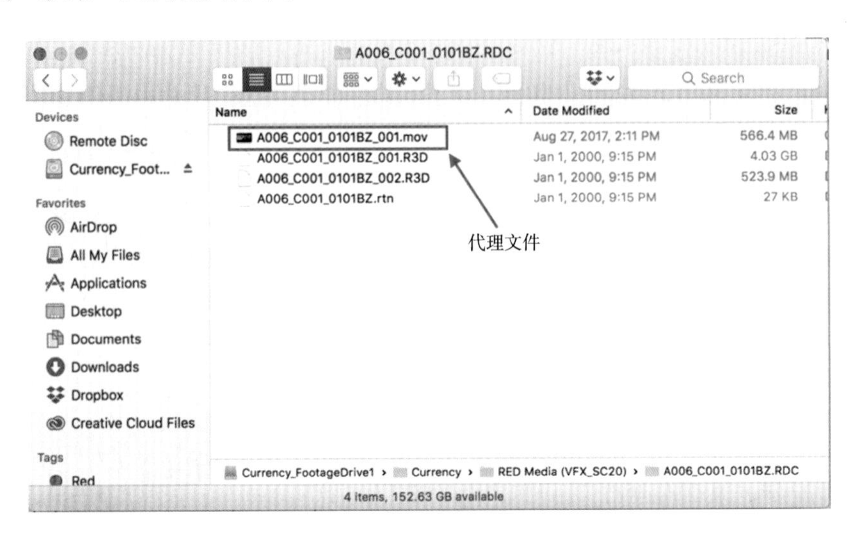

◎ 图8–8 RED摄影机同时记录Raw和转码文件的双格式录制

在剪辑用代理文件的编码格式选择上，要尽量避免采用基于时间压缩（即帧间压缩）的编码格式，因为剪辑是以“帧”为单位进行的，每一帧画面都应该是完整的。时间压缩编码方式的压缩是发生在连续多帧画面之间的。某些画面帧可能只记录了少量发生变化的像素块，而非一帧完整的画面，在还原时需要借助前后连续多帧画面，重建形成一帧完整的画面，这需要花费一些计算时间和处理成本。在以“帧”作为基本处理单位的非线性剪辑中，需要经常在时间线上任意剪切和移动，时间压缩编码会消耗处理器资源，明显降低剪辑的速度，在画面分辨率大的情况下会非常卡顿。

如果原始素材是以log格式记录的，直接剪辑也是不可取的。log的主要作用是保留更多的场景信息，而非直接观看。log画面的对比度和饱和度都比较低，剪辑时容易对画面内容产生不准确的判断。对log格式的画面，可以先对素材进行简单的色彩调整，比如加一个色彩转换的LUT，再转换成用于剪辑的代理文件进行操作。

剪辑的最终成果是输出参考视频样片和剪辑成片的元数据列表。元数据列表根据不同系统有多种不同的格式，常见的有edl、xml、aaf等格式。元数据列表可以看作是对剪辑最终时间线的描述，包含原始素材的选择片段、镜头在时间线上的位置，以及所选镜头的组接顺序、特殊效果等。

剪辑元数据列表是将离线阶段和在线阶段联系起来的纽带，是两个阶段进行数据交换的标准中介，用于在不同制作环节按剪辑镜头的顺序重新创建时间线。元数据列表将同原始素材和剪辑完的参考视频一起，传递给后续的调色部门使用。

8.3.5 套对和调色

套对（conform，也叫套底）是在线制作阶段的开始，也是将前后期的离线和在线流程连接起来的枢纽。在传统胶片流程中，套对的主要任务实际上就是原始底片的剪辑。剪辑师根据剪辑列表上的卷号和片边码找到原始底片，并对原始底片进行剪切和拼接，将各个镜头接起来，完成底片剪辑，然后对挑选出来的原始底片进行调光配色（图8–9）。

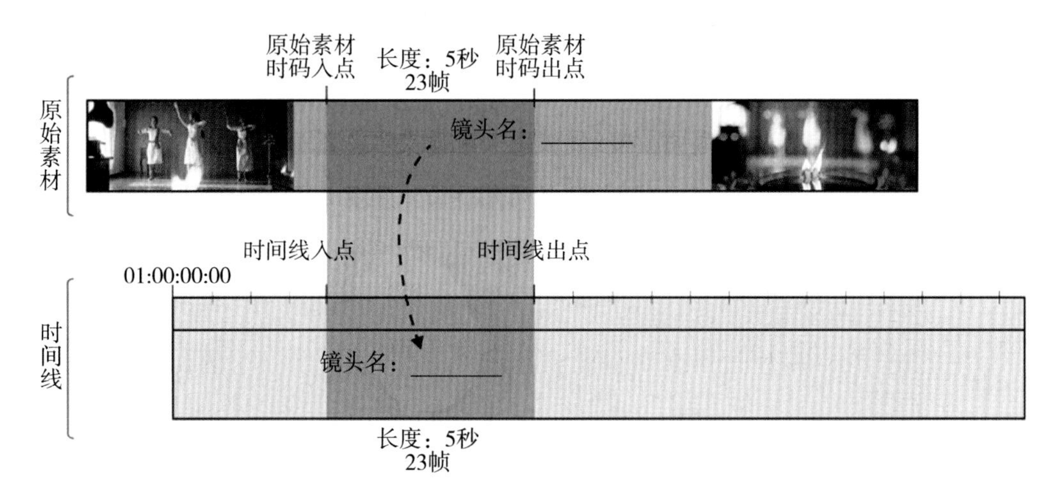

◎ 图8–9　套对可以看作是一个检索和挑选原始素材的过程

在数字制作流程中，套对工序是一个用高质量的原始素材替换离线的剪辑代理文件的过程。这个过程也是依照剪辑元数据列表的镜头顺序和时间码信息，对原始素材进行精确的匹配和挑选，将剪辑时间线上的镜头对应的原始素材片段挑选出来，并在调色软件中重建时间线的过程。

套对是离线和在线阶段发生转换以及前后期衔接过渡的一个重要环节。套对如果发生错误，将导致整个制作流程的中断。套对过程要求非常严格，是一个比较耗时的过程，但实际上这个过程并不复杂，只要确保卷号、文件名和时间码等重要元数据准确，基本上就没有问题。套对可以由数字调色软件自动完成，出现错误时再由人工完成即可。

8.4 数字母版制作和打包

数字母版制作是指在所有后期制作工作完成之后，将画面、声音和字幕等文件集合在一起，按照符合数字影院放映的标准要求，进行一系列处理和转换，包括图像编码转换、色彩空间转换、图像压缩、密钥与加密、封装打包等很多环节。利用数字母版可以生成一个用于数字放映机放映的DCP。数字母版制作和打包是电影制作流程的最后一道工序，简言之就是制作一个用于数字影院放映的标准数字拷贝的过程。DCP相当于胶片电影放映时代的最终发行拷贝。DCP制作完成后，通过硬盘或网络传送到数字放映机服务器，影院就可以进行电影放映了（图8-10、图8-11）。

◎ 图8-10　保存DCP的硬盘运送到影院放映

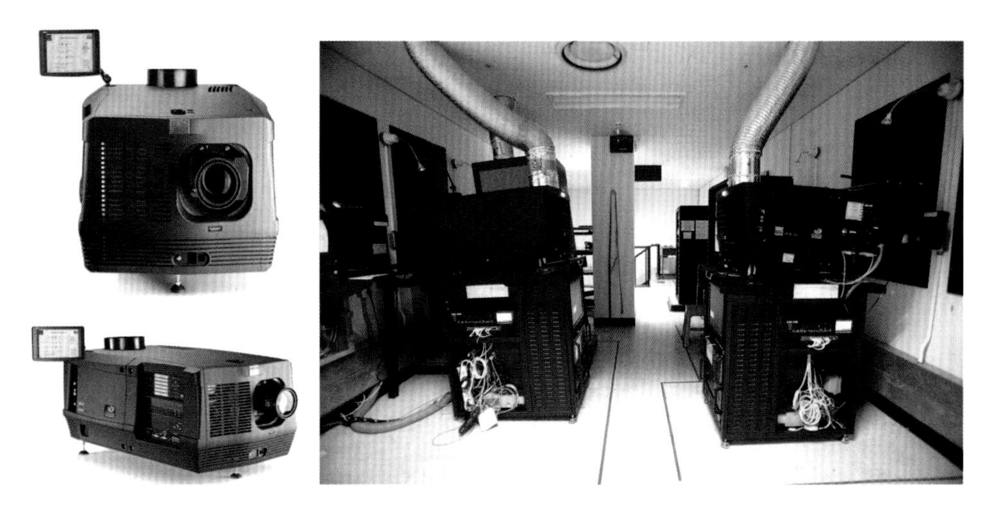

◎ 图8-11　电影数字放映机和影院放映环境

8.5　长期存储和归档

对于电影、电视剧、纪录片和专题片等影视项目来说，仅仅保留最终的成片是不够的，还需要尽可能长期保存原始素材，以备后用。随着影像技术指标的不断提升，数字拍摄的原始素材以及制作过程产生的数据量越来越大，这对长期存储的数据容量提出了更高的需求。

对于长期归档用的存储媒介，要考虑长时间保存的可靠性和数据安全性。机械硬盘通常被认为是不够稳定的，不仅因为机械硬盘容易出现故障，还由于机械硬盘是通过磁性方式记录数据的，随着时间的推移，磁性会逐渐消失，使存储在其上的数据丢失，丢失速率大约为每年1%。如果使用硬盘作为长期存储的介质，权宜之计是定期将硬盘上的数据拷贝到新的硬盘。

对于长期保存和归档来说，还要考虑的一个重要因素是在未来某一天这种存储媒介是否还可以被读取。影视技术更迭的速度很快，今天流行的存储设备和编码格式在不久的将来可能找不到一种可访问的设备。比如，个人电脑刚出现时使用软盘进行数据保存，但现在几乎找不到还带有软盘驱动器的电脑了；DVD曾经广泛使用，可是现在要找到一个可用的DVD播放器也不太容易。对于电影拍摄素材的长期保存同样如此。目前广泛使用的某种RAW格式，谁都无法保证多年后还可以找到合适的软件将其打开。

从目前情况来看，线性磁带开放协议（linear tape-open，LTO）磁带可能是最接近行业需求标准的长期保存和归档的方法（图8-12）。LTO磁带是在20世纪90年代开发出来的。LTO标准由HP、IBM、Seagate 3家厂商联合制定，结合了线性多通道、双向磁带格式的优点，基于硬件数据压缩、优化的磁道面和高效率纠错技术提高了磁带的存储能力和可靠性。第8代（LTO 8）磁带的存储容量可达30 TB，数据传输速率为750 MB/s。经过多年发展演变，LTO磁带如今尤其适合大容量数据的长期存储和归档。它们不仅比硬盘便宜，而且寿命更长，可以安全保存数据50年之久。

◎ 图8-12　长期存储和归档用的LTO磁带

参考文献

［1］ Blain Brown. The Filmmaker's Guide to Digital Imaging：for Cinematographers，Digital Imaging Technicians，and Camera Assistants［M］. Burlington： Focal Press，2015.

［2］ David Stump. Digital Cinematography：Fundamentals，Tools，Techniques，and Workflows［M］. Burlington：Focal Press，2014.

［3］ Frame.io. Workflow［Z/OL］.［2022-04-11］. https：//workflow.frame.io/.